"互联网+"创新系列教材

路基支挡结构设计与工程实例

主编　偶昌宝

北京航空航天大学出版社

内容简介

本书详细阐述了路基支挡结构设计中可能遇到的各种条件土压力计算，按照最新的设计规范，对工程中最常见的支挡结构的设计理论与方法进行了详细的介绍。全书共分为8章：总论、设计方法与荷载计算、基础设计和稳定性计算、重力式挡土墙设计、悬臂式与扶壁式挡土墙设计、加筋土挡土墙设计、锚杆挡土墙设计和土钉墙设计。对每种支挡结构均编写了相应的工程设计案例，并配备对应的软件操作视频，实现手算与电算的对比。

本书可作为应用型本科道路桥梁与渡河工程、土木工程、交通工程等专业的教材，也可作为高职本科道路与桥梁工程、市政工程、建筑工程等专业教材，还可供支挡结构设计、施工、管理人员学习参考。

图书在版编目(CIP)数据

路基支挡结构设计与工程实例 / 偶昌宝主编. -- 北京：北京航空航天大学出版社，2022.9

ISBN 978-7-5124-3890-3

Ⅰ. ①路… Ⅱ. ①偶… Ⅲ. ①道路工程—支挡结构—结构设计 Ⅳ. ①U417.1

中国版本图书馆 CIP 数据核字(2022)第167682号

路基支挡结构设计与工程实例

主编 偶昌宝

策划编辑 董宜斌 责任编辑 王 瑛 刘桂艳

*

北京航空航天大学出版社出版发行

北京市海淀区学院路37号(邮编100191) http://www.buaapress.com.cn

发行部电话：(010)82317024 传真：(010)82328026

读者信箱：copyrights@buaacm.com 邮购电话：(010)82316936

北京富资园科技发展有限公司印装 各地书店经销

*

开本：710×1 000 1/16 印张：12.5 字数：266千字

2022年9月第1版 2022年9月第1次印刷

ISBN 978-7-5124-3890-3 定价：49.00元

前　言

支挡结构在公路工程、市政工程、铁道工程、建筑工程等行业中普遍存在，但是，目前支挡结构设计中还存在许多问题，很多设计人员没有系统学习过支挡结构的设计理论与方法，设计全靠“抄”，计算全靠“软件”，缺乏对设计计算结果的判断能力，导致设计质量参差不齐。支挡结构是影响工程经济性和安全性的关键因素之一，而设计人员的水平往往与支挡结构的重要性不相匹配。

导致这一现象的原因，主要有以下两方面：

1. 大学阶段支挡结构教学不足，学生只在“路基路面工程”课程当中学习过重力式挡土墙设计，且由于学时受限，学得也不扎实；

2. 支挡结构的相关参考书籍较少，尤其含有详细计算案例的书籍更少，学生毕业后自学难度较大。

正是在这样的背景之下，编者为加强支挡结构教学，提高支挡结构设计人员的能力和水平，策划和编写了本书。本书主要针对公路与城市道路工程当中的路基支挡结构设计展开叙述，包括常见的几种挡土墙和土钉支护，也可供其他行业的支挡结构设计参考。

本书详细介绍了路基支挡结构设计中可能遇到的各种条件土压力计算，按照最新的设计规范，对重力式挡土墙、悬臂式与扶壁式挡土墙、加筋土挡土墙、锚杆挡土墙和土钉墙等最常见的支挡结构的设计理论与方法进行了详细介绍。对每种支挡结构均编写了相应的工程设计案例，并同时配置互联网资源，可通过手机“扫一扫”功能对书中的二维码扫描识别，查看与设计案例对应的软件操作视频，实现手算与电算的对比。

同时，本书算例丰富，对支挡结构设计的理论、方法和设计规范讲解透彻，可以大幅度提高支挡结构设计人员的能力和水平。本书可作为应用型本科道路桥梁与渡河工程、土木工程、交通工程等专业的教材，也可作为高职本科道路与桥梁工程、市政工程、建筑工程等专业的教材。

本书由浙江水利水电学院偶昌宝担任主编，并负责全书的统稿。本书具体章节编写分工为：浙江水利水电学院偶昌宝编写第1章、第2章、第3章、第4章、第5章、第6章和第8章，华设设计集团股份有限公司王欣编写第7章。

本书在编写过程中，参考和引用了大量的国内外文献资料，并得到浙江水利水电学院测绘与市政工程学院的大力支持和帮助，在此一并表示感谢。

由于时间仓促，加上编者水平有限，本书难免存在不足和疏漏之处，敬请各位读者批评指正，以便再版时修改（主编邮箱：ouchb@zjweu.edu.cn）。

编　者

2021年12月

电子课件

目　　录

第1章　总　论

教学目标

本章主要介绍支挡结构的基本概念和公用构造。

本章要求：

- 了解支挡结构的概念和作用；
- 掌握支挡结构的分类；
- 掌握挡土墙的分类、基本构造和适用条件；
- 掌握支挡结构的公用构造规定。

教学要求

能力要求	知识要点	权重/%
能描述支挡结构的概念、作用和分类 能合理判断是否需要设置支挡结构 能描述挡土墙的分类 能描述各类型挡土墙的定义、组成和适用条件 能进行支挡结构的构造设计	支挡结构的概念、分类	5
	支挡结构的作用	5
	挡土墙类型	10
	各类挡土墙的定义、基本组成和适用条件	20
	护栏或栏杆	5
	沉降缝与伸缩缝	15
	衔接处理	10
	墙背填料	15
	防排水设施	15

1.1 概　述

1.1.1 支挡结构的概念

支挡结构是用来支撑路基填土或山坡土体，防止填土或土体变形失稳的工程结构设施。路基支挡结构主要包括各种挡土墙、边坡锚固、土钉支护、抗滑桩等支撑和锚固结构，本书主要介绍道路工程中常见的几种挡土墙和土钉支护（又称土钉墙）。

路基支挡结构设计应满足各种设计荷载组合下支挡结构的稳定性、坚固性和耐久性要求；结构类型选择及设置应满足安全可靠、经济合理、便于施工养护的要求；结构材料应符合耐久、耐腐蚀的要求。

1.1.2 支挡结构的作用

在路基工程中，支挡结构可用于稳定路堤和路堑边坡，减少土石方工程和占地面积，防止水流冲刷路基，并经常用于整治塌方、滑坡等路基病害。路基在下列情况下可考虑修建支挡结构：

① 路基位于陡坡地段、岩石风化的路堑边坡地段。

② 为避免大量填方、挖方及需要降低路基边坡高度的地段。

③ 设置支挡结构后能增强边坡稳定、防止产生滑坍的不良地质地段。

④ 水流冲刷严重的沿河路基地段。

⑤ 与桥涵或隧道工程相连接的路基地段。

⑥ 为节约用地、减少拆迁或少占农田的地段。

⑦ 为保护重要建筑物、生态环境或其他需要特殊保护的地段。

永久性的支挡结构工程造价相对较高，在决定采用支挡结构方案前，应同其他工程方案进行比较：

① 与改移路线位置相比较。

② 与填筑路堤或加大开挖、放缓边坡相比较。

③ 与拆迁干扰路基的构造物（房屋、电讯设施等）相比较。

④ 与采用其他类型构造物（桥梁、隧道等）相比较。

⑤ 与其他防止滑坍的措施相比较。

1.1.3 支挡结构的分类

1. 挡土墙

挡土墙是主要承受土压力，防止土体坍滑的墙式构造物。挡土墙类型的划分方法较多。

① 根据挡土墙在路基横断面上的位置不同，可将其分为路肩墙、路堤墙及路堑

墙等。

墙顶面内缘高程与路基边缘高程齐平的挡土墙叫路肩墙。墙顶外缘高程低于路基边缘高程,墙顶与填方路基边坡相连的挡土墙叫路堤墙。用于防止路堑边坡的坍滑或为保护路堑边坡上方的建筑物而修建在挖方一侧的挡土墙叫路堑墙,又称为上挡墙。上述三种形式的挡土墙如图1-1所示。

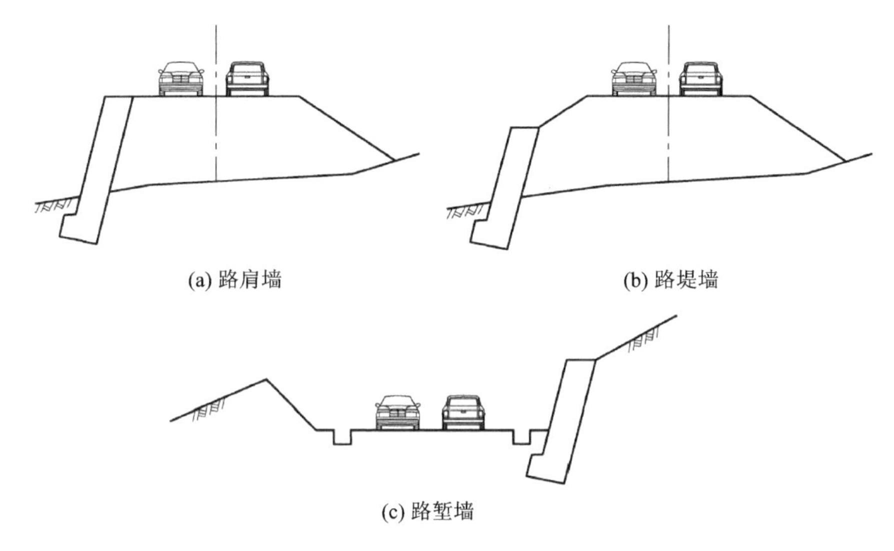

(a) 路肩墙 (b) 路堤墙

(c) 路堑墙

图1-1 设置在不同位置的挡土墙

② 根据建筑材料的不同,可将其分为石混凝土及钢筋混凝土挡土墙等。

③ 根据所处环境条件的不同,可将其分为一般地区挡土墙、浸水地区挡土墙和地震地区挡土墙等。

④ 根据挡土墙结构形式的不同,可将其分为重力式挡土墙、半重力式挡土墙、悬臂式挡土墙、扶壁式挡土墙、加筋土挡土墙、锚定板挡土墙、锚杆挡土墙和桩板式挡土墙等。按挡土墙结构形式分类及适用条件见表1-1。

表1-1 按挡土墙结构形式分类及适用条件

挡土墙类型	定 义	适用条件
重力式挡土墙	依靠石砌圬工或水泥混凝土的墙体自重来抵抗土压力的挡土墙	适用于一般地区、浸水地段和高烈度区的路堤和路堑等支挡工程。墙高不宜超过12 m,干砌挡土墙的高度不宜超过6 m
半重力式挡土墙	用于软弱地基,由立壁和底板组成的混凝土墙或在墙体中加入少量钢筋来承受拉应力以减小截面尺寸和自重的混凝土墙	适用于不宜采用重力式挡土墙的地下水位较高或较软弱的地基上。墙高不宜超过8 m

续表 1-1

挡土墙类型	定　义	适用条件
悬臂式挡土墙	由立壁、趾板和踵板三个钢筋混凝土悬臂构件组成的挡土墙	宜在石料缺乏、地基承载力较低的填方路段采用。墙高不宜超过 5 m
扶壁式挡土墙	构造与悬臂式挡土墙相似，但沿立壁每隔一定距离加一道扶壁，将立壁与踵板连接起来的挡土墙	宜在石料缺乏、地基承载力较低的填方路段采用。墙高不宜超过 15 m
锚杆挡土墙	由钢筋混凝土柱、板和锚杆组成，依靠锚固在岩土层内的锚杆拉力以承受土体侧压力的挡土墙	宜用于墙高较大的岩质路堑地段。可用作抗滑挡土墙。可采用肋柱式或板壁式单级或多级墙。每级墙高不宜超过 8 m，多级墙的上、下级墙体之间应设置宽度不小于 2 m 的平台
锚定板挡土墙	由钢筋混凝土柱、板、拉杆和锚定板组成，依靠埋置在破裂面后部稳定土层内的锚定板和拉杆的拉力，以承受土体侧压力的挡土墙	宜使用在缺少石料地区的路肩墙或路堤式挡土墙，但不应建筑于滑坡、坍塌、软土及膨胀土地区。可采用肋柱式或板壁式，墙高不宜超过 10 m。肋柱式锚定板挡土墙可采用单级墙或双级墙，每级墙高不宜超过 6 m，上、下级墙体之间应设置宽度不小于 2 m 的平台。上下两级墙的肋柱宜交错布置
加筋土挡土墙	由填土、筋带和镶面砌块或金属面板组成的加筋土体以承受土体侧压力的挡土墙	可分为有面板加筋土挡土墙和无面板加筋土挡土墙。有面板加筋土挡土墙可用于一般地区的路肩式挡土墙、路堤式挡土墙，无面板土工格栅加筋土挡土墙可用于一般地区的路堤式挡土墙，但不应修建在滑坡、水流冲刷、崩塌等不良地质地段；高速公路、一级公路墙高不宜超过 12 m，二级及二级以下公路不宜超过 20 m；当采用多级墙时，每级墙高不宜超过 10 m，上、下级墙体之间应设置宽度不小于 2 m 的平台
桩板式挡土墙	由抗滑桩、桩间挡土板或增设锚杆组成的平衡土体侧压力的挡土墙	用于表土及强风化层较薄的均质岩石地基，挡土墙高度可较大，也可用于地震区的路堑、路堤支挡或滑坡等特殊地段的治理

2. 边坡锚固

在公路边坡加固和滑坡防治中，大量使用了预应力锚固工程，即将一种受拉杆件埋入岩土体,以调动和提高岩土体的自身强度和自稳能力。这种受拉杆件称为锚杆或锚索(下统称为锚杆),其作用就是锚固。通常,其由锚头、预应力筋、锚固体组成,通过对预应力筋施加张拉力以加固岩土体。

预应力锚杆可用于土质、岩质边坡及地基加固,其锚固段应设置在稳定的岩层中,在腐蚀性环境中不宜采用预应力锚杆。

3. 土钉支护

土钉支护是指在土质或破碎软弱岩质边坡中设置钢筋钉,维持边坡稳定的支护结构。一般由土钉及墙面系组成,靠土钉拉力维持边坡的稳定。

4. 抗滑桩

抗滑桩是指抵抗滑坡下滑力或土压力的横向受力桩。抗滑桩可用于稳定边坡和滑坡、加固不稳定山体以及加固其他特殊路基。

1.2　支挡结构公用构造

1.2.1　护栏或栏杆

支挡结构应按照以下原则设置护栏或栏杆:

① 高速公路上的挡土墙护栏设置,应符合《高速公路交通工程及沿线设施设计通用规范》(JTG D80—2006)和《公路交通安全设施设计规范》(JTG D81—2017)的规定。

② 一、二、三、四级公路上的挡土墙护栏设置,应符合《公路交通安全设施设计规范》(JTG D81—2017)的规定。

③ 下列情形的挡土墙也应设置护栏或栏杆:

- 挡土墙的连续长度大于 20 m;
- 靠近居民点、行人流量较大的路段。

1.2.2　沉降缝与伸缩缝

为防止墙身因地基不均匀沉降而引起断裂,在地形、地基变化处应设置沉降缝。为了减少墙身圬工砌体硬化收缩,或温度变化所产生的温度应力引起开裂,沿墙长度方向在墙身断面变化处、与其他构造物相接处应设置伸缩缝。

设计时,一般将沉降缝和伸缩缝合并设置,统称为沉降伸缩缝或变形缝。各类具有整体式墙面的挡土墙应根据构造特点,设置容纳构件收缩、膨胀及适应不均匀沉降情况的变形缝。

重力式、半重力式、悬臂式和扶壁式等具有整体式墙身的挡土墙,应沿墙长一定间距及与其他建筑物连接处、墙身断面变化处设置伸缩缝,重力式和半重力式挡土墙伸缩缝间距宜为10～15 m，悬臂式和扶壁式挡土墙伸缩缝间距宜为10～20 m。挡土墙高度突变或基底地质、水文情况变化处，应设沉降缝。平曲线路段挡土墙按折线布置时，转折处宜设沉降缝。沉降伸缩缝宽度宜取20～30 mm，缝内沿墙内、外、顶三边填塞沥青麻筋或沥青木板，塞入深度不应小于0.15 m。当墙背为填石且冻害不严重时，可仅留空缝，不塞填料。钢筋混凝土挡土墙表面应设置竖直V形槽，间距不大于10 m，设槽处钢筋不截断；在沉降或伸缩缝处水平钢筋应截断，接缝可做成企口式或前后墙面槽口式。干砌挡土墙可不设伸缩缝与沉降缝。位于岩石地基上的整体式墙身挡土墙，设缝间距可适当加大，但不应大于25 m。加筋土挡土墙的分段设缝间距可适当加大，但不应大于25 m。

土钉墙的喷射混凝土面层在长度方向应设置伸缩缝，其间距一般不大于30 m。

1.2.3 衔接处理

应做好与路基或其他构造物的衔接处理，须符合以下要求：

① 挡土墙与路堤之间可采用锥坡连接，墙端应伸入路堤内不小于0.75 m。垂直于路线方向的锥坡坡度应与路堤边坡一致；顺路线方向的锥坡坡度，当锥坡高度在8 m以内时，不应陡于1∶1.25，锥坡高度在20 m以内时，8 m高度以下的下部坡度不应陡于1∶1.5。锥坡宜采取植被防护措施或植被防护与工程防护相结合措施。

② 路堑挡土墙端部应嵌入路堑坡体内，其嵌入原地层的深度，土质地层不应小于1.5 m，风化软质岩石层不应小于1.0 m，微风化岩层不应小于0.5 m。路堑挡土墙向两端延伸布置时，应逐渐降低墙高，使其与路堑坡面平顺相接。

当所采用的挡土墙类型按上述规定与路堤或原地面连接有困难时，可在其端部采用重力式挡土墙或其他端墙方式过渡。

挡土墙与其他建筑物连接时，应采取与相邻建筑物、自然生态环境协调美观的构造措施，并满足环境保护及其他特殊要求。

1.2.4 墙背填料

挡土墙宜采用渗水性强的砂性土、砂砾、碎（砾）石和粉煤灰等材料作为墙背填料，不得采用淤泥、腐殖土和强膨胀土等为填料。

重要的和高度较大的挡土墙不宜采用黏土作为填料。

在季节性冻土区，不应使用冻胀性材料作填料。

浸水挡土墙的墙背填料为黏土时，每隔1.0～1.5 m的高度应铺设厚度不小于0.3 m的排水垫层。

墙背填料应分层夯实，并应符合路基压实度的规定。

1.2.5 防排水设施

挡土墙的排水处理是否适当，直接影响到挡土墙的安全及使用效果。墙背积水不但使挡土墙承受额外的静水压力，而且使墙背填土的抗剪强度下降，因为挡土墙土压力计算不考虑水的因素，所以若墙背积水将会导致严重的安全事故。此外，在冰冻地区，填土还将产生冻涨压力，而对于黏性土，当水分增加时，还将产生膨胀压力。所以，必须要疏干墙后土体的积水。

挡土墙的排水设施通常由地面排水和墙身排水两部分组成。

① 地面排水主要是防止地表水渗入墙背填料或地基。可采取地表排水、墙后填土区外设截水沟、填土表面设隔水层、墙面涂防水层、排水沟防渗等隔水、排水措施，防止地表水渗入挡土墙的填料中。

② 墙身排水主要是为了迅速疏干墙后积水。应根据挡土墙墙后渗水量，在墙身上合理布置排水构造。对于重力式、悬臂式等整体式墙身的挡土墙，应沿墙高和墙长设置泄水孔，其间距宜为 2～3 m，浸水挡土墙宜为 1～1.5 m，并且墙背应设置反滤层。泄水孔上下交错布置，并应向墙外倾斜，孔底坡度不小于 4%，其尺寸可视泄水量大小采用直径 5～10 cm 的圆形孔或者 5 cm×10 cm、10 cm×10 cm、15 cm×20 cm 的矩形孔。折线墙背可能积水处，也应设置泄水孔，干砌挡土墙可不设置泄水孔。挡土墙最下排泄水孔的底部应高出地面 0.3 m，若为浸水挡土墙，应设于常水位以上 0.3 m。为防止孔道堵塞和细颗粒流失，泄水孔的进水侧应设反滤层，宜采用透水土工布。为防止水分渗入地基，在最下排泄水孔的底部，应设置隔水层。

墙背应在最下排泄水孔至墙顶以下 0.5 m 的高度区间内，填筑不小于 0.5 m 厚的透水性砂砾或碎石竖向反滤层，反滤层的顶部应以不小于 0.5 m 厚的不渗水材料封闭，挡土墙泄水孔及反滤层构造如图 1－2 所示。反滤层的含泥量应小于 5%。

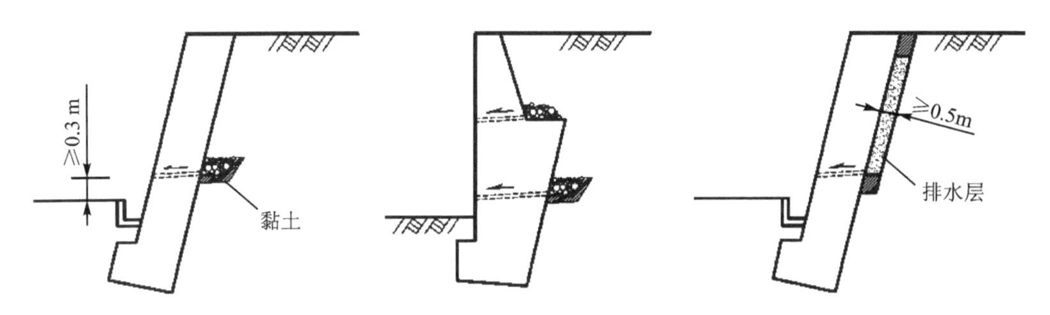

图 1－2　挡土墙泄水孔及反滤层构造

1.2.6　布　置

1. 确定位置时的注意事项

路堑墙，一般设在边沟以外。确定墙的高度时，应保证在设置挡土墙后，墙顶以上边坡达到稳定状态。

采用路肩墙、路堤墙等时，应结合具体条件考虑，必要时做技术经济比较后确定。

当墙身位于平曲线路段时，曲线型挡土墙的受力情况与平行路基的直线挡土墙不同，受力后沿墙长的切线方向产生张力，容易出现竖向裂缝，宜缩短变形缝间距，或考虑其他构造措施。

沿河挡土墙要结合河流的水文、地质情况及河道工程来布置，注意设墙后仍需保持水流顺畅，不致挤压河道，加大局部冲刷。

2. 横向布置

横向布置主要在路基横断面图上进行，其内容为确定断面形式，选择挡土墙的位置。

挡土墙的断面形式和位置，均应根据实际情况分析计算后确定。例如，路肩墙与路堤墙的墙高与圬工数量相近，当基础情况亦相仿时，宜作路肩墙，因为采用路肩墙，可减少填方和占地；但若路堤墙的墙高或圬工数量比路肩墙显著降低，且基础可靠时，宜作路堤墙。

3. 纵向布置

挡土墙纵向布置在墙趾纵断面图上进行，布置后绘成挡土墙正面图，如图 1-3 所示。

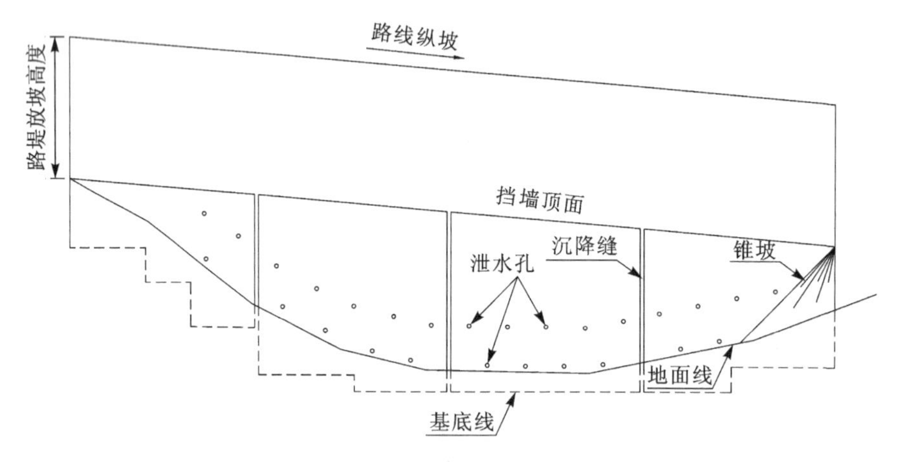

图 1-3　挡土墙正面图

布置的主要内容有：

① 确定挡土墙的起讫点和墙长，选择挡土墙与路基或其他结构物衔接方式。

② 按地基及地形情况进行分段，确定伸缩缝与沉降缝的位置。

③ 布置各段挡土墙基础。当墙趾地面纵坡较大时，挡土墙的基底宜做成不大于5%的纵坡；当墙趾地面纵坡较小时，每段挡土墙的基底宜做成平坡。当地基为岩石时，为减少开挖，可沿纵向做成台阶，台阶尺寸视纵坡大小而定，但其高宽比不宜大于1∶2。

④ 布置泄水孔的位置，包括数量、间隔和尺寸等。

在布置图上注明各特征断面的桩号，以及墙顶、基础顶面、基底、冲刷线、冰冻线、常水位线或设计洪水位的标高等。

4. 平面布置

对于个别复杂的挡土墙，例如墙高变化较大的挡土墙、立面错位的挡土墙、沿河挡土墙、平曲线路段挡土墙或需要在纸上研究平面位置的复杂挡土墙，除了横、纵向布置外，还应作平面布置，并绘制平面布置图。

在平面图上，应标示挡土墙与路线平面位置的关系、与其有关的地物地貌等情况。沿河挡土墙还应绘出河道及水流的方向、防护与加固工程等。

思考题

1-1 支挡结构的定义是什么？

1-2 支挡结构主要包括哪些结构物？

1-3 哪些场合需要设置支挡结构物？

1-4 什么是挡土墙？

1-5 挡土墙的分类方法有哪些？

1-6 各类型挡土墙的特点、基本组成和适用条件是什么？

1-7 什么情况下需要设置伸缩缝？

1-8 什么情况下需要设置沉降缝？

1-9 沉降缝与伸缩缝的一般构造和设置要求有哪些？

1-10 墙背填料有哪些要求？

1-11 墙背排水设施为什么要设置反滤层？

第2章　设计方法与荷载计算

教学目标

本章介绍支挡结构设计方法与荷载计算。

本章要求：

- 掌握支挡结构的两类设计方法及其极限状态设计表达式；
- 掌握荷载的分类、计算规定及荷载组合；
- 掌握库伦主动土压力的计算方法；
- 了解朗肯土压力计算理论；
- 掌握各种特殊条件下土压力计算；
- 掌握土体强度参数的确定方法；
- 了解其他荷载的计算。

教学要求

<table>
<tr><th>能力要求</th><th>知识要点</th><th>权重/%</th></tr>
<tr><td rowspan="7">能描述支挡结构的设计方法
能写出两类极限状态设计表达式
能正确进行荷载组合
能通过查阅手册，进行库伦主动土压力计算
能正确使用各种特殊条件下土压力计算公式
能正确选用土体强度参数
能进行其他荷载计算</td><td>设计方法与极限状态设计表达式</td><td>5</td></tr>
<tr><td>荷载组合</td><td>5</td></tr>
<tr><td>库伦主动土压力计算</td><td>30</td></tr>
<tr><td>朗肯理论</td><td>10</td></tr>
<tr><td>特殊条件下土压力计算</td><td>30</td></tr>
<tr><td>土体强度参数</td><td>15</td></tr>
<tr><td>其他荷载计算</td><td>5</td></tr>
</table>

2.1　设计方法与荷载组合

2.1.1　挡土墙设计计算方法

挡土墙设计计算应采用以极限状态设计的分项系数法为主的设计方法，按以下两类极限状态进行设计：

① 承载能力极限状态。当挡土墙出现下列状态之一时，应认为超过了承载能力极限状态：

a. 整个挡土墙结构或挡土墙组成部分作为刚体失去平衡；

b. 挡土墙构件或联结部件因材料强度不足而破坏，或因过度的塑性变形而不适于继续加载；

c. 挡土墙结构变为机动体系或构件散失稳定。

② 正常使用极限状态。当挡土墙出现下列状态之一时，应认为超过了正常使用极限状态：

a. 影响正常使用或影响外观的大变形；

b. 影响正常使用或耐久性能的局部破坏。

2.1.2　极限状态设计表达式

1. 承载能力极限状态设计表达式

挡土墙构件承载能力极限状态设计的基本条件是结构抗力设计值应大于或等于计入结构重要性系数的作用(或荷载)效应的组合设计值，一般表达式为：

$$\gamma_0 S \leqslant R \tag{2-1}$$

$$R = R(f_d, \alpha_d) \tag{2-2}$$

$$f_d = f_k / \gamma_f \tag{2-3}$$

式中：γ_0——结构重要性系数，按表 2-1 的规定采用；

S——作用(或荷载)效应的组合设计值；

R——挡土墙结构抗力函数；

f_k——抗力材料的强度标准值；

f_d——抗力材料的强度设计值；

γ_f——结构材料、岩土性能的分项系数；

α_d——结构或构件几何参数的设计值，当无可靠数据时可采用几何参数标准值。

表 2-1　结构重要性系数 γ_0

墙高/m	公路等级	
	高速公路、一级公路	二级及二级以下公路
≤5.0	1.00	0.95
>5.0	1.05	1.00

2. 正常使用极限状态设计表达式

挡土墙构件按正常使用极限状态设计时，应根据不同设计目的，分别采用作用（或荷载）效应频遇组合或准永久组合进行设计，使变形、裂缝等作用（或荷载）效应的组合设计值符合下式的规定：

$$S_d \leqslant C \tag{2-4}$$

式中：S_d——正常使用极限状态的作用（或荷载）效应的组合设计值；

C——设计对变形、裂缝等规定的相应限值。

作用频遇组合是永久作用的标准值与汽车荷载的频遇值、其他可变作用准永久值相组合，其效应设计值的计算表达式为式(2-5)。作用准永久组合是永久作用的标准值与可变作用准永久值组合，其效应设计值的计算表达式为式(2-6)。

$$S_d = S\left(\sum_{i=1}^{m} G_{ik}, \psi_{f1} Q_{1k}, \sum_{j=2}^{n} \psi_{qj} Q_{jk}\right) \tag{2-5}$$

$$S_d = S\left(\sum_{i=1}^{m} G_{ik}, \sum_{j=1}^{n} \psi_{qj} Q_{jk}\right) \tag{2-6}$$

式中：G_{ik}——第 i 个永久作用标准值；

Q_{jk}——第 j 个可变作用标准值；

Q_{1k}——汽车荷载的标准值（不计汽车冲击力）；

ψ_{f1}——汽车荷载（不计汽车冲击力）频遇值系数，取 0.7；

ψ_{qj}——可变作用准永久值系数，汽车荷载（不计汽车冲击力）准永久值系数为 0.4，人群荷载为 0.4，风荷载为 0.75，温度梯度作用为 0.8，其他作用为 1.0。

正常使用极限状态设计表达式主要用于钢筋混凝土构件设计。

2.1.3　荷载组合

1. 荷载分类

施加于挡土墙的作用（或荷载），按性质可分为永久作用（或荷载）、可变作用（或荷载）和偶然作用（或荷载），各类作用（或荷载）类别见表 2-2。

表 2-2　作用(或荷载)类别

作用(或荷载)分类		作用(或荷载)名称
永久作用(或荷载)		挡土墙结构重力
		填土(包括基础襟边以上土)重力
		填土侧压力
		墙顶上的有效永久荷载
		墙顶与第二破裂面之间的有效荷载
		计算水位的浮力及静水压力
		预加力
		混凝土收缩及徐变
		基础变位影响力
可变作用(或荷载)	基本可变作用(或荷载)	车辆荷载引起的土侧压力
		人群荷载、人群荷载引起的土侧压力
	其他可变作用(或荷载)	水位退落时的动水压力
		流水压力
		波浪压力
		冻胀压力及冰压力
		温度影响力
	施工荷载	与各类型挡土墙施工有关的临时荷载
偶然作用(或荷载)		地震作用力
		滑坡、泥石流作用力
		作用于墙顶护栏上的车辆碰撞力

挡土墙受地震力作用时，应符合现行《公路工程抗震规范》(JTG B02—2013)的有关规定。

浸水挡土墙墙背为岩块和粗粒土时，可不计墙身两侧静水压力和墙背动水压力。

墙身所受浮力，应根据地基地层的浸水情况按下列原则确定：

① 砂类土、碎石类土和节理很发育的岩石地基，按计算水位的 100%计算。

② 岩石地基按计算水位的 50%计算。

作用在墙背上的主动土压力，可按库伦理论计算，详见后述。

挡土墙前的被动土压力可不计算，当基础埋置较深且地层稳定、不受水流冲刷和扰动破坏时，可计入被动土压力，宜按图 2-1 所示，在实际地面下距离 d 处设置假想地面，d 值应大于 1 m，按朗肯理论计算假想地面之下的被动土压力，还应按表 2-4 的规定计入作用分项系数。

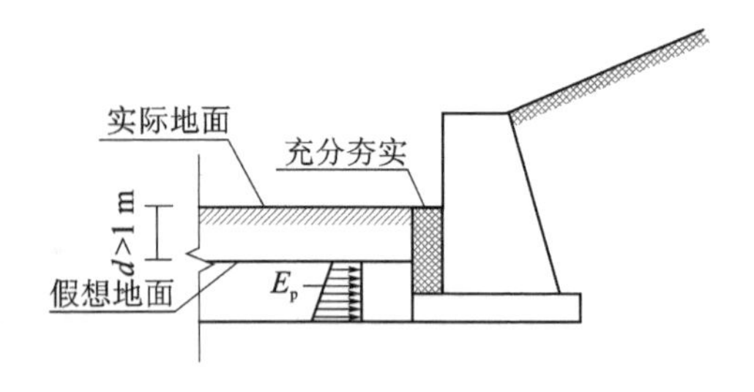

图 2-1　被动土压力计算假想地面图

车辆荷载作用在挡土墙墙背填土上所引起的附加土体侧压力，可按式(2-7)换算成等代均布土层厚度计算。

$$h_0 = \frac{q}{\gamma} \tag{2-7}$$

式中：h_0——换算土层厚度(m)；

q——车辆荷载附加荷载强度，墙高小于 2 m，取 20 kN/m^2；墙高大于 10 m，取 10 kN/m^2；墙高为 2～10 m，附加荷载强度用直线内插法计算。作用于墙顶或墙后填土上的人群荷载强度规定为 3 kN/m^2；作用于挡墙栏杆顶的水平推力采用 0.75 kN/m，作用于栏杆扶手上的竖向力采用 1 kN/m。

γ——墙背填土的重度(kN/m^3)。

为简化计算，作用于墙顶上的车辆荷载、人群荷载作垂直力计算时，近似作为垂直恒载处理。

2. 荷载效应组合

荷载效应组合应符合下列规定：

① 作用于一般地区挡土墙上的力，可只计算永久作用(或荷载)和基本可变作用(或荷载)。

② 浸水地区、地震动峰值加速度值为 0.2g 及以上的地区、产生冻胀力的地区等，还应计算其他可变作用(或荷载)和偶然作用(或荷载)。

③ 作用(或荷载)组合可按表 2-3 确定。

表 2-3　常用作用(或荷载)组合

组　合	作用(或荷载)名称
Ⅰ	挡土墙结构重力、墙顶上的有效永久荷载、填土重力、填土侧压力及其他永久荷载组合
Ⅱ	组合Ⅰ与基本可变荷载相组合
Ⅲ	组合Ⅱ与其他可变荷载、偶然荷载相组合

注：1. 洪水与地震力不同时考虑。

2. 冻胀力、冰压力与流水压力或波浪压力不同时考虑。

3. 车辆荷载与地震力不同时考虑。

3. 作用(或荷载)分项系数

挡土墙按承载能力极限状态设计时，除另有规定外，常用作用(或荷载)分项系数可按表 2-4 的规定采用。

表 2-4　承载能力极限状态作用(或荷载)分项系数

<table>
<tr><td>情　况</td><td colspan="2">荷载增大对挡土墙结构起有利作用时</td><td colspan="2">荷载增大对挡土墙结构起不利作用时</td></tr>
<tr><td>组　合</td><td>Ⅰ，Ⅱ</td><td>Ⅲ</td><td>Ⅰ，Ⅱ</td><td>Ⅲ</td></tr>
<tr><td>垂直恒载 γ_G</td><td colspan="2">0.90</td><td colspan="2">1.20</td></tr>
<tr><td>恒载或车辆荷载、人群荷载的主动土压力 γ_{Q1}</td><td>1.00</td><td>0.95</td><td>1.40</td><td>1.30</td></tr>
<tr><td>被动土压力 γ_{Q2}</td><td colspan="2">0.30</td><td colspan="2">0.50</td></tr>
<tr><td>水浮力 γ_{Q3}</td><td colspan="2">0.95</td><td colspan="2">1.10</td></tr>
<tr><td>静水压力 γ_{Q4}</td><td colspan="2">0.95</td><td colspan="2">1.05</td></tr>
<tr><td>动水压力 γ_{Q5}</td><td colspan="2">0.95</td><td colspan="2">1.20</td></tr>
</table>

2.2　土压力计算

各种形式的支挡结构，都以支撑土体使其保持稳定为目的，所以这类构造物的主要荷载就是土体的侧向压力，简称土压力。为了使支挡结构的设计经济合理，关键是正确地计算土压力，包括土压力的大小、方向和分布等。

2.2.1　土压力计算的基本理论和分类

1. 土压力计算的基本理论

土压力的计算是一个复杂的问题。它涉及填土、墙身和地基三者之间的共同作用。土压力不仅与墙身的几何尺寸、墙背的粗糙度及填土的物理力学性质、填土的顶面形状和顶部的外部荷载有关，而且与墙和地基的刚度及填土的施工方式有关。现在国内外土压力计算仍采用古典的极限平衡理论，它是对上述复杂问题进行诸多假定和简化而得出的。

土压力问题的理论研究，18 世纪末已开始。根据研究途径的不同，可以把有关极限状态下的土压力理论，大致分为两类：

① 假定破裂面形状，以及极限状态下破裂棱体的静力平衡条件来确定土压力，这类土压力理论最初是由法国的库伦于 1773 年提出的，称为库伦理论。

② 假定土体为松散介质，依据土中一点的极限平衡条件来确定土压力强度和破

裂面方向，这类土压力理论是由英国的朗肯于 1857 年提出的，称为朗肯理论。

在上述两类经典土压力理论中，朗肯理论基于散体一点的极限应力状态推出，在理论上较为严谨。但是，由于它只能考虑比较简单的边界条件，在应用上受到很大限制。库伦理论计算简便，能适用于各种复杂的边界条件，而且在一定范围内能得出比较满意的解答，因此应用很广。

2. 土压力类别

作用于挡土墙上土压力的大小与挡土墙的侧向变形有关。与其变形形态相对应的土压力有三种类型：主动土压力、被动土压力和静止土压力，如图 2－2 所示。

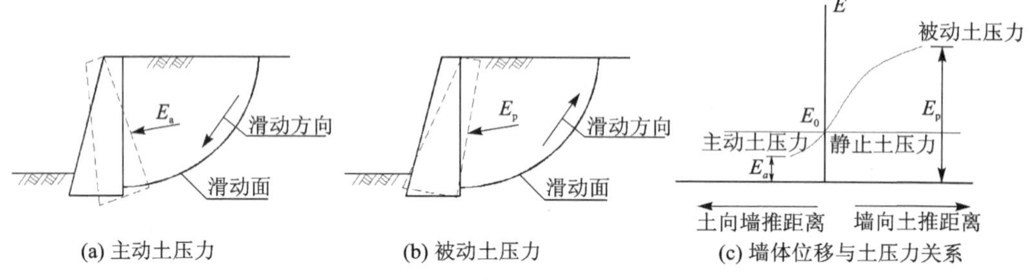

图 2－2 三种不同性质的土压力

（1）主动土压力

如果挡土墙在土压力作用下向前（离开土体）产生微小的移动或转动，从而使墙体对土体的侧向压力（它与土压力大小相等、方向相反）逐渐减小，土体便出现向下滑动的趋势，这时土中逐渐增大的抗剪力抵抗着这一滑动的产生。当侧向应力减小到某一数值，土的抗剪强度充分发挥时，土压力减小到最小值，土体便处于主动极限平衡状态。与此相应的土压力称为主动土压力 E_a。达到主动极限平衡状态时，墙体的移动或转动位移量是较小的，即主动极限平衡状态很容易达到。

（2）被动土压力

如果挡土墙在外力作用下，移动或转动方向是推挤土体，从而逐渐增大墙对土体的侧向压力，土体便出现向上滑动的趋势，这时土中逐渐增大的抗剪力抵抗着这一滑动的产生。当墙对土体的侧向压力增加到某一数值，使土的抗剪强度充分发挥时，土压力增加到最大值，土体便处于被动极限平衡状态。与此相应的土压力称为被动土压力 E_p。达到被动极限平衡状态时，墙体的移动或转动位移量比产生主动土压力所需的位移量要大得多，即被动极限平衡状态不容易达到。

（3）静止土压力

如果挡土墙的刚度很大，在土压力作用下，墙体不发生变形和任何位移（移动或转动）。墙后土体处于弹性平衡状态，此时墙背所受的土压力称为静止土压力 E_0。实际上，使挡土墙保持静止的条件是：墙身尺寸足够大，墙身与基础牢固地连接在一起，地基不产生不均匀沉降等。

被动土压力和主动土压力是上压力中最大与最小的土压力，静止土压力介于其中，即 $E_p > E_0 > E_a$。

挡土墙一般均可能产生侧向位移，因此，要根据墙体在外力作用下可能的位移方向来判断是主动土压力还是被动土压力。对于一般的挡土墙，墙体有被土体向外挤动的可能，墙背承受的是主动土压力，而墙趾前的被动土压力往往忽略不计。

3. 土压力计算方法

① 库伦方法：库伦方法由法国的库伦提出，至今仍被广泛应用。库伦方法常用于计算重力式和半重力式挡土墙的土压力。

② 朗肯方法：朗肯方法由英国的朗肯提出，它适用于墙后土体出现第二破裂面的情况，常用于计算衡重式、悬臂式和扶壁式挡土墙的土压力。用朗肯方法计算被动土压力的误差一般比库伦法小，故计算被动土压力宜采用朗肯法。

2.2.2　库伦理论

库伦理论是一种计算土压力的简化方法。它具有计算简便，能适用于各种复杂情况和计算结果比较接近实际等优点。因此，目前仍被工程界广泛使用。

1. 库伦理论的基本原理

库伦理论是从研究墙后宏观土体的滑动出发的，这和朗肯理论先求得土压应力有所不同。当墙后破裂棱体产生滑动时，土体处于极限平衡状态，根据破裂棱体的静力平衡条件，求得墙背主动土压力和被动土压力。库伦理论在计算土压力时，基于下列基本假定：

① 墙后土体为均质散粒体，粒间仅有摩擦阻力而无黏结力。

② 当墙产生一定位移（移动或转动）时，墙后土体将形成破裂棱体，并沿墙背和破裂面滑动（下滑或上移）。

③ 破裂面为通过墙踵的一个平面。

④ 当墙后土体开始破裂时，土体处于极限平衡状态，破裂棱体在其自重 W、墙背反力（它的反作用力即为土压力 E）和破裂面反力 R 作用下维持静力平衡。由于破裂棱体与墙背及土体间具有摩擦力，所以 E 与墙背法线成 δ 角（墙背与土体间的摩擦角），R 与破裂面法线成 φ 角（土的内摩擦角），并均偏向阻止棱体滑动的一侧。

⑤ 挡土墙及破裂棱体均视为刚体，在外力作用下不发生变形。

库伦理论可以计算土质砂填料、挡土墙墙背倾斜、填土表面倾斜、墙背粗糙等各种情况下的土压力。

2. 库伦主动土压力

如图 2－3 所示，AB 为墙背，BC 为破裂面，BC 与竖直方向的夹角 θ 为破裂角，ABC 为破裂棱体。在整个棱体上作用着三个力，即破裂棱体自重 W、墙背反力（与主动土压力 E_a 大小相等、方向相反）、破裂面反力 R。由于破裂棱体处于极限平衡状态，因此，力三角形必须闭合，则可得到

$$E_a=\frac{W\cos(\theta+\varphi)}{\sin(\theta+\psi)} \tag{2-8}$$

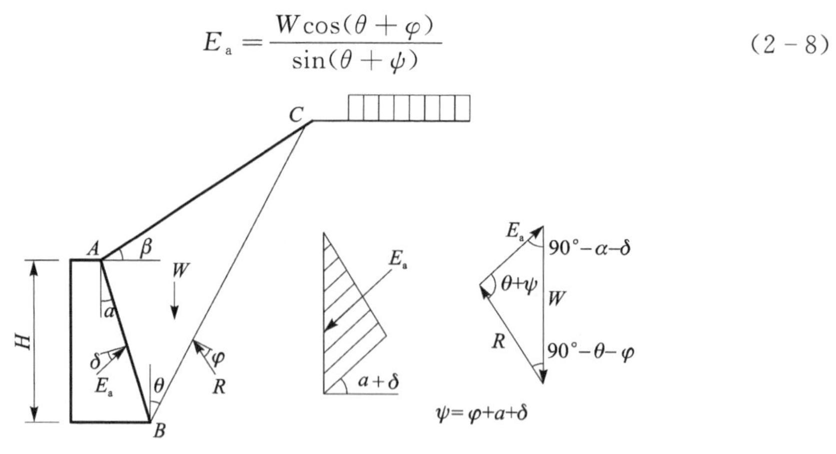

图 2-3　库伦主动土压力计算图式

但是,破裂角 θ 是未知的,由式(2-8)和图 2-3 可知,由于所假定的破裂面位置不同(即 θ 不同),W 和 E_a 都将随之改变。当 $\theta=90°-\varphi$ 时,R 与 W 方向重合,$E_a=0$;当 $\theta=-\alpha$ 时,破裂面与墙背重合,$W=0$,$E_a=0$;当 $\theta>-\alpha$ 时,E_a 随 θ 的增加而增大,当 θ 等于某一值时,E_a 达到最大值,然后又逐渐减小,至 $\theta=90°-\varphi$ 时变为零。E_a 的最大值即为主动土压力,相应的 BC 面即为最危险破裂面。

根据上面分析,E_a 是 θ 的函数,且存在最大值。因此,利用微积分的极值定理,将式(2-8)对 θ 求导,并令

$$\frac{dE_a}{d\theta}=0 \tag{2-9}$$

由此可求得破裂角 θ 和主动土压力 E_a 之值。这便是库伦理论方法求解主动土压力的各种图解法和数解法的依据。

当填土表面为倾斜平面时,如图 2-4 所示,依据上述方法所得的主动土压力表达式为

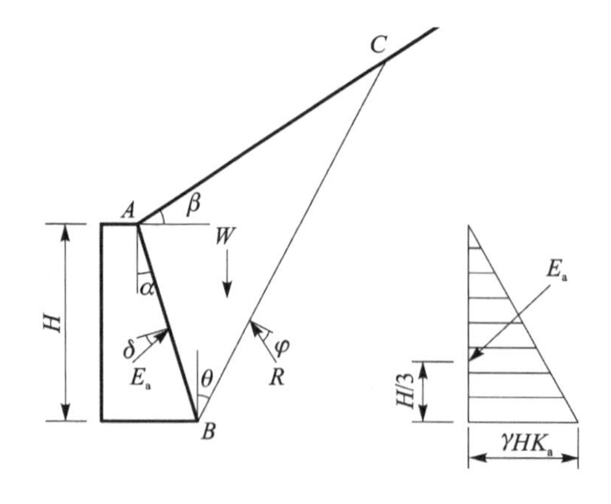

图 2-4　倾斜填土表面库伦主动土压力计算图式

$$E_a=\frac{1}{2}\gamma H^2 K_a \tag{2-10}$$

$$K_a=\frac{\cos^2(\varphi-\alpha)}{\cos^2\alpha\cos(\delta+\alpha)\left[1+\sqrt{\dfrac{\sin(\varphi+\delta)\sin(\varphi-\beta)}{\cos(\delta+\alpha)\cos(\alpha-\beta)}}\right]^2} \tag{2-11}$$

式中：E_a——作用于每延米挡土墙墙长上的土压力（kN，下文若不加说明，挡土墙均取每延米墙计算）；

K_a——库伦主动土压力系数；

γ——填土的重度（kN/m^3）；

H——墙背高度（m）；

φ——填土的内摩擦角（°）；

δ——墙背摩擦角（°）；

β——填土表面倾角（°）；

α——墙背倾角（°），当墙背俯斜时为正，当墙背仰斜时为负。

沿墙高的土压应力 σ_a，可通过 E_a 对 h 求导而得到

$$\sigma_a=\frac{dE_a}{dh}=\gamma h K_a \tag{2-12}$$

由上式可见，主动土压力沿墙高呈三角形分布，土压力作用点离墙踵的高度为 $H/3$，方向与墙背的法线成 δ 角，或与水平方向成 $\delta+\alpha$ 角。

3. 复杂边界条件下的库伦主动土压力

式（2－10）表示的主动土压力是按墙后土体表面为平面的边界条件推导的，适用于路堑墙或破裂面交于边坡上的路堤墙。实际工程中，挡土墙后的填土表面有时不是平面，而且在路基表面有车辆荷载作用，因而边界条件较为复杂。挡土墙因路基形式和荷载分布不同，土压力有多种计算图式。按破裂面交于路基顶面的位置不同，有五种计算图式，如图 2－5 所示。

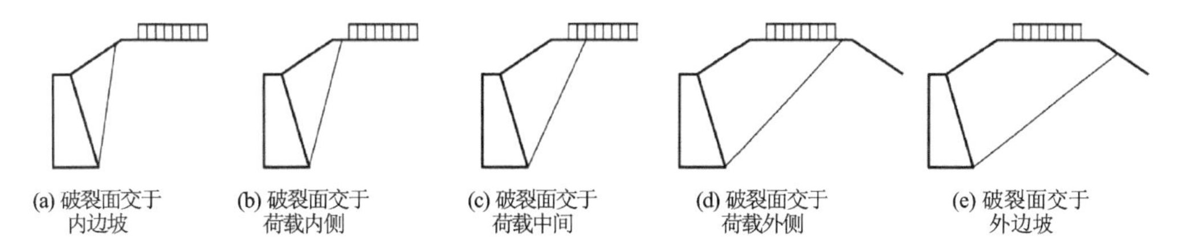

图 2－5　破裂面与路基顶面的相对位置

在路基设计的有关手册中，列有各种边界条件下库伦主动土压力的计算公式。在查用时，可先假定破裂面交于路基的位置（一般是先假定交于荷载中间），按此图式选择相应的计算公式计算出破裂面与竖直面的夹角 θ，将该 θ 角与原假定的破裂面位置相比较，看是否相符。如与假定不符，则根据计算的 θ 角重新假定破裂面位置，

按相应公式重复上述计算，直至相符为止。最后根据此破裂角计算最大主动土压力。

4. 土压应力分布图

当地面不是一个平面而是多个平面或有荷载作用时，墙背土压应力往往不是呈直线分布。为了求得土压力的作用点，常借助于土压应力分布图，土压应力分布图还可以用来计算挡土墙任一截面上所受的土压力。

通常用土压应力分布图表示墙背在竖直投影面上的应力分布情况，按下述原则绘制：

① 墙顶以上的填土及均布荷载向墙背扩散压应力的方向平行于破裂面。

② 各点土侧向压应力与其所受的竖向压应力成正比，如式(2-13)所示。

$$\sigma = \sigma_v K \tag{2-13}$$

式中：σ——土体侧向压应力；

K——主动土压力系数；

σ_v——土体竖向压应力，由土体自重和路基顶附加荷载产生。

式(2-13)中的 K 不同于前文的 K_a，只有在特殊情况下两者才相等。

土压应力分布图有以下三种表示方法，常采用第一种方法：

① 土压应力按水平方向绘制，应力图形的面积等于 E_a，但不能表示土压力的方向，如图 2-6(b)所示；

② 土压应力按与水平方向成($\delta+\alpha$)角绘制，它可以表明土压力的方向，但应力图形的面积不等于土压力 E_a，如图 2-6(c)所示；

③ 水平土压应力按水平方向绘制，这样它既表示土压力 E_x 的方向，同时应力图形的面积也等于水平土压力，如图 2-6(d)所示。

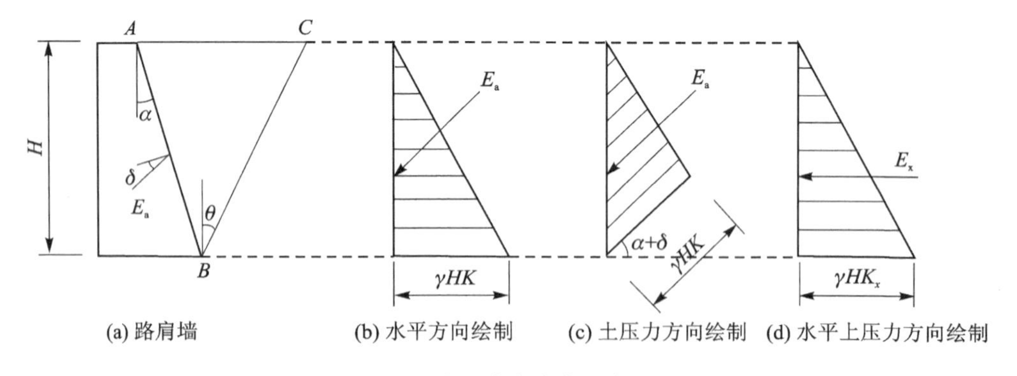

图 2-6　土压应力分布图表示法

土压力系数 K 可按下述方法推求，从图 2-6(a)可以求得，当填土表面水平时，破裂棱体 ABC 的重力为

$$W = \frac{1}{2}\gamma H^2(\tan\theta + \tan\alpha)$$

代入式(2-8)，得到土压力

$$E_a = \frac{1}{2}\gamma H^2 \frac{\cos(\theta+\varphi)}{\sin(\theta+\psi)}(\tan\theta + \tan\alpha)$$

由土压应力分布图可求得

$$E_a = \frac{1}{2}\gamma H^2 K$$

上述两式相等，于是得到土压力系数

$$K = \frac{\cos(\theta+\varphi)}{\sin(\theta+\psi)}(\tan\theta + \tan\alpha) \tag{2-14}$$

上述填土为水平时的土压力系数 K 具有普遍意义，可用于推算各种复杂边界条件时的土压应力分布图。

对于图 2-7(a)所示的破裂面交于荷载外侧的路堤墙，其土压应力分布如图 2-7(b)所示。在图中，GF、ME、DN 都是平行于破裂面 BC 的直线。墙背上各应力变化点的应力值为

$$\sigma_H = \gamma H K$$
$$\sigma_a = \gamma a K$$
$$\sigma_0 = \gamma h_0 K$$

应力图各变化点的高度可由几何关系求得，本书不再赘述。绘出应力图，则可很容易求得土压力及其作用点位置。

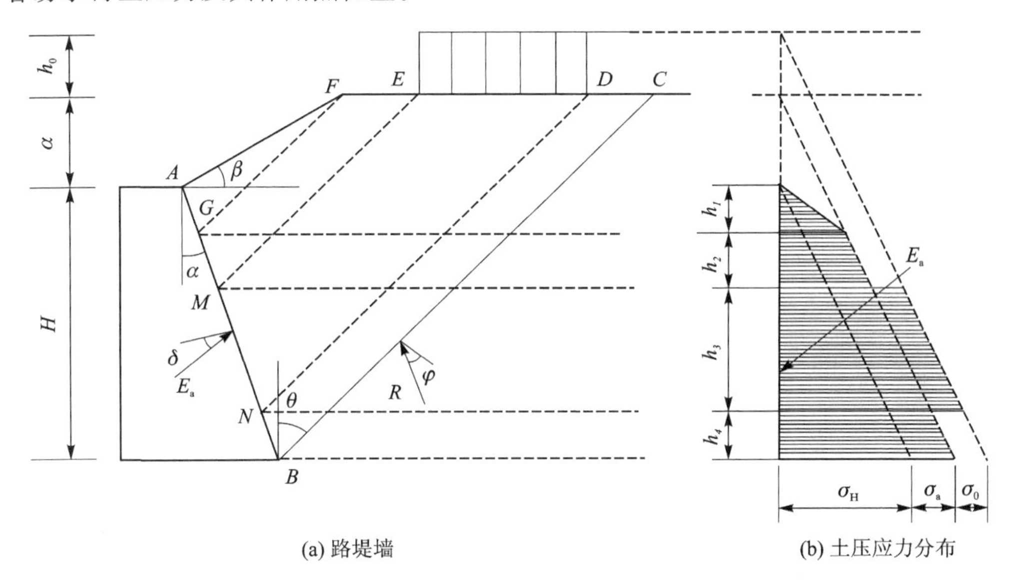

(a) 路堤墙　　(b) 土压应力分布

图 2-7　土压应力分布图(破裂面交于荷载外侧的路堤墙)

5. 库伦被动土压力

如图 2-8 所示，若 BC 为破裂面，则破裂棱体自重 W、墙背对破裂棱体的反力 E_p 以及破裂面反力 R 平衡。此时，破裂棱体被推挤向上滑动，破裂棱体处于极限平

衡状态,力三角形是闭合的。同理,可求得被动土压力

$$E_p=\frac{W\cos(\theta-\varphi)}{\sin(\theta-\varphi-\delta+\alpha)} \quad (2-15)$$

由式(2-15)可知,θ 不同,求得的土压力亦不同。在被动极限平衡状态下,土压力的最小值即为被动土压力 E_p,相应于土压力最小值时的破裂面即为被动状态破裂面。

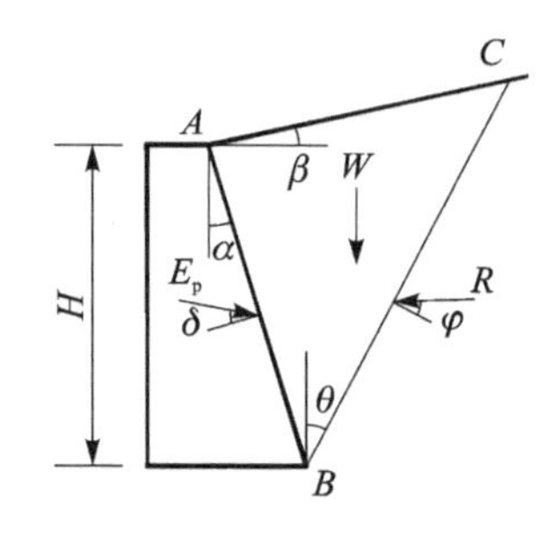

图 2-8 库伦被动土压力计算图式

按照求解主动土压力的原理与方法,即可求得填土表面为倾斜平面时的被动土压力 E_p。

$$E_p=\frac{1}{2}\gamma H^2 K_p \quad (2-16)$$

$$K_p=\frac{\cos^2(\varphi+\alpha)}{\cos^2\alpha\cos(\delta-\alpha)\left[1-\sqrt{\frac{\sin(\varphi+\delta)\sin(\varphi+\beta)}{\cos(\delta-\alpha)\cos(\alpha-\beta)}}\right]^2} \quad (2-17)$$

式中:K_p——库伦被动土压力系数。

被动土压力沿墙高也呈三角形分布,方向与墙背法线顺时针成 δ 角。

6. 库伦理论的适用范围

(1) 库伦主动土压力的适用范围

① 库伦理论虽有不够严谨之处,但概念清晰,计算简单,适用范围较广,可适用于不同墙背坡度和粗糙度、不同墙后填土表面形状和荷载作用情况下的主动土压力计算。一般情况下,计算结果能满足工程要求。

② 库伦理论较适用于无黏性土,计算值与实际情况比较接近。当用于黏性土时,应考虑黏聚力的影响。

③ 库伦理论仅适用于墙背为一平面或近似平面的挡土墙,当墙背为 L 形时,可按图 2-9(a)所示的方法,以墙顶 A 和墙踵 B 的连线为假想墙背计算土压力,此时墙背摩擦角 δ 等于土的内摩擦角 φ。

④ 当俯斜墙背(包括 L 形墙背的假想墙背)的坡度较缓时,破裂棱体不一定沿着墙背(或假想墙背)AB 滑动,而可能沿土体内某一破裂面 $A'B$ 滑动,即此时土体中将出现第二破裂面,如图 2-9 所示。这时应按照第二破裂面法计算土压力。

⑤ 当库伦理论应用于仰斜墙背时,墙背坡度不宜太缓,一般以不缓于 1∶0.25 为宜,不然将出现较大误差,土压力计算值偏小,如墙背倾角 $\alpha=\varphi$,理论上 $E_a=0$,但实际上不可能。

⑥ 库伦理论仅适用于刚性挡土墙。对于锚杆式、锚定板式、桩板式等柔性挡土墙的土压力只能按库伦理论近似计算。

⑦ 库伦理论适用于地面或墙后填土表面倾角 $\beta<\varphi$ 的情况,否则在计算主动土

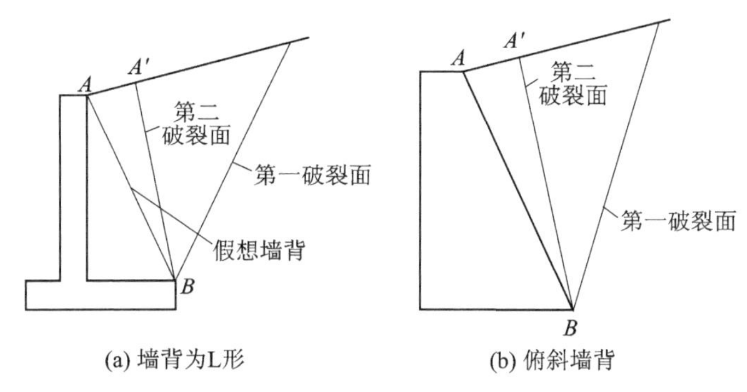

(a) 墙背为L形　　(b) 俯斜墙背

图 2-9　假想墙背与第二破裂面示意图

压力系数时将出现虚根。

(2) 库伦被动土压力的使用条件

用库伦理论计算被动土压力时，常会引起较大误差，并且误差随 α、δ 和 β 值的增大而迅速增大。另外，设计的被动土压力达不到理论计算值。这是因为产生被动极限平衡状态时的位移量远较主动极限平衡状态大，这对一般挡土墙来说几乎不可能，有时也是不允许的。因此，如果在设计中考虑土的被动抗力，应对被动土压力的计算值进行大幅度折减。

例如设计重力式挡土墙时，墙背承受主动土压力，墙趾处虽有部分土层，但由于主动土压力产生的位移量较小，墙前土体难以达到被动极限平衡状态，因此，墙前被动抗力要比理论计算的被动土压力小得多。目前尚无可靠的计算方法，根据经验并安全起见，一般只取 1/3 的被动土压力计算值作为设计值，并且常常是在基础埋深较大(大于 1.5 m)、土层稳定且不受水流冲刷或其他的扰动破坏时才考虑。

例 1　仰斜式路堤挡土墙，如图 2-10 所示，车辆荷载换算土层高度 $h_0=0.4$ m，墙背填料重度 $\gamma=18\ \mathrm{kN/m^3}$，内摩擦角 $\varphi=35°$，墙背摩擦角 $\delta=17.5°$，墙背仰斜坡度 $\alpha=-14.03°$。请用库伦理论计算主动土压力。

土压力计算

解：

(1) 计算破裂角 θ

假设破裂面交于荷载中间，选用《公路路基设计手册》中的相关公式：

$$\psi=\varphi+\alpha+\delta=35°-14.03°+17.5°=38.47°<90°$$

$$A=\frac{ab+2h_0(b+d)-H(H+2a+2h_0)\tan\alpha}{(H+a)(H+a+2h_0)}$$

$$=\frac{3\times4.5+2\times0.4\times(4.5+0.5)-6\times(6+2\times3+2\times0.4)\times\tan(-14.03°)}{(6+3)\times(6+3+2\times0.4)}=0.416$$

$$\tan\theta=-\tan\psi+\sqrt{(\cot\varphi+\tan\psi)(\tan\psi+A)}$$

$$=-\tan 38.47°+\sqrt{(\cot 35°+\tan 38.47°)\times(\tan 38.47°+0.416)}$$

$$=0.845\ 8$$

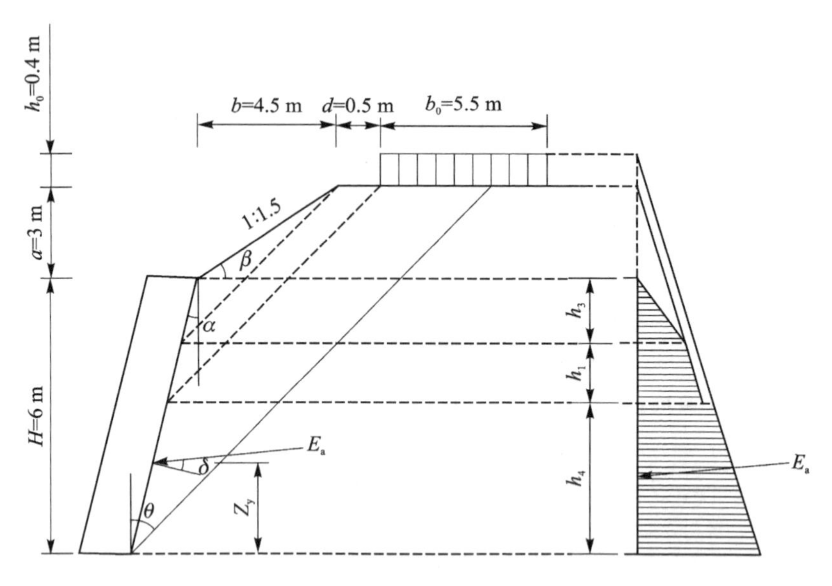

图 2-10　例 1 图

所以 $\theta=40.22°$

下面验核破裂面是否交于荷载中间：

路堤顶破裂面距离墙踵：$(H+a)\tan\theta=(6+3)\ \text{m}\times0.8458=7.612\ \text{m}$

荷载内边缘距墙踵：$H\tan(-\alpha)+b+d=(6\times0.25+4.5+0.5)\text{m}=6.5\ \text{m}$

荷载外边缘距墙踵：$H\tan(-\alpha)+b+d+b_0=(6\times0.25+4.5+0.5+5.5)\text{m}=12.0\ \text{m}$

6.5<7.612<12.0，所以破裂面交于荷载中间，假设正确。

(2) 计算主动土压力系数 K

$$K=\frac{\cos(\theta+\varphi)}{\sin(\theta+\psi)}(\tan\theta+\tan\alpha)=\frac{\cos(40.22°+35°)}{\sin(40.22°+38.47°)}[\tan 40.22°+\tan(-14.03°)]$$
$$=0.1550$$

(3) 计算主动土压力 E_a

$$h_1=\frac{d}{\tan\theta+\tan\alpha}=\frac{0.5\ \text{m}}{\tan 40.22°+\tan(-14.03°)}=0.839\ \text{m}$$

$$h_3=\frac{b-a\tan\theta}{\tan\theta+\tan\alpha}=\frac{(4.5-3\times\tan 40.22°)\text{m}}{\tan 40.22°+\tan(-14.03°)}=3.295\ \text{m}$$

$$h_4=H-h_1-h_3=(6-0.839-3.295)\ \text{m}=1.866\ \text{m}$$

$$K_1=1+\frac{2a}{H}\left(1-\frac{h_3}{2H}\right)+\frac{2h_0h_4}{H^2}=1+\frac{2\times3\ \text{m}}{6\ \text{m}}\left(1-\frac{3.295\ \text{m}}{2\times6\ \text{m}}\right)+$$
$$\frac{(2\times0.4\times1.866)\ \text{m}^2}{6^2\ \text{m}^2}=1.767$$

$$E_a=\frac{1}{2}\gamma H^2KK_1=\left(\frac{1}{2}\times18\times6^2\times0.1550\times1.767\right)\ \text{kN}=88.739\ \text{kN}$$

（4）土压力作用点位置 Z_y

$$Z_y = \frac{H}{3} + \frac{a(H-h_3)^2 + h_0 h_4(3h_4 - 2H)}{3H^2 K_1}$$

$$= \left[\frac{6}{3} + \frac{3\times(6-3.295)^2 + 0.4\times1.866\times(3\times1.866 - 2\times6)}{3\times6^2\times1.767}\right]\ \mathrm{m} = 2.090\ \mathrm{m}$$

2.2.3　朗肯理论

1. 朗肯理论的基本原理

朗肯土压力理论是从研究弹性半无限体内的应力状态出发，根据土的极限平衡理论来计算土压力。朗肯理论在分析土压力时作了如下基本假定：

① 土体是地表为一平面的半无限体，土压力方向与地表面平行。在平行于地表的任一深度 h 的平面上，应力均匀分布，其数值为 $\gamma h\cos\beta$，方向竖直，即应力偏角为 β；在竖直面上，应力呈三角形分布，方向平行于地表，即应力偏角也为 β。

② 达到主动应力状态时，土体侧向伸张；达到被动应力状态时，土体侧向压缩。

③ 主动或被动应力状态只存在于破裂棱体内，即局部土体中出现极限状态，而破裂棱体外仍处于弹性平衡状态。

④ 土体发生剪切时，破裂面为平面。

⑤ 伸张或压缩对土的影响很小，忽略竖直方向上土的变形对土压力的影响。

⑥ 挡土墙墙背垂直、光滑，即 $\alpha=0°$，$\delta=0°$。

若土体表面为水平面的均质弹性半无限体，即土体沿垂直向下方向和水平方向都为无限伸展。由于土体内任一竖直面都是对称面，因此，地面以下 h 深度处的 M 点在土的自重作用下，其竖直面和水平面上的剪应力都为 0，该点处于弹性平衡状态，其应力状态如下：

竖向应力　$\sigma_z = \gamma h = \sigma_1$

水平应力　$\sigma_x = K_0 \gamma h = \sigma_3$

如果用挡土墙代替 M 点一侧的土体，如图 2－11(a)所示，由于墙背与填土间无摩擦力，因而无剪应力，亦即墙背为主应力面。当挡土墙无位移时，它不影响土体中原有的应力状态，墙后土体仍处于弹性状态，即作用在墙背上的应力状态与弹性半无限体应力状态相同。以 $\sigma_1=\sigma_z$、$\sigma_3=\sigma_x$ 的莫尔应力圆与土的抗剪强度线不相切，如图 2－11(d)中圆Ⅰ所示。

当挡土墙向外移动时，如图 2－11(b)所示，墙后土体有伸张趋势。此时竖向应力 σ_z 不变，墙背法向应力 σ_x 减小，它们仍为大小主应力。当挡土墙位移使 σ_x 减小到土体达到极限平衡状态时，σ_x 减小到最小值 σ_a，σ_z 和 σ_x 的莫尔应力圆与抗剪强度线相切，如图 2－11(d)中圆Ⅱ所示。土体形成一系列破裂面，破裂面上各点都处于极限平衡状态，称为朗肯主动状态。此时，墙背上的应力 σ_x 为最小主应力，即朗肯主动土压应力。破裂面与大主应力作用面成 $\alpha=45°+\varphi/2$。

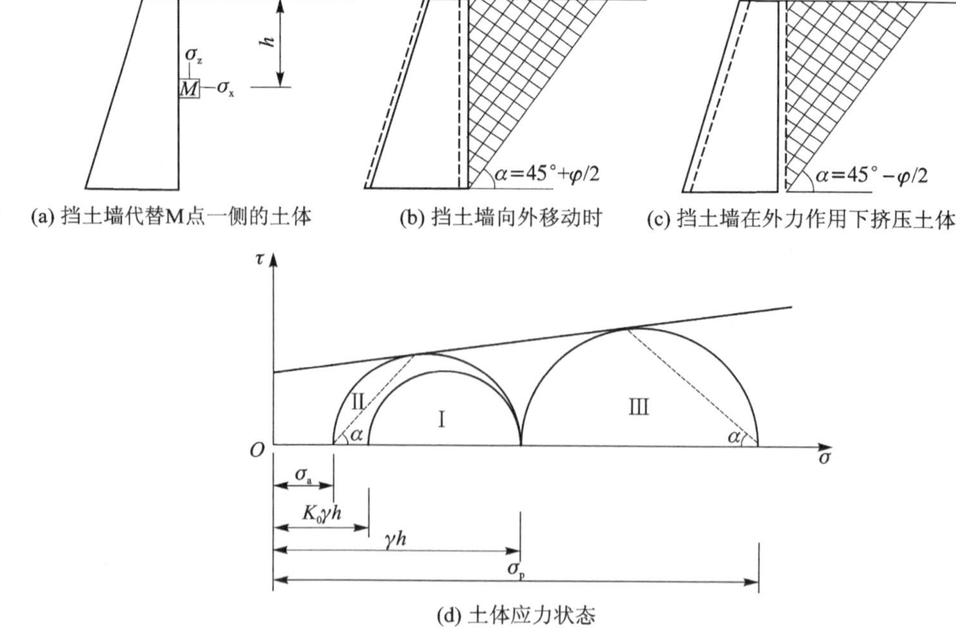

图 2-11　半无限体的极限平衡状态

同理，若挡土墙在外力作用下挤压土体，如图 2-11(c)所示，σ_z 仍不变，而 σ_x 随着挡土墙位移的增加而逐步增大，当 σ_x 超过 σ_z 时，σ_x 为大主应力，σ_z 为小主应力。当挡土墙位移使 σ_x 增加到土体达到极限平衡状态时，σ_x 增加到最大值 σ_p，σ_z 和 σ_x 的莫尔应力圆与抗剪强度线相切，如图 2-11(d)中圆Ⅲ所示。土体形成一系列破裂面，破裂面上各点都处于极限平衡状态，称为朗肯被动状态。此时，墙背上的应力 σ_x 为最大主应力，即朗肯被动土压应力。破裂面与小主应力作用面成 $\alpha=45°-\varphi/2$。

2. 朗肯主动土压力

根据土的强度理论，当土体中某点达到极限平衡状态时，大小主应力有如下关系式：

$$\sigma_3=\sigma_1\tan^2\left(45°-\frac{\varphi}{2}\right)-2c\tan\left(45°-\frac{\varphi}{2}\right) \tag{2-18}$$

或

$$\sigma_1=\sigma_3\tan^2\left(45°+\frac{\varphi}{2}\right)+2c\tan\left(45°+\frac{\varphi}{2}\right) \tag{2-19}$$

当挡土墙墙背垂直光滑，填土表面水平，挡土墙偏离土体位移时，墙背任一深度 h 处竖向应力 σ_z 为大主应力，σ_x 为小主应力，达到平衡状态时，由式(2-18)可得到朗肯主动土压应力

$$\sigma_a=\gamma h\tan^2(45°-\frac{\varphi}{2})-2c\tan(45°-\frac{\varphi}{2}) \tag{2-20}$$

主动土压应力沿墙高呈三角形分布，沿墙高积分可计算出主动土压力，详见土力学教材，本书不再赘述。

3. 朗肯被动土压力

同理，当挡土墙在外力作用下挤压土体达到被动极限状态时，由式(2－19)可得到朗肯被动土压应力

$$\sigma_p = \gamma h \tan^2\left(45° + \frac{\varphi}{2}\right) + 2c\tan\left(45° + \frac{\varphi}{2}\right) \tag{2-21}$$

其他不再赘述。

4. 填土表面为倾斜平面时的土压力

填土表面为倾斜平面，与水平面倾角为 β，取与水平面成 β 角的单元体，如图 2－12 所示。根据朗肯理论的基本假定，该单元体倾斜面上的力是竖直的且等于 $\sigma_z\cos\beta$，竖直面上的力平行于填土表面且等于 σ_e。

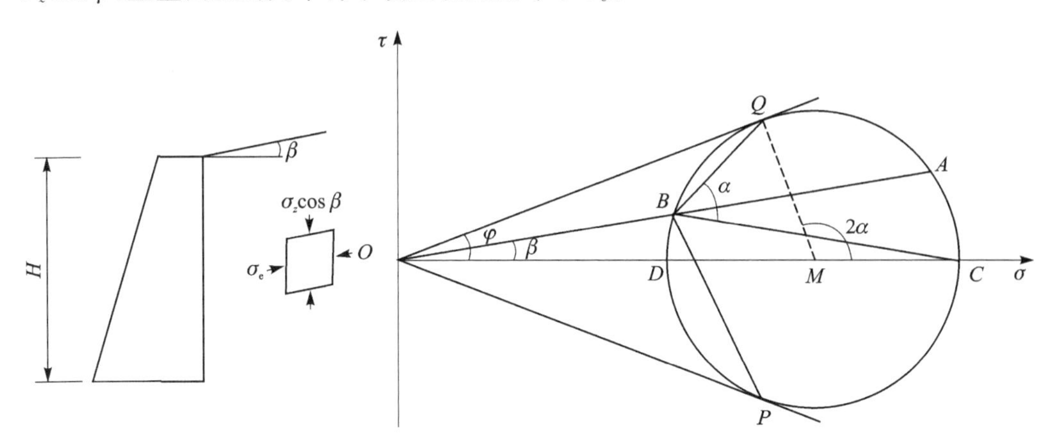

(a) 取与水平面成β角的单元体　　(b) 极限平衡状态时，应力圆与抗剪强度线相切

图 2－12 倾斜填土表面土压力计算图式

当达到极限平衡状态时，用上述倾斜平面和竖直面上的应力作出的应力圆与抗剪强度线相切(土为无黏性土)，这样可得到图 2－12(b)，A 点表示倾斜平面上的应力，B 点表示竖直面上的应力。大主应力在 C 点，小主应力在 D 点。根据土力学知识，BQ 与 BP 分别表示第一和第二破裂面的方向，而破裂面与最大主应力作用面成 $\alpha = 45° + \varphi/2$，而 $\angle QBC = \alpha$，所以 BC 就是大主应力作用面。

根据图 2－12(b)中的几何关系，可以推导出朗肯主动土压应力

$$\sigma_a = \sigma_e = \sigma_z\cos\beta\,\frac{\cos\beta - \sqrt{\cos^2\beta - \cos^2\varphi}}{\cos\beta + \sqrt{\cos^2\beta - \cos^2\varphi}} \tag{2-22}$$

同理，可推导出朗肯被动土压应力

$$\sigma_p = \sigma_z\cos\beta\,\frac{\cos\beta + \sqrt{\cos^2\beta - \cos^2\varphi}}{\cos\beta - \sqrt{\cos^2\beta - \cos^2\varphi}} \tag{2-23}$$

5. 朗肯理论的应用

① 朗肯理论可用于均布荷载、填土表面水平或倾斜(必须$\beta \leqslant \varphi$)的垂直墙背。

② 如果墙背为俯斜，虽然朗肯理论只适用于垂直墙背，但可利用朗肯理论近似计算土压力E_a。其方法是从墙踵点A引竖直线交于填土表面的C点，以AC为假想墙背，计算主动土压力。然后计算$\triangle ABC$的填土重W，则E_a与W的合力可近似认为是AB墙背上的土压力，如图2-13所示。

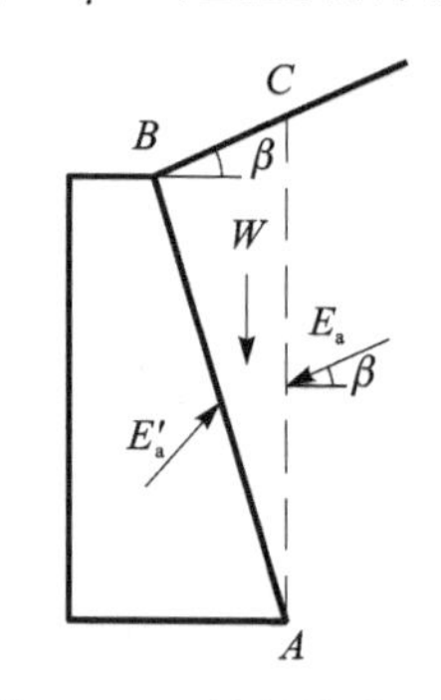

图2-13 俯斜墙背朗肯土压力计算图式

③ 填土表面为折线时，朗肯理论不适用。

④ 朗肯理论不适合仰斜墙背。

朗肯理论是基于弹性半无限体的应力状态，根据土的极限平衡理论推导和计算土压力的，其概念明确，计算公式简单。但由于假定墙背垂直、光滑、填土表面为单一平面，使计算和适用范围受到限制，计算结果与实际有出入，所得主动土压力偏大，被动土压力偏小。

2.2.4 特殊条件下的土压力计算

1. 第二破裂面土压力

在挡土墙设计中，可能会遇到墙背俯斜很缓，即墙背倾角α比较大的情况，如衡重式挡土墙的上墙，如图2-14所示，其假想墙背AC的倾角一般比较大。当墙体向外移动，达到主动极限平衡状态时，破裂棱体并不沿墙背滑动，而是沿着土体中另一破裂面CD滑动，这时出现相交于墙踵C的两个破裂面，远离墙的破裂面称为第一破裂面，而近墙的破裂面称为第二破裂面，用θ_i和α_i分别表示第一、第二破裂角。由于土体中出现两个破裂面，用库伦理论的一般公式来计算土压力便不适用了，在这种情况下，应按破裂面出现的位置来求算土压力。

(1) 第二破裂面出现的条件

① 墙背(或假想墙背)倾角α必须大于第二破裂面的倾角α_i，即墙背不妨碍第二破裂面的产生。

② 墙背(或假想墙背)上的诸力(第二破裂面与墙背之间的土体自重W_1及作用在第二破裂面上的土压力E_a)所产生的下滑力必须小于墙背上的抗滑力，可表示为

$$E_x \tan(\alpha + \delta) > E_y + W_1 \tag{2-24}$$

即作用在墙背上的合力对墙背法线的倾角δ'必须小于墙背摩擦角δ，也就是第二破裂面与墙背之间的土体不会沿墙背下滑。

一般俯斜式挡土墙，为避免土压力过大，很少采用平缓墙背，故不易出现第二破裂面。衡重式的上墙假想墙背、悬臂式和扶壁式的假想墙背等，由于墙背平缓，故可能出现第二破裂面。设计时应加以判别，然后再应用相应的公式计算土压力。

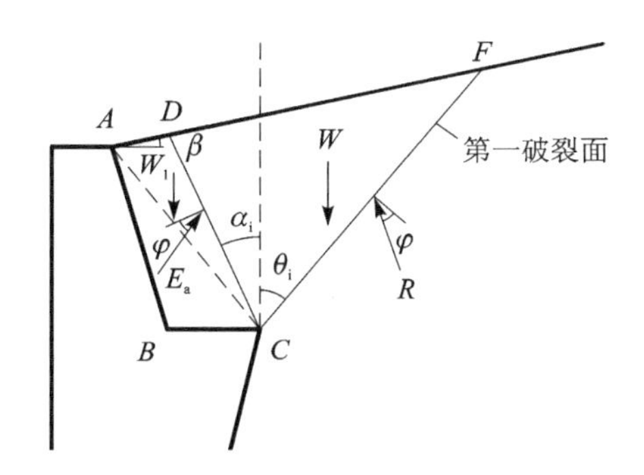

图 2－14　第二破裂面计算图式

判别是否会出现第二破裂面，首先需确定第一破裂面位置，按相关路基设计手册提供的公式计算第一破裂面倾角 θ_i，以确定第一破裂面的位置，并以此结果核验所假定的破裂面位置是否正确。如与假设相符，则按此情况相应的公式计算第二破裂角 α_i；如不符，需另行假定第一破裂面的位置，再做计算，直至相符为止，并计算第二破裂角 α_i。有时会出现两种破裂面位置均相符的情况，则应采用其土压力值较大的那一组破裂面位置。

然后按上述计算所得的第二破裂面倾角 α_i 与墙背（或假想墙背）倾角 α 比较，若 $\alpha_i > \alpha$，则不会出现第二破裂面，可以按一般库伦公式计算土压力；若 $\alpha_i < \alpha$，表明有第二破裂面出现，应按出现第二破裂面的库伦公式计算土压力。

（2）第二破裂面土压力计算

用库伦理论的方法可求算第二破裂面的土压力，这时第二破裂面的摩擦角等于土体的内摩擦角 φ。由于破裂棱体有两组破裂面，按照库伦理论，作用于第二破裂面的土压力 E_a 或 E_x 是 θ_i 和 α_i 的函数，即

$$E_x = f(\alpha_i, \theta_i) \tag{2-25}$$

为确定最不利的破裂角 α_i 和 θ_i，以及相应的主动土压力，可以解下列偏微分方程组：

$$\left.\begin{aligned} \frac{\partial E_x}{\partial \alpha_i} &= 0 \\ \frac{\partial E_x}{\partial \theta_i} &= 0 \end{aligned}\right\} \tag{2-26}$$

并满足下述条件：

$$\left.\begin{aligned} &\frac{\partial^2 E_x}{\partial \alpha_i^2} < 0 \\ &\frac{\partial^2 E_x}{\partial \theta_i^2} < 0 \\ &\frac{\partial^2 E_x}{\partial \alpha_i^2} \cdot \frac{\partial^2 E_x}{\partial \theta_i^2} - \left(\frac{\partial^2 E_x}{\partial \alpha_i \partial \theta_i}\right)^2 < 0 \end{aligned}\right\} \tag{2-27}$$

《公路路基设计手册》(第 3 版)提供了各种边界条件下第二破裂面土压力计算公式,计算时可以参考。

2. 折线形墙背的土压力

为了适应地形和工程需要,可采用折线形墙背,即墙背为折面,比如凸折式挡土墙、衡重式挡土墙。对于这类挡土墙,以墙背转折点或衡重台为界,分成上墙和下墙,如图 2-15 所示。

库伦理论仅适用于直线墙背。墙背为折线时,不能直接用库伦理论求算全墙的土压力。这时,通常分别计算各直线段上的土压力,然后取各段土压力的矢量和作为全墙的土压力。

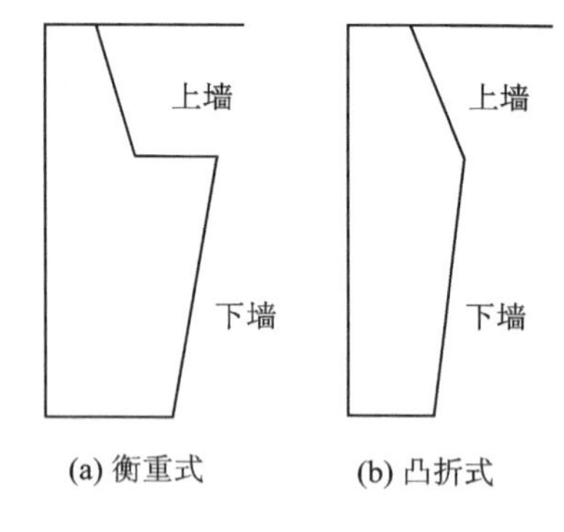

图 2-15 折线形墙背

上墙土压力计算:把上墙作为独立墙背而不考虑下墙的存在;当出现第二破裂面时,按第二破裂面的公式计算;当不出现第二破裂面时,凸折式挡墙以上墙为实际墙背,衡重式挡墙以上墙两边缘点连线作为假想墙背,按库伦理论一般公式计算。

下墙土压力计算较为复杂,目前常采用简化的方法,计算方法有延长墙背法、力多边形法和公路路基近似法。

(1) 延长墙背法

如图 2-16 所示,AB 为上墙墙背,BC 为下墙墙背。先将上墙作为独立墙背,用一般的库伦公式计算主动土压力 E_1,土压应力分布图形为 abc。计算下墙土压力时,首先延长下墙墙背 CB,交填土表面于 D 点;以 DC 为假想墙背,用一般库伦公式计算假想墙背上的土压力,其土压应力分布图形为 def;截取其中与下墙相应的部分,即 $hgfe$,其合力为下墙主动土压力 E_2。

延长墙背法是一种简化的方法,由于计算简便,该方法至今在工程界仍得到广泛应用。然而,它的理论根据不足,给计算带来一定的误差。它忽略了下墙延长部分与上墙背之间的土体重及作用在其上的荷载,但考虑了延长墙背与上墙背由于土压力方向不同而引起的竖直分力差,虽然两者能互相补偿,但未必能抵消;在绘制应力图时,把上墙土压力 E_1 作为平行于下墙土压力 E_2 处理,而大多数情况,两者并不平行。

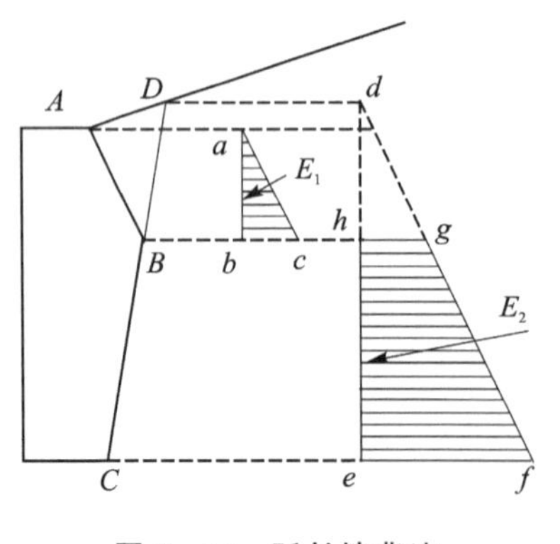

图 2-16 延长墙背法

(2) 力多边形法

力多边形法依据极限平衡条件下,作用于破裂棱体上的诸力应构成闭合力多边形的原理，来求算下墙土压力。这种方法不需要借助任何假想墙背，因而避免了延长墙背法所引起的误差。

在力多边形法中，求得上墙土压力 E_1 后，即可绘制出下墙的任一破裂面的力多边形（E_2 及 R_2 的方向已知），据此求算下墙土压力 E_2。

当填土表面为一平面时，如图 2-17 所示，其中 E_1 为上墙土压力，R_1 为上墙破裂面上的反力，均可事先求出。图 2-17 右边的多边形 $abedc$ 为破裂角为 θ 的破裂面力多边形，自 e 点作 $eg /\!/ bc$，自 c 点作 $cf /\!/ be$，则 $cg = be = E_2$。若令 $gf = \Delta E$，则 $cf = E_2 + \Delta E$。在△cdf 中，由正弦定理可得

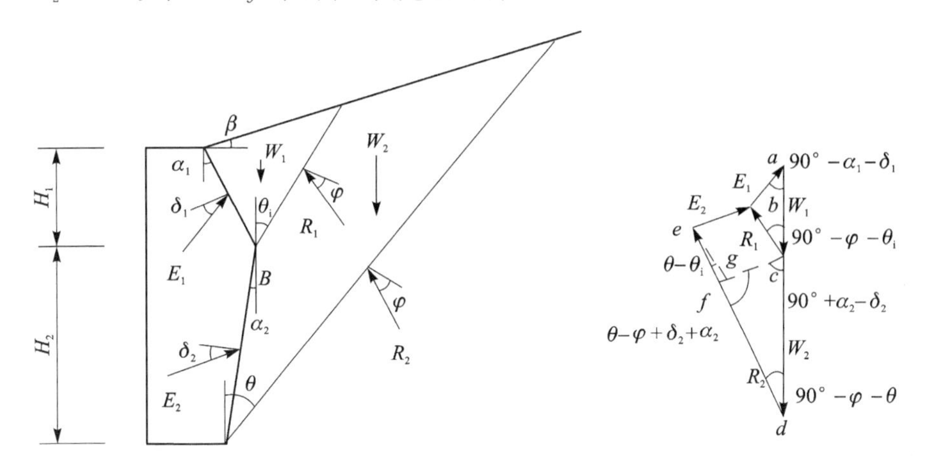

图 2-17　力多边形法

$$E_2 + \Delta E = W_2 \frac{\sin(90^\circ - \theta - \varphi)}{\sin(\theta + \varphi + \delta_2 - \alpha_2)} \tag{2-28}$$

而在△egf 中，有

$$\Delta E = R_1 \frac{\sin(\theta - \theta_i)}{\sin(\theta + \varphi + \delta_2 - \alpha_2)} \tag{2-29}$$

下墙破裂棱体重力 W_2 为

$$W_2 = \gamma \left[A_0 \frac{\sin(\theta - \alpha_2)}{\cos(\theta + \beta)} - B_0 \right] \tag{2-30}$$

式中：$A_0 = \dfrac{1}{2} H_2^2 \left[\dfrac{1}{\cos\alpha_2} + \dfrac{H_1}{H_2} \cdot \dfrac{\cos(\alpha_1 - \beta)}{\cos\alpha_1 \cos(\alpha_2 + \beta)} \right]^2 \cos(\alpha_2 + \beta)$

$B_0 = \dfrac{1}{2} H_1^2 \dfrac{\sin(\theta_i - \alpha_2)\cos^2(\alpha_1 - \beta)}{\cos^2\alpha_1 \cos(\alpha_2 + \beta)\cos(\beta + \theta_i)}$

则

$$E_2 = \gamma \left[A_0 \frac{\sin(\theta - \alpha_2)}{\cos(\theta + \beta)} - B_0 \right] \frac{\sin(90^\circ - \theta - \varphi)}{\sin(\theta + \varphi + \delta_2 - \alpha_2)} - R_1 \frac{\sin(\theta - \theta_i)}{\sin(\theta + \varphi + \delta_2 - \alpha_2)} \tag{2-31}$$

为求 E_2 的最大值，令 $\frac{dE_2}{d\theta}=0$，则得

$$\tan(\theta+\beta)=-\tan\psi_2\pm\sqrt{(\tan\psi_2+\cot\psi_1)[\tan\psi_1+\tan(\alpha_2+\beta)]+D} \tag{2-32}$$

式中：$\psi_1=\varphi-\beta$

$\psi_2=\varphi+\delta_2-\alpha_2-\beta$

$$D=\frac{1}{A_0\cos(\alpha_2+\beta)}\left[B_0(\tan\psi_2+\cot\psi_1)-\frac{R_1\sin(\psi_2+\theta_i+\beta)}{\gamma\sin\psi_1\cos\psi_2}\right]$$

$$R_1=\frac{E_{1x}}{\cos(\varphi+\theta_i)}$$

力多边形法满足了楔体静力平衡中的力矢量闭合条件，因此推导出的下墙土压力计算公式较为合理。

(3) 公路路基近似法

此法是把上墙后的填料视作均布的超载，而影响下墙土压力的超载部分(包括行车荷载)的范围，则根据上墙计算所得之破裂角 θ_i 和下墙的破裂角 θ 确定。各种情况下的影响范围，如图 2-18 所示，图中阴影部分即为计算下墙土压力时应予以考虑的上墙墙后均布超载和行车荷载范围。

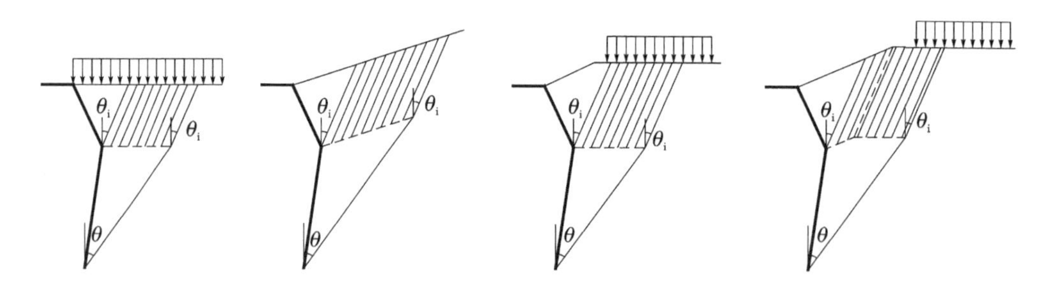

图 2-18　计算下墙土压力的公路路基近似法

计算时，须先假定破裂面的位置，选用相应的计算公式，而后核验计算结果是否与假设相符。计算公式详见《公路路基设计手册》(第 3 版)。

例 2　衡重式路堤墙，断面尺寸如图 2-19 所示。衡重台宽 $d_1=0.92$ m，上墙墙背倾角 $\alpha_1=18.26°$，下墙墙背倾角 $\alpha_2=-14.03°$。填料重度 $\gamma=19$ kN/m³，内摩擦角 $\varphi=45°$，墙背摩擦角 $\delta=22.5°$。车辆荷载换算高度 $h_0=0.38$ m。请用库伦理论计算主动土压力。

解：

(1) 计算上墙土压力 E_1

作假想墙背，计算假想墙背倾角 α_1'：

$$\tan\alpha_1'=\tan\alpha_1+\frac{d_1}{H_1}=\tan\ 18.43°+\frac{0.92}{4}=0.560$$

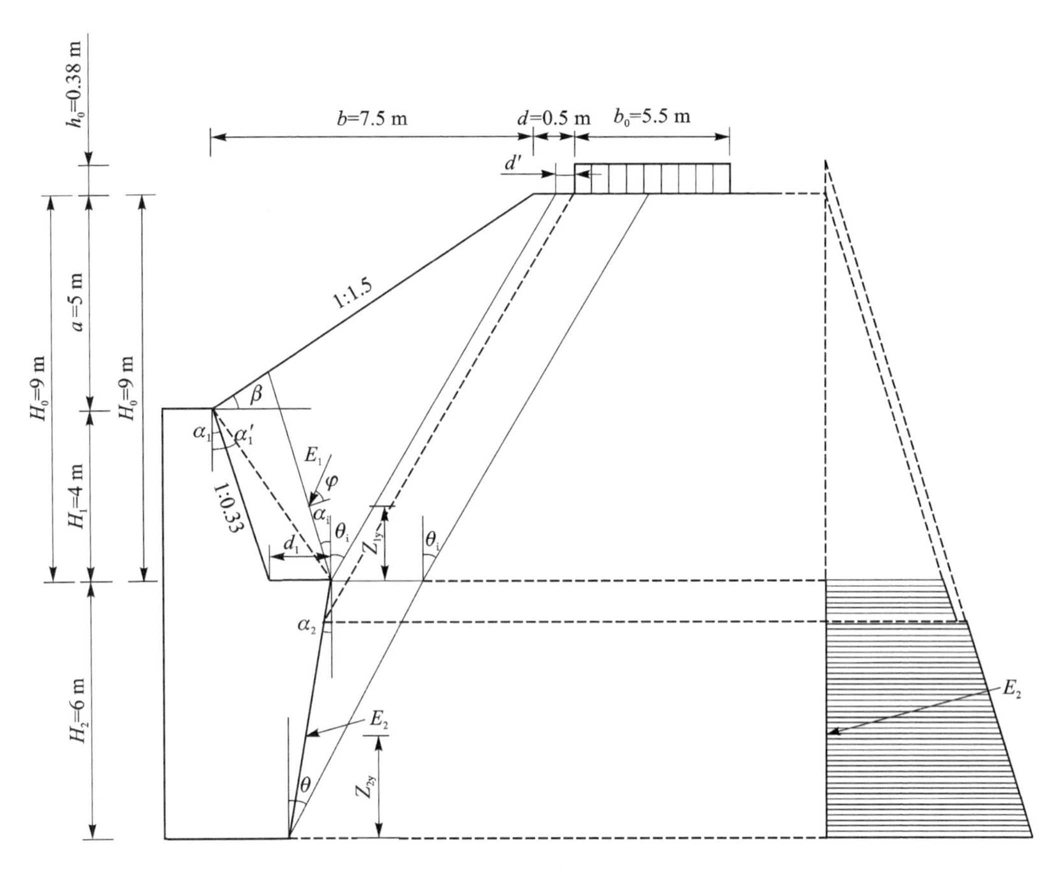

图 2-19　例 2 图

$\alpha_1'=29.25°$。

① 确定第一破裂面

假设第一破裂面交于路肩上，选用《公路路基设计手册》中的相关公式：

$$h''=H_1\sin\beta(\cot\beta+\tan\alpha_1')$$

$$=4\times\sin 33.69°\times(\cot 33.69°+\tan 29.25°)=4.571$$

$$Q=\frac{h''}{H_0}\csc(2\varphi+\beta)-\cot(2\varphi+\beta)$$

$$=\frac{4.571}{9}\times\csc(2\times45°+33.69°)-\cot(2\times45°+33.69°)=1.277$$

$$R=\cot\varphi\cot(2\varphi+\beta)+\frac{h''^2}{H_0^2}\frac{\cos(\varphi+\beta)}{\sin\varphi\sin(2\varphi+\beta)}\left\{1+\frac{H_0^2}{h''^2}\tan(\varphi+\beta)\right.$$

$$\left.\left[\frac{2h''}{H_0\sin\beta}-\cot\beta-\frac{h''^2}{H_0^2}\cot\beta\right]-\frac{2H_0}{h''}\frac{\cos\varphi}{\cos(\varphi+\beta)}\right\}$$

$$=1\times\cot(2\times45°+33.69°)+\frac{4.571^2}{9^2}\frac{\cos(45°+33.69°)}{\sin 45°\times\sin(2\times45°+33.69°)}$$

$$\left\{1+\frac{9^2}{4.571^2}\tan(45^\circ+33.69^\circ)\left[\frac{2\times 4.571}{9\times\sin 33.69^\circ}-\cot 33.69^\circ-\frac{4.571^2}{9^2}\cot 33.69^\circ\right]-\frac{2\times 9}{4.571}\,\frac{\cos 45^\circ}{\cos(45^\circ+33.69^\circ)}\right\}=-1.894$$

$$\tan\theta_i=-Q+\sqrt{Q^2-R}=-1.277+\sqrt{1.277^2+1.894}=0.600$$

$$\theta_i=30.98^\circ$$

核验破裂面位置：

路堤顶破裂面距离墙顶内缘为

$H_1\tan\alpha_1'+H_0\tan\theta_i=(4\times\tan\ 29.25^\circ+9\times\tan\ 30.98^\circ)\ \text{m}=7.644\ \text{m}$

$7.5<7.644<8.0$，所以破裂面交于路肩，与假设相符。

② 判断是否出现第二破裂面

$$\tan(\alpha_i-\beta)=\cot(\varphi+\beta)-\frac{H_0}{h''}\,\frac{\cos\varphi}{\sin(\varphi+\beta)}(1-\tan\varphi\tan\theta_i)$$

$$=\cot(45^\circ+33.69^\circ)-\frac{9}{4.571}\times\frac{\cos 45^\circ}{\sin(45^\circ+33.69^\circ)}\times(1-\tan 45^\circ\times\tan 30.98^\circ)$$

$$=-0.367$$

$$\alpha_i=-20.17^\circ+\beta=-20.17^\circ+33.69^\circ=13.52^\circ<\alpha_1'=29.25^\circ$$

因此，出现第二破裂面。

③ 计算作用于第二破裂面的土压力

$$H_1'=H_1\,\frac{1+\tan\alpha_1'\tan\beta}{1+\tan\alpha_i\tan\beta}=\left(4\times\frac{1+\tan 29.25^\circ\times\tan 33.69^\circ}{1+\tan 13.52^\circ\times\tan 33.69^\circ}\right)\ \text{m}=4.734\ \text{m}$$

$$a'=H_0-H_1'=(9-4.734)\ \text{m}=4.266\ \text{m}$$

$$b'=a'\cot\beta=(4.266\times 1.5)\ \text{m}=6.399\ \text{m}$$

$$h_3=\frac{b'-a'\tan\theta_i}{\tan\theta_i+\tan\alpha_i}=\left(\frac{6.399-4.266\times\tan 30.98^\circ}{\tan 30.98^\circ+\tan 13.52^\circ}\text{m}\right)=4.564\ \text{m}$$

$$K=\frac{\cos(\theta_i+\varphi)}{\sin(\theta_i+\alpha_i+2\varphi)}(\tan\theta_i+\tan\alpha_i)$$

$$=\frac{\cos(30.98^\circ+45^\circ)}{\sin(30.98^\circ+13.52^\circ+2\times 45^\circ)}(\tan 30.98^\circ+\tan 13.52^\circ)$$

$$=0.286$$

$$K_1=1+\frac{2a'}{H_1'}\left(1-\frac{h_3}{2H'}\right)=1+\frac{2\times 4.266}{4.734}\left(1-\frac{4.564}{2\times 4.734}\right)=1.934$$

$$E_1=\frac{1}{2}\gamma H_1'^2KK_1=\left(\frac{1}{2}\times 19\times 4.734^2\times 0.286\times 1.934\right)\ \text{kN}=117.76\ \text{kN}$$

$$Z_{1y}=\frac{H_1'}{3}+\frac{a'(H_1'-h_3)^2}{3H_1'^2K_1}=\left(\frac{4.734}{3}+\frac{4.266\times(4.734-4.564)^2}{3\times 4.734^2\times 1.934}\right)\ \text{m}=1.579\ \text{m}$$

(2) 计算下墙土压力 E_2

采用“公路路基近似法”计算，公式详见《公路路基设计手册》。

① 计算下墙破裂角 θ

上墙破裂角 $\theta_i = 30.98°$，破裂面交于路肩。

假设下墙破裂角交于荷载中，则

$\psi = \varphi + \alpha_2 + \delta_2 = 45° - 14.03° + 22.5° = 53.47° < 90°$

$$d' = b + d - H_1 \tan \alpha_1' - H_0 \tan \theta_i$$
$$= (7.5 + 0.5 - 4 \times \tan 29.25° - 9 \times \tan 30.98°)\text{m} = 0.356\ \text{m}$$

$$A = \frac{2d'h_0}{H_2(H_2 + 2H_0 + 2h_0)} - \tan \alpha_2$$
$$= \frac{2 \times 0.356 \times 0.38}{6 \times (6 + 2 \times 9 + 2 \times 0.38)} - \tan(-14.03°) = 0.252$$

$$\tan \theta = -\tan \psi + \sqrt{(\cot \varphi + \tan \psi)(\tan \psi + A)}$$
$$= -\tan 53.47° + \sqrt{(\cot 45° + \tan 53.47°)(\tan 53.47° + 0.252)}$$
$$= 0.590\ 3$$
$$\theta = 30.55°$$

核验破裂面位置：

下墙破裂面距衡重台边缘为

$H_2(\tan \theta + \tan \alpha_2) = [6 \times (\tan\ 30.55° - \tan\ 14.03°)]\ \text{m} = 2.042\ \text{m}$

上墙破裂面距荷载内缘：$d' = 0.356\ \text{m}$

上墙破裂面距荷载外缘：$d' + b_0 = (0.356 + 5.5)\ \text{m} = 5.856\ \text{m}$

$0.356 < 2.042 < 5.856$，因此破裂面交于荷载中，与假设相符。

② 计算下墙主动土压力 E_2

$$h_1 = \frac{d'}{\tan \theta + \tan \alpha_2} = \frac{0.356\ \text{m}}{\tan 30.55° + \tan(-14.03°)} = 1.046\ \text{m}$$

$$h_4 = H_2 - h_1 = (6 - 1.046)\ \text{m} = 4.954\ \text{m}$$

$$K_1 = 1 + \frac{2H_0}{H_2} + \frac{2h_0h_4}{H_2^2} = 1 + \frac{2 \times 9}{6} + \frac{2 \times 0.38 \times 4.954}{6^2} = 4.105$$

$$K = \frac{\cos(\theta + \varphi)}{\sin(\theta + \psi)}(\tan \theta + \tan \alpha_2)$$
$$= \frac{\cos(30.55° + 45°)}{\sin(30.55° + 53.47°)}[\tan 30.55° + \tan(-14.03°)] = 0.085$$

$$E_2 = \frac{1}{2}\gamma H_2^2 K K_1 = \left(\frac{1}{2} \times 19 \times 6^2 \times 0.085 \times 4.105\right)\ \text{kN} = 119.33\ \text{kN}$$

$$Z_{2y} = \frac{H_2}{3} + \frac{H_0}{3K_1} - \frac{h_0h_4(2H_2 - 3h_4)}{3H_2^2K_1}$$

$$= \left[\frac{6}{3}+\frac{9}{3\times 4.105}-\frac{0.38\times 4.954\times(2\times 6-3\times 4.954)}{3\times 6^2\times 4.105}\right]\ \mathrm{m}=2.743\ \mathrm{m}$$

3. 黏性土土压力

挡土墙墙后的填料一般采用透水性良好的岩块或粗粒土为宜，但我国黏性土分布较广，受条件所限仍需以黏性土作为填料。计算土压力所应用的库伦理论，是以墙后填料仅有内摩擦角而无黏聚力为前提的。而土的黏聚力对主动土压力影响很大，因此，应考虑黏聚力的影响。目前解决的办法有以下几种。

(1) 等效内摩擦角法

公路挡土墙采用黏性土填料时，把黏性土的“黏结”作用由等效的“摩擦”作用所代替，即折算为当量内摩擦角，叠加到填料的内摩擦角中，定义为等效内摩擦角，近似采用库伦理论计算土压力。常用的内摩擦角换算方法有：

① 把黏性土的内摩擦角 φ 增大 5°～10°，作为等效内摩擦角 φ_0，考虑到因采用相同 φ_0 时，墙高变化而引起土压力值的变化，因此当墙高≤6 m 时，一般取等效内摩擦角值 35°～40°；墙高>6 m 时，取等效内摩擦角值 30°～35°。

按经验确定的等效内摩擦角 φ_0 仅与一定的墙高相适应。按 φ_0 设计挡土墙，对于低墙偏于安全，对于高墙偏于危险。

② 根据土的抗剪强度相等原理，计算等效内摩擦角，其换算公式为

$$\varphi_0=\arctan\left(\tan\varphi+\frac{c}{\gamma H}\right) \tag{2-33}$$

式中：γ——填料试件的重度($\mathrm{kN/m^3}$)；

φ——试验所测定的内摩擦角(°)；

c——试验所测定的黏聚力($\mathrm{kN/m^2}$)；

H——挡墙高度(m)。

当填土内摩擦角较小，黏聚力较大或墙高较大时，应按工程经验对式(2-33)的计算结果作适当折减。

③ 根据土压力相等的原理计算等效内摩擦角。为计算方便，可按破裂棱体顶面水平、墙背竖直、光滑的简单边界条件确定，如图 2-20 所示，假定黏性土的土压力与换算后的砂性土土压力相等，可求出等效内摩擦角。

换算为砂性土的土压力：$E_a=\frac{1}{2}\gamma H^2\tan^2\left(45°-\frac{\varphi_0}{2}\right)$

黏性土的土压力为：$E_a=\frac{1}{2}\gamma H^2\tan^2\left(45°-\frac{\varphi}{2}\right)-2cH\tan\left(45°-\frac{\varphi}{2}\right)+\frac{2c^2}{\gamma}$

令上两式相等，则

$$\tan\left(45°-\frac{\varphi_0}{2}\right)=\tan\left(45°-\frac{\varphi}{2}\right)-\frac{2c}{\gamma H} \tag{2-34}$$

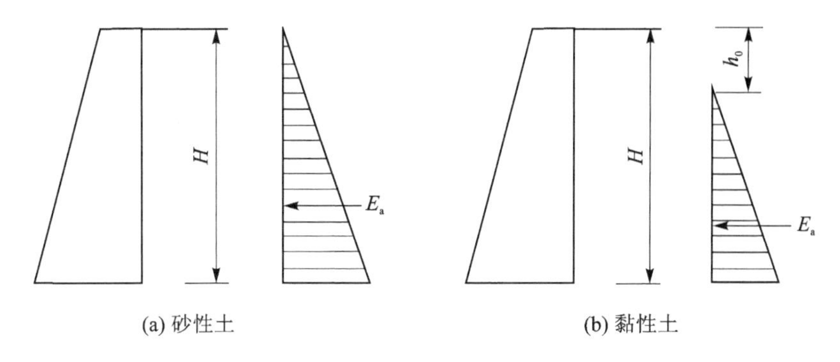

图 2-20　按土压力相等原理计算等效内摩擦角

从而可求出 φ_0。

(2) 力多边形法

力多边形法仍以库伦理论为基础，假设破裂面为平面(实际上是曲面)，由此引起的误差并不太大。但是，所采用的黏聚力必须可靠，亦即在最不利条件下也能保证墙后填料的实际黏聚力不低于采用值。同时，对于高膨胀土和高塑性土均不能采用此法。

① 裂缝区

当墙身向外有足够位移时，黏性土层的顶部会出现拉应力，并进而产生竖直裂缝。裂缝深度可按下式计算

$$h_c = \frac{2c}{\gamma}\tan\left(45° + \frac{\varphi}{2}\right) \tag{2-35}$$

裂缝深度与地面斜度无关。当墙后填料上有均布荷载时，h_c 将减小，若将荷载换算成高度为 h_0 的均布土层，则裂缝深度为

$$h_c' = \frac{2c}{\gamma}\tan\left(45° + \frac{\varphi}{2}\right) - h_0 \tag{2-36}$$

当墙后填料有局部荷载作用时，由于情况复杂，难以正确估计，往往忽略它对裂缝深度的影响。

② 土压力计算公式

下面以路堤墙为例，介绍黏性土土压力计算公式的推导过程。

如图 2-21 所示，BC 为破裂面。根据力多边形可求得土压力为

$$E_c = E_a - E_c' \tag{2-37}$$

式中：E_a——黏聚力等于 0 时的土压力；

E_c'——由于黏聚力减少的土压力。

根据力多边形，可得到

$$E_a = W\frac{\cos(\theta + \varphi)}{\sin(\theta + \psi)} \tag{2-38}$$

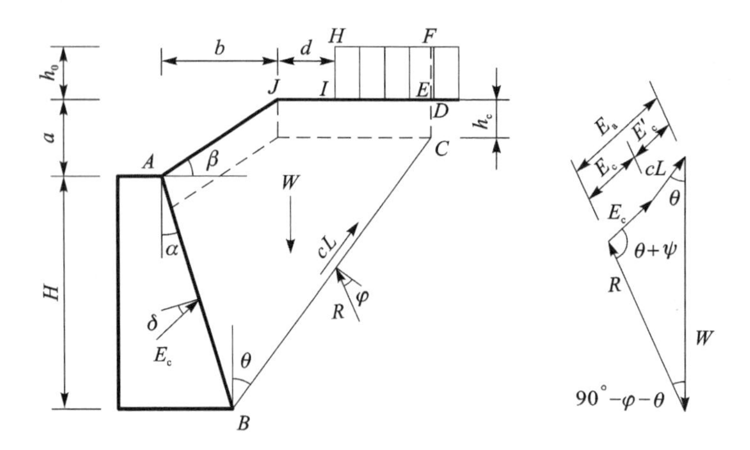

图 2-21　黏性土路堤墙土压力计算图式

$$E'_c=\frac{\overline{BC}\cdot c\cdot\cos\varphi}{\sin(\theta+\psi)}=\frac{c(H+a-h_c)\cos\varphi}{\sin(\theta+\psi)} \tag{2-39}$$

式中：$\psi=\varphi+\delta+\alpha$。

根据图 2-21，破裂棱体重为

$$W=\gamma(A_0\tan\theta-B_0) \tag{2-40}$$

式中：$A_0=\frac{1}{2}(H+a)^2-\frac{1}{2}h_c^2+h_0(H+a-h_c)$

$$B_0=\frac{1}{2}ab+(b+d)h_0+\frac{H}{2}(H+2a+2h_0)\tan\alpha$$

将上述式子代入式(2-37)，并令$\frac{dE_c}{d\theta}=0$，则可得到

$$\tan\theta=-\tan\psi\pm\sqrt{\sec^2\psi-D} \tag{2-41}$$

式中：$D=\frac{A_0\sin(\varphi-\psi)-B_0\cos(\varphi-\psi)}{\cos\psi\left[A_0\sin\varphi+\frac{c}{\gamma}(H+a-h_c)\cos\varphi\right]}$

将式(2-41)求得的 θ 代入式(2-37)，即可求得主动土压力。

各种不同边界条件黏性土土压力计算公式详见《公路路基设计手册》(第 3 版)。

例 3　仰斜式路肩墙，断面尺寸如图 2-22 所示。墙背倾角 $\alpha=-14.04°$。填料重度 $\gamma=17\ \text{kN/m}^3$，内摩擦角 $\varphi=25°$，$c=5$ kPa，墙背摩擦角 $\delta=12.5°$。车辆荷载换算高度 $h_0=0.6$ m。请用力多边形法计算主动土压力。

解：

(1) 裂缝区深度 h_c

$$h_c=\frac{2c}{\gamma}\tan\left(45°+\frac{\varphi}{2}\right)=\frac{2\times5}{17}\tan\left(45°+\frac{25°}{2}\right)=0.923\text{ m}$$

(2) 计算破裂角 θ

假设破裂角交于荷载中。

$\psi=\varphi+\alpha+\delta=25°-14.04°+12.5°=23.46°<90°$

$h_c'=h_c-h_0=(0.923-0.6)\ \text{m}=0.323\ \text{m}$

$A=\frac{1}{2}(H-h_c')(H+h_c'+2h_0)=\frac{1}{2}\times(6-0.323_c)(6+0.323+2\times0.6)=21.354$

$B=-\frac{1}{2}H(H+2h_0)\tan\alpha=-\frac{1}{2}\times6\times(6+2\times0.6)\times\tan(-14.04°)=5.4$

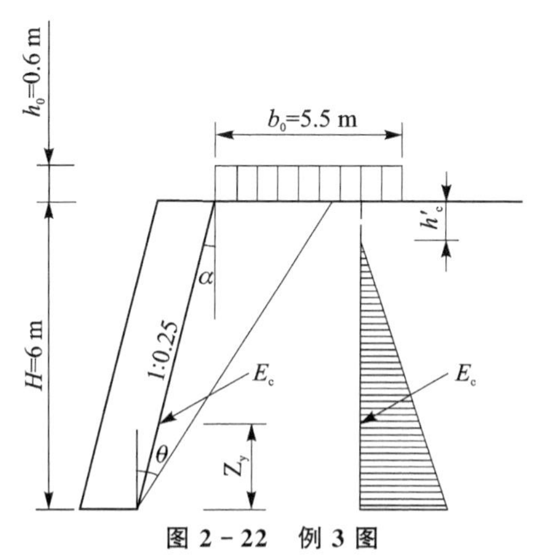

图 2-22　例 3 图

$$D=\frac{A\sin(\varphi-\psi)-B\cos(\varphi-\psi)}{\cos\psi\left[A\sin\varphi+\frac{c}{\gamma}(H-h_c')\cos\varphi\right]}$$

$$=\frac{21.354\times\sin(25°-23.46°)-5.4\times\cos(25°-23.46°)}{\cos 23.46°\times\left[21.354\times\sin 25°+\frac{5}{17}(6-0.323)\times\cos 25°\right]}=-0.4990$$

$\tan\theta=-\tan\psi+\sqrt{\sec^2\psi-D}=-\tan\ 23.46°+\sqrt{\sec^2 23.46°+0.499}=0.8650$

$\theta=40.86°$

核验破裂面位置：

破裂面距墙顶边缘为

$$H(\tan\theta+\tan\alpha)=6\ \text{m}\times(\tan 40.86°-\tan 14.04°)=3.69\ \text{m}$$

3.69<5.5，所以破裂面交于荷载中，与假设相符。

(3) 计算主动土压力 E_c

$$E_c=\gamma(A\tan\theta-B)\frac{\cos(\theta+\varphi)}{\sin(\theta+\psi)}-\frac{c(H-h_c')\cos\varphi}{\cos\theta\sin(\theta+\psi)}$$

$$=17\times(21.354\times\tan 40.86°-5.4)\times\frac{\cos(40.86°+25°)}{\sin(40.86°+23.46°)}-\left[\frac{5\times(6-0.323)\times\cos 25°}{\cos 40.86°\times\sin(40.86°+23.46°)}\right]\ \text{kN}=63.10\ \text{kN}$$

$$Z_y=\frac{1}{3}(H-h_c')=\frac{1}{3}\times(6-0.323)\ \text{m}=1.892\ \text{m}$$

4. 浸水挡土墙土压力

浸水挡土墙的土压力应考虑水对填土的影响。填土受到水的浮力作用，使土压力减小；砂性土的内摩擦角受水的影响不大，可认为浸水后不变，但黏性土应考虑抗剪强度的降低。

（1）浸水后填料 φ 值不变的土压力计算（砂性土）

如图 2－23 所示，此时填料的 φ 不变，则主动土压力系数 K 也不变。破裂角 θ 虽因浸水略有变化，但对土压力的计算影响不大，为了简化计算，可以进一步假设浸水后 θ 角亦不变。这样，浸水挡土墙墙背土压力，可以采用不浸水时的土压力扣除计算水位以下因浮力影响而减小的土压力，即

$$\left.\begin{aligned} E_b &= E_a - \Delta E_b \\ \Delta E_b &= \frac{1}{2}(\gamma - \gamma')H_b^2 K \end{aligned}\right\} \quad (2-42)$$

式中：E_a——未考虑浸水时的土压力；

ΔE_b——浸水部分因浮力而减小的土压力；

γ——填料的重度；

γ'——填料的浮重度。

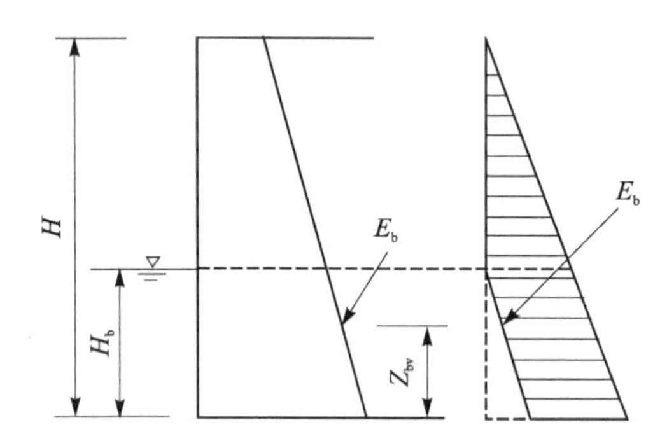

图 2－23　浸水挡土墙土压力计算图式

土压力作用点位置为

$$Z_{by} = \frac{E_a Z_y - \Delta E_b H_b/3}{E_b} \quad (2-43)$$

式中：Z_y——填土浸水前土压力作用点的高度。

（2）浸水后填料 φ 值变化的土压力计算

当墙背填料为黏性土时，需考虑浸水后填料的计算内摩擦角 φ 值降低。应以计算水位为界，将填土的上下部分视为不同性质的土层，分层计算土压力。计算中，先求出计算水位以上填土的土压力 E_1；然后，再将上层填土重力作为超载，计算浸水部分的土压力 E_2。上述两部分土压力的矢量和即为全墙土压力。

在计算浸水部分土压力时，将上部土层及其上的荷载按照浮重度 γ' 换算为均布土层，作为浸水部分的超载。均布土层的厚度为

$$h_b = \frac{\gamma}{\gamma'}(h_0 + H - H_b) \quad (2-44)$$

5．有限范围填土土压力

位于挖方地段、墙后仅有限范围填筑填料的挡土墙，当填料破裂面为沿挖方界面

滑动时，如图 2-24 所示，可按式(2-45)计算作用于墙背上的主动土压力。

$$E_a=\frac{G\sin(\theta-\delta_1)}{\cos(\alpha+\delta+\delta_1-\theta)} \tag{2-45}$$

式中：θ——坚硬坡面的坡度角，一般大于或等于 45°；

δ——滑动楔体与墙背之间的摩擦角；

δ_1——滑动楔体与挖方坡面之间的摩擦角，当挖方坡面为软质岩石，坡面较光滑时，$\delta_1=\frac{2}{3}\varphi$，当坡面粗糙或作台阶时，$\delta_1=\varphi$；

G——有限范围滑动楔体的重力。

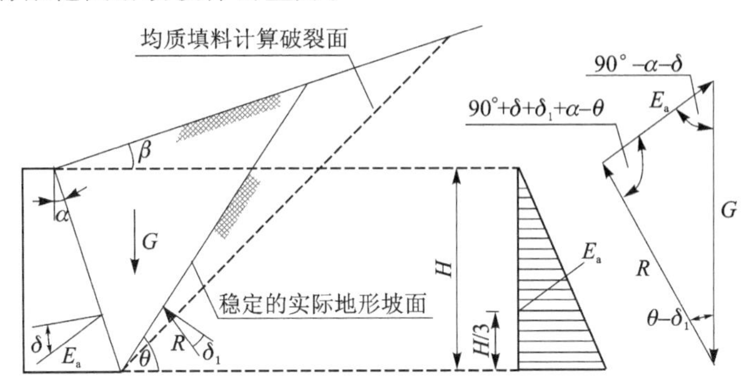

图 2-24　有限范围填土的土压力计算

2.2.5　土体参数取值

土压力计算需要的参数主要包括土的重度、密实度、黏聚力、内摩擦角等，应按照《公路土工试验规程》(JTG 3430—2020)的规定，进行土的物理力学试验求得。

土的重度一般变异不大，可经过试验或根据经验参考相关规范进行确定。而抗剪强度参数取值较为复杂，且对土压力计算影响很大，因此下面主要讨论抗剪强度参数。

1. 填方路基墙后土体抗剪强度参数

对于高速公路、一级公路墙高大于 5 m 的挡土墙，应进行墙后填料的土质试验，确定填料的物理力学指标；其他路段的挡土墙也宜取样试验，确定填料的物理力学指标。

测定土抗剪强度参数时，常用的试验方法是直剪试验和三轴试验。砂土抗剪强度参数的取值较为简单。而黏性土则复杂得多，在选用抗剪强度参数时，宜符合下列规定：

① 在挡土墙建成初期，回填黏性土尚未完成固结，此时墙后填料宜取直剪快剪指标或三轴不固结不排水指标。

② 在运营期间，对于黏性土，可采用直剪固结快剪指标或三轴固结不排水指标。

当缺乏可靠试验数据时，填料内摩擦角 φ 可参照表 2-5。

表 2-5　填料内摩擦角或综合内摩擦角

填料种类		综合内摩擦角 φ_0/(°)	内摩擦角 φ/(°)	重度/(kN·m^{-3})
黏性土	墙高 $H \leqslant 6$ m	35～40	—	17～18
	墙高 $H > 6$ m	30～35	—	
碎石、不易风化的块石		—	45～50	18～19
大卵石、碎石类土、不易风化的岩石碎块		—	40～45	18～19
小卵石、砾石、粗砂、石屑		—	35～40	18～19
中砂、细砂、砂质土		—	30～35	17～18

注：填料重度可根据实测资料作适当修正，计算水位以下的填料重度采用浮重度。

在公路挡土墙工程中，土压力计算主要采用库伦理论。然而，应用库伦理论的一个基本前提是墙后填料仅有内摩擦力而无黏聚力。因此，对于黏性墙背填料，若不加修正地采用库伦理论，则计算结果与实际是有较大出入的。

目前较常采用的方法是等效内摩擦角法，即用等效内摩擦角（又叫综合内摩擦角）φ_0 代替一般的内摩擦角 φ 和黏聚力 c，然后按照库伦土压力理论计算土压力。

综合内摩擦角 φ_0 可按式(2-33)或式(2-34)计算。

2. 挖方路基墙后土体抗剪强度参数

可参照路基边坡设计采用的调查与分析数据，综合确定挖方挡土墙墙后地层的物理力学指标。因墙后土层早已固结完成，建议采用直剪固结快剪指标或三轴固结不排水指标。

当缺乏试验数据时，墙后土层的内摩擦角可根据稳定的边坡坡度确定。

3. 墙背摩擦角

墙背摩擦角 δ 值，与墙背的粗糙程度、墙后填料的性质及墙背排水条件等因素有关。当无试验资料时，可采用表 2-6 中所列数据。

表 2-6　墙背摩擦角 δ

墙身材料	墙背填料	
	渗水填料	非渗水填料
混凝土，钢筋混凝土	$1/2\varphi$	$1/2\varphi$ 或 $1/2\varphi_0$
片、块石砌体，墙背粗糙	$(1/2 \sim 2/3)\varphi$	$(2/3 \sim 1)\varphi$ 或 $(1/2 \sim 2/3)\varphi_0$
干砌或浆砌片、块石砌体，墙背很粗糙	$2/3\varphi$	φ 或 $2/3\varphi_0$
第二破裂面土体	φ	φ_0

注：1. φ 为填料的内摩擦角，φ_0 为黏性土填料的综合内摩擦角。
2. 当按本表计算的墙背摩擦角 $\delta > 30°$ 时，仍采用 $\delta = 30°$。

4. 摩擦系数

挡土墙抗滑稳定性验算时，需要用到基底与地基土间的摩擦系数 μ；若采用倾斜基底，验算墙踵处地基土水平面滑动稳定性时，需要用到地基土的内摩擦系数 μ_n。

基底与地基土间的摩擦系数 μ，若无可靠试验资料时，可按表 2－7 的规定选用。

表 2－7　基底与基底土间的摩擦系数 μ

地基土的分类	摩擦系数 μ	地基土的分类	摩擦系数 μ
软塑黏土	0.25	碎石类土	0.50
硬塑黏土	0.30	软质岩石	0.40～0.60
砂类土、粘砂土、半干硬的黏土	0.30～0.40	硬质岩石	0.60～0.70
砂类土	0.40		

地基土的内摩擦系数 $\mu_n=\tan\varphi$，φ 为地基土的内摩擦角。

2.3　其他荷载计算

2.3.1　水压力

作用于每延米挡土墙墙长上的静水压力 P_w，可按式(2－46)计算，其作用点为相应于三分之一水深的迎水墙面处。

$$P_w=\frac{1}{2}\gamma_w H_b^2 \tag{2-46}$$

式中：γ_w——水的重度(kN/m³)；

H_b——水深(m)。

2.3.2　浮　力

一般情况下，计算水位的规定详见 2.1 节。当挡土墙基础嵌入不透水地基时，可不计浮力。位于透水性地基上的挡土墙，当验算稳定时，应采用设计水位的浮力；当验算地基应力时，仅考虑常水位时或不计浮力。当不能确定地基是否透水时，应分别以透水或不透水两种情况进行荷载组合，取其不利者。

计算水位以下，每延米长度挡土墙墙身的水浮力 G_w，可按式(2－47)计算。

$$G_w=\gamma_w V_w \tag{2-47}$$

式中：V_w——计算水位下墙身的体积(m^3)。

计入水浮力时，填料的重力(包括基础襟边上的土柱重力)应采用填料的有效重度进行计算。

2.3.3　流水压力

水流流经挡土墙时，作用于每延米墙长迎水面上的流水压力 P_h，可按式(2－48)

计算。

$$P_h = 0.514 C_L v_\varphi^2 H_w \qquad (2-48)$$

式中：H_w——计算水深(m)；

v_φ——水流平均流速(m/s)；

C_L——水流与墙面间的侧向阻力系数，按照表2-8的规定确定。

流水压力的作用点，可取作用于设计水位的三分之一水深处。

表2-8 侧向阻力系数

水流方向与挡土墙墙面的夹角 α_w/(°)	C_L	水流方向与挡土墙墙面的夹角 α_w/(°)	C_L
0	0.0	20	0.9
5	0.5	≥30	1.0
10	0.7		

思考题

2-1 计算挡土墙浮力时，如何考虑水位？

2-2 挡土墙设计采用什么土压力类型？一般采用什么理论计算？计算步骤有哪些？

2-3 如何绘制土压应力分布图？

2-4 第二破裂面什么时候会出现？计算第二破裂面土压力的方法有哪些？

2-5 折线形墙背土压力计算有哪些方法？

2-6 如何考虑黏性土填料对土压力的影响？

2-7 如何选取挡土墙墙背土体抗剪强度参数？

第3章　基础设计和稳定性计算

教学目标

本章介绍基础设计和稳定性计算。

本章要求：

- 掌握基础形式和埋置深度的具体规定；
- 掌握基底合力偏心距和基底应力的计算方法；
- 掌握抗滑稳定性和抗倾覆稳定性的计算方法。

教学要求

<table>
<tr><th>能力要求</th><th>知识要点</th><th>权重/%</th></tr>
<tr><td rowspan="7">能合理选择基础形式
能合理确定基础埋置深度
能正确确定基底倾斜度
能正确进行基底合力偏心距和基底应力计算
能正确进行抗滑稳定性和抗倾覆稳定性计算
能正确选择抗滑和抗倾覆稳定性系数</td><td>基础形式</td><td>5</td></tr>
<tr><td>基础埋置深度</td><td>10</td></tr>
<tr><td>基底倾斜度</td><td>5</td></tr>
<tr><td>基底合力偏心距和应力计算</td><td>25</td></tr>
<tr><td>抗滑稳定性计算</td><td>20</td></tr>
<tr><td>抗倾覆稳定性计算</td><td>20</td></tr>
<tr><td>抗滑和抗倾覆稳定性系数</td><td>15</td></tr>
</table>

3.1 基础一般构造

3.1.1 基础形式

挡土墙通常采用浅基础，只有在特殊情况下，才使用桩基础。

大多数挡土墙的基础直接砌筑于天然地基上。当地基承载力不足时，为减小基底压力和增加抗倾覆稳定性，通常采用扩大基础(刚性基础)，方式主要是扩展墙趾或同时扩展墙踵，加宽的台阶宽度不宜小于 0.2 m，高宽比要符合刚性角的要求。对于混凝土基础刚性角不应大于 40°；对于片石、块石、粗料石砌体基础，当用 M5 以上砂浆砌筑时，刚性角不应大于 35°，当用 M5 及低于 M5 砂浆砌筑时，刚性角不应大于 30°。

当地基为软弱土时，可采用换填、砂桩、搅拌桩等方法处理地基，以提高地基承载力。

当基底压力超过地基承载力较多，加宽的台阶宽度很大时，为满足刚性角的要求，则加宽的台阶高度很高，为避免加宽台阶过高，此时可采用钢筋混凝土基础(柔性基础)。

3.1.2 基础埋置深度

为保证挡土墙基础的稳定性，必须根据下列要求，将基础埋入地面以下适当深度。

① 应保证基底土层的地基承载力特征值大于基底可能出现的最大应力。不同深度的土层具有不同的地基承载力。基底应力分布因基础埋置深度不同而有所差异，埋入土中的基础，基底应力分布比置于地面的均匀。所以，将基础置于具有一定深度且承载力足够的土层上，以避免地基产生剪切破坏，保证基础稳定。

② 应保证基础不受冲刷。在墙前地基受水流冲刷地段，如未采取专门防冲刷措施，应将基础埋到冲刷线以下，以免基底和墙趾前的土层被水淘蚀。

③ 季节性冰冻地区，应将基础埋置到冰冻线以下，以防止基础因冻融而破坏。

对于上述要求，基础的埋置深度一般规定是：

① 基础最小埋置深度不应小于 1.0 m，风化层不厚的硬质岩石地基，基底应置于基岩未风化岩层以下。

② 受水流冲刷时，应按路基设计洪水频率计算冲刷深度，基底应置于局部冲刷线以下不小于 1.0 m。

③ 当冻结深度小于或等于 1.0 m 时，基底应在冻结线以下不小于 0.25 m，且最小埋置深度不小于 1.0 m。冻结深度大于 1.0 m 时，基础最小埋置深度不应小于 1.25 m，并应对基底至冻结线以下 0.25 m 深度范围的地基土采取措施，防止冻害。

④ 路堑式挡土墙的基底应在路肩以下不应小于1.0 m，并低于边沟砌体底面不小于0.2 m。

⑤ 基础位于稳定斜坡上时，前趾埋入深度和距地表的水平距离应满足表3-1的规定。位于纵向斜坡上的挡土墙，当基底纵坡大于5%时，基底应设计为台阶式。

表3-1　斜坡地面基础埋置条件

土层类别	墙趾最小埋入深度 h/m	距地表水平距离 L/m	图　式
硬质岩石	0.60	1.50	
软质岩石	1.00	2.00	
土层	≥1.00	2.50	

3.1.3　基底倾斜度

增加挡土墙抗滑稳定措施中，采用倾斜基底是行之有效的措施之一，所以，对于大多数高挡墙，采用倾斜基底的情况很普遍。不过，当基底倾斜角度过大时，可能发生墙身与基底土体一起滑动的情况，而且当倾斜度过大时，地基承载力也将减小，因此，应按照地层类别及地基性质，对基底倾斜度加以限制，详见表3-2。

表3-2　基底倾斜度

地层类别		基底倾斜度 $\tan\alpha_0$
一般地基	岩石	≤0.3
	土质	≤0.2
浸水地基	$\mu<0.5$	0.0
	$0.5\leq\mu\leq0.6$	≤0.1
	$\mu>0.6$	≤0.2

注：1. α_0 为基底倾斜角，为基底面与水平线的夹角。

2. μ 为基底与地基土的摩擦系数。

3.2　地基计算

进行挡土墙地基计算时，在各类作用（或荷载）组合下，作用效应组合设计值计算式中的作用分项系数，除被动土压力分项系数 $\gamma_{Q2}=0.3$ 外，其余作用（或荷载）的分项系数均等于1.0。基底应力分布如图3-1所示。

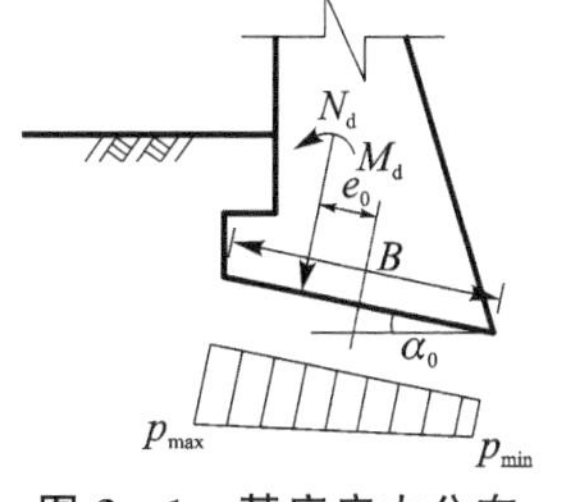

图3-1　基底应力分布

3.2.1 基底合力偏心距验算

$$e_0 = \left| \frac{M_d}{N_d} \right| \tag{3-1}$$

式中：e_0——基底合力的偏心距(m)；

M_d——作用于基底形心的弯矩组合设计值(kN·m)；

N_d——作用于基底上的垂直力组合设计值(kN)。

基底合力的偏心距 e_0，对土质地基不应大于 $B/6$；岩石地基不应大于 $B/4$。

对基底合力的偏心距进行限制，是为了防止基础产生过大不均匀沉降和保证基础稳定。

3.2.2 基底应力验算

基底压应力 p 应按式(3-2)计算，位于岩石地基上的挡土墙可按式(3-3)计算。

$$|e_0| \leqslant \frac{B}{6}, p_{max,min} = \frac{N_d}{A}\left(1 \pm \frac{6e_0}{B}\right) \tag{3-2}$$

$$e_0 > \frac{B}{6}, p_{max} = \frac{2N_d}{3a_1}, p_{min} = 0 \tag{3-3}$$

$$a_1 = \frac{B}{2} - e_0 \tag{3-4}$$

式中：p_{max}——基底边缘最大压应力值(kPa)；

p_{min}——基底边缘最小压应力值(kPa)；

A——基础底面每延米的面积，矩形基础为基础宽度 $B \times 1(m^2)$；

B——基础底面宽度，对于倾斜基底为其斜宽(m)；

e_0——基底合力偏心距(m)，按式(3-1)计算。

基底的最大压应力应符合下式的要求：

$$p_{max} \leqslant f_a \tag{3-5}$$

$$f_a = f_{a0} + k_1\gamma_1(B-2) + k_2\gamma_2(h-3) \tag{3-6}$$

式中：f_a——修正后的地基承载力特征值，当为作用(或荷载)组合Ⅲ及施工荷载，且 $f_a > 150$ kPa 时，可提高25%。

f_{a0}——天然地基承载力特征值。

B——基础底面宽度，当 $B < 2$ m 时，取 $B = 2$ m；当 $B > 10$ m 时，按 10 m 计算。

h——基础底面的最小埋置深度(m)，对于受水流冲刷的基础，由一般冲刷线算起；不受水流冲刷者，由天然地面算起；位于挖方区的基础，由开挖后的地面算起；当 $h < 3$ m 时，取 $h = 3$ m。

γ_1——基底下持力层土的天然重度(kN/m^3)，如持力层在水面下且为透水者，应用浮重度。

γ_2——基底以上土的天然重度(kN/m³),或不同土层的换算平均重度,如持力层在水面以下,且为不透水者,不论基底以上土的透水性质如何,应一律采用饱和重度;如持力层为透水者,应一律采用浮重度。

k_1,k_2——地基土承载力特征值随基础宽度、深度的修正系数,根据持力层土的类别,按相关的规定采用。

若挡土墙基底应力及合力偏心距验算不满足要求,可采取下列措施降低基底应力和减小偏心距:

① 加宽墙趾及采用扩大基础,以加大承压面积,减小基底应力,调整偏心距。

② 通过换土或人工加固地基的办法来扩散地基应力或提高地基承载力。

③ 调整墙背坡度或断面形式以减小偏心距。

例 1 某挡土墙受力如图 3-2 所示。已知:$E_x=55.081$ kN,$E_y=3.324$ kN,$G_0=142.661$ kN,$B_1=1.715$ m,$Z_y=0.991$ m,$Z_x=2.049$ m,$Z_0=1.457$ m,$\Delta H=0.343$ m,$B=1.749$ m,$\alpha_0=11.31°$。

请计算作用于挡土墙基底的应力以及合力偏心距。

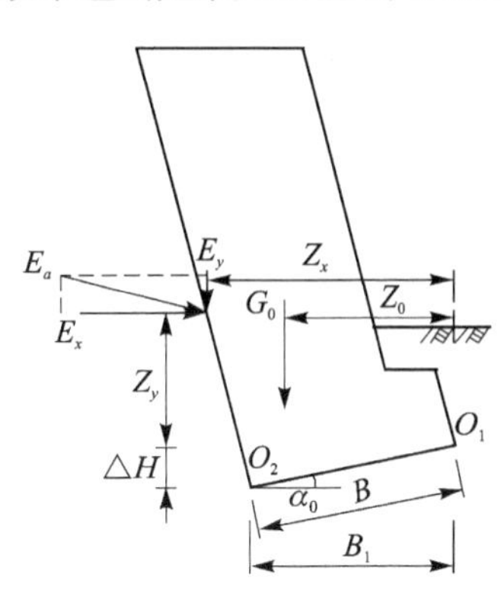

图 3-2 例 1 图

解: 垂直于基底的合力为

$$N_d=(G_0+E_y)\cos\alpha_0+E_x\sin\alpha_0$$
$$=(142.661+3.324)\ \text{kN}\times\cos 11.31°+55.081\ \text{kN}\times\sin 11.31°=153.952\ \text{kN}$$

作用于基底形心的弯矩为:

$$M_d=G_0\left(Z_0-\frac{B_1}{2}\right)+E_y\left(Z_x-\frac{B_1}{2}\right)-E_x\left(Z_y+\frac{\Delta H}{2}\right)$$
$$=142.661\ \text{kN}\times\left(1.457-\frac{1.715}{2}\right)\ \text{m}+3.324\ \text{kN}\times\left(2.049-\frac{1.715}{2}\right)\ \text{m}-55.081\ \text{kN}\times\left(0.991+\frac{0.343}{2}\right)\ \text{m}$$
$$=25.454\ \text{kN}\cdot\text{m}$$

则基底合力偏心距为

$$e_0=\left|\frac{M_d}{N_d}\right|=\frac{25.454\ \text{kN}\cdot\text{m}}{153.952\ \text{kN}}=0.165\ \text{m}<\frac{B}{6}=\frac{1.749\ \text{m}}{6}=0.292\ \text{m}$$

基底应力为

$$\text{踵部}\ p_{\max}=\frac{N_d}{A}\left(1+\frac{6e_0}{B}\right)=\frac{153.952\ \text{kN}}{(1.749\times1)\text{m}^2}\left(1+\frac{6\times0.165}{1.749}\right)=137.847\ \text{kPa}$$

$$\text{趾部}\ p_{\min}=\frac{N_d}{A}\left(1-\frac{6e_0}{B}\right)=\frac{153.952\ \text{kN}}{(1.749\times1)\text{m}^2}\left(1-\frac{6\times0.165}{1.749}\right)=38.199\ \text{kPa}$$

3.3 稳定性计算

3.3.1 抗滑稳定性计算

稳定性计算图式见图 3-3。挡土墙的滑动稳定方程应满足式(3-7)的要求,抗滑稳定系数应按式(3-8)计算。

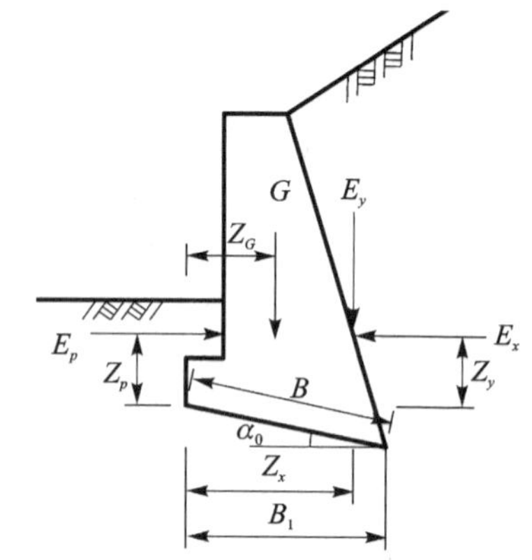

图 3-3 挡土墙稳定性计算图式

(1) 为保证挡土墙抗滑稳定性,应验算在土压力及其他外力作用下,基底摩擦阻力抵抗挡土墙滑移的能力,即需满足滑动稳定方程

$$[1.1G+\gamma_{Q1}(E_y+E_x\tan\alpha_0)-\gamma_{Q2}E_p\tan\alpha_0]\mu+(1.1G+\gamma_{Q1}E_y)\tan\alpha_0-\gamma_{Q1}E_x+\gamma_{Q2}E_p>0 \tag{3-7}$$

式中:G——作用于基底以上的重力(kN),浸水挡土墙的浸水部分应计入浮力;

E_x——墙后主动土压力的水平分量(kN);

E_y——墙后主动土压力的竖向分量(kN);

E_p——墙前被动土压力的水平分量(kN),当为浸水挡土墙时,$E_p=0$;

α_0——基底倾斜角(°),基底水平时 $\alpha_0=0$;

μ——基底与地基土间的摩擦系数;

γ_{Q1},γ_{Q2}——主动土压力分项系数、墙前被动土压力分项系数,按照表 2-4 的规定采用。

(2) 抗滑动稳定系数 K_c 计算公式为

$$K_c=\frac{[N+(E_x-E'_p)\tan\alpha_0]\mu+E'_p}{E_x-N\tan\alpha_0} \tag{3-8}$$

式中:N——作用于基底上合力的竖向分力(kN),浸水挡土墙应计入浸水部分的浮力;

E'_p——墙前被动土压力水平分量的 0.3 倍(kN)。

若抗滑稳定性不满足要求,可采取下列措施增加抗滑稳定性:

① 采取倾斜基底。

② 采用凸榫基底,凸榫应设置在坚实地基上。

③ 更换基底土层,以增大基础底面与地基之间的摩擦系数。

④ 采用桩基础。

由式(3-8)可以看出,由于设置倾斜基底($\alpha_0>0$),明显地增大了抗滑稳定系数,α_0 越大,越有利于抗滑稳定性。但是基底倾斜度要受到表 3-2 制约,并且要验算沿墙踵水平面的抗滑稳定性，以免挡土墙连同地基土体一起滑动，所以，基底的倾斜度不宜过大。

倾斜基底时，墙踵处地基水平面滑动稳定性方程应满足式(3－9)的要求，滑动稳定系数应按式(3－10)计算。

$$(1.1G+\gamma_{Q1}E_y)\mu_n+0.67cB_1-\gamma_{Q1}E_x>0 \tag{3-9}$$

$$K_c=\frac{(N+\Delta N)\mu_n+cB_1}{E_x} \tag{3-10}$$

$$\Delta N=\frac{\gamma}{2}B^2\sin\alpha_0\cos\alpha_0 \tag{3-11}$$

式中：B_1——挡土墙基底水平投影宽度(m)；

μ_n——地基土内摩擦系数，$\mu_n=\tan\varphi$；

φ——地基土内摩擦角(°)；

c——地基土黏聚力(kN/m)；

G——作用于基底水平滑动面上的墙身重力、基础重力、基础上的填土重力、作用于墙顶的其他竖向荷载及倾斜基底与滑动面间的土楔的重力的合力(kN)，浸水挡土墙的浸水部分应计入浮力；

γ——地基土的重度，透水性的水下地基土为浮重(kN/m³)；

ΔN——倾斜基底与水平滑动面间的土楔重力(kN)。

增加抗滑稳定性的另一种方法是采用水泥混凝土凸榫基础，如图 3－4 所示，就是在基础底面设置一个与基础连成整体的榫装凸块。利用榫前土体所产生的被动土压力以增加挡土墙的抗滑稳定性。

凸榫的深度 h_T 根据抗滑的要求确定，凸榫的宽度 B_T 按截面强度(图 3－4 中的 EF 面上的弯矩和剪力)的要求确定。

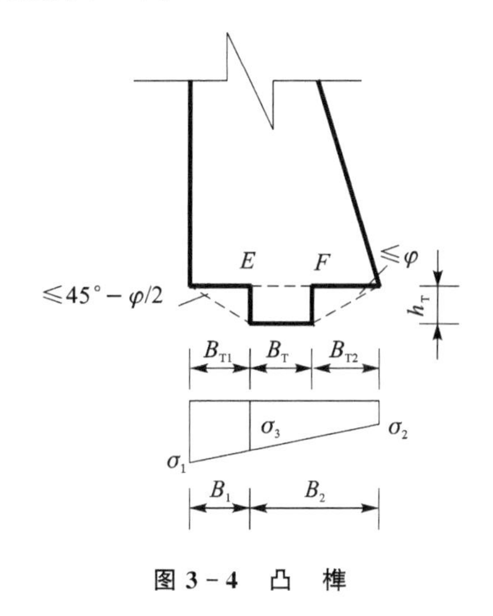

图 3－4　凸　榫

为了使凸榫墙前被动土压力能完全形成，应使榫前被动土体不超出墙趾，即凸榫前缘与墙趾连线与水平线的夹角不超过 $45°-\varphi/2$。同时，为了防止因设凸榫而增大墙背主动土压力，应使凸榫后缘与墙踵连线与水平线的夹角不超过 φ。因此，应将整个凸榫置于通过墙趾并与水平线成 $45°-\varphi/2$ 角线和通过墙踵与水平线成 φ 角线所形成的三角形范围内。

采用凸榫是一种辅助性的抗滑措施。在挡土墙设计中，应使加设凸榫前墙身能保持基本稳定，而用凸榫则是为了增强其抗滑能力，以达到所要求的抗滑稳定系数。

设凸榫后的抗滑稳定系数为

$$K_c = \frac{0.5(\sigma_2 + \sigma_3)B_2\mu + h_T e_p}{E_x} \tag{3-12}$$

按照抗滑稳定性的要求，令 $K_c = [K_c]$，则凸榫高度 h_T 为

$$h_T = \frac{[K_c]E_x - 0.5(\sigma_2 + \sigma_3)B_2\mu}{e_p} \tag{3-13}$$

式中：B_2——凸榫前缘至墙踵的基底宽(m)；

e_p——凸榫前的被动土压应力(kPa)，可用朗肯理论近似计算，

$$e_p = \frac{1}{3}e'_p = \frac{1}{3} \times \frac{1}{2}(\sigma_1 + \sigma_3)\tan^2\left(45° + \frac{\varphi}{2}\right)$$

凸榫宽度 B_T 根据以下两个方面的要求进行计算，取其大者作为设计值。

① 根据截面 EF 上的弯矩设计值 M_T

$$B_T = \sqrt{\frac{6M_T}{f_{tmd}}} \tag{3-14}$$

② 根据截面 EF 上的剪力设计值 Q_T

$$B_T = \left(Q_t - \frac{1}{1.4}\mu_f N_k\right)/f_{vd} \tag{3-15}$$

式中：f_{tmd}，f_{vd}——水泥混凝土弯曲抗拉强度设计值和抗剪强度设计值；

μ_f——摩擦系数，可取 0.7；

N_k——与受剪面垂直的压力标准值。

3.3.2 抗倾覆稳定性计算

挡土墙的倾覆稳定方程应满足式(3-16)的要求，抗倾覆稳定系数应按式(3-17)计算。

(1) 为保证挡土墙抗倾覆稳定性，须验算它抵抗墙身绕墙趾向外转动倾覆的能力，即需满足倾覆稳定方程

$$0.8GZ_G + \gamma_{Q1}(E_y Z_x - E_x Z_y) + \gamma_{Q2}E_p Z_p > 0 \tag{3-16}$$

式中：Z_G——墙身重力、基础重力、基础上填土的重力及作用于墙顶的其他竖向荷载的合力重心到墙趾的距离(m)；

Z_x——墙后主动土压力的竖向分量到墙趾的距离(m)；

Z_y——墙后主动土压力的水平分量到墙趾的距离(m)；

Z_p——墙前被动土压力的水平分量到墙趾的距离(m)。

(2) 抗倾覆稳定系数 K_0 计算公式为

$$K_0 = \frac{GZ_G + E_y Z_x + E'_p Z_p}{E_x Z_y} \tag{3-17}$$

若抗倾覆稳定性不满足要求，可采取下列措施增加抗倾覆稳定性：

① 扩展挡土墙基础的墙趾，当刚性基础的墙趾扩展受刚性角限制时，可采用配

筋扩展基础。

② 调整墙面、墙背坡度。

③ 改变墙身形式,可采用衡重式、扶壁式等抗倾覆稳定性较强的挡土墙形式。

3.3.3 稳定性计算标准

在各类挡土墙适宜墙高范围内,挡土墙的抗滑动和抗倾覆稳定系数不应小于表3-3的规定。

表3-3 抗滑动和抗倾覆的稳定系数

作用(或荷载)情况	验算项目	稳定系数	
作用(或荷载)组合Ⅰ、Ⅱ	抗滑动	K_c	1.3
	抗倾覆	K_0	1.5
作用(或荷载)组合Ⅲ	抗滑动	K_c	1.2
	抗倾覆	K_0	1.3
施工阶段验算	抗滑动	K_c	1.2
	抗倾覆	K_0	1.2

挡土墙高度大于适宜墙高时,稳定系数宜大于表3-3中所列数值。相同填料下,稳定系数随墙高增大而增大;相同墙高下,稳定系数宜根据填料的黏聚力c取值,c小者取较小值,c大者取较大值。

俯斜式与垂直式挡土墙适宜墙高为6 m以内;仰斜式挡土墙适宜墙高为12 m以内;衡重式挡土墙适宜墙高为3~12 m。半重力式挡土墙适宜墙高为3~8 m。干砌挡土墙的适宜墙高为6 m以内,高速公路、一级公路不应采用干砌挡土墙。

据统计,挡土墙因滑动而失稳较为少见,而因倾覆失稳的工程实例较为多见,其原因之一是墙身倾覆机理的复杂性,在现行的计算方法中,尚不能完全体现,所以采用较大的抗倾覆稳定系数。

此外,地基越软其倾覆旋转点离墙趾越远,而计算假定是绕墙趾转动,从而使稳定系数减小,在高大、重型挡墙上尤为显著。所以,当墙高大于适宜高度时,需增大稳定系数,有些研究建议,当墙高超过6 m时,抗滑动稳定系数不宜小于1.5,抗倾覆稳定系数不宜小于2.0。

例2 条件同例1。请进行抗滑和抗倾覆稳定性计算。

解:(1) 抗滑稳定性计算

$N = G_0 + E_y = (142.661 + 3.324)\ \text{kN} = 145.985\ \text{kN}$

滑动稳定方程

$[1.1G_0 + \gamma_{Q1}(E_y + E_x \tan\alpha_0)]\mu + (1.1G_0 + \gamma_{Q1}E_y)\tan\alpha_0 - \gamma_{Q1}E_x$

$= [1.1 \times 142.661 + 1.4 \times (3.324 + 55.081 \times \tan 11.31°)]\text{kN} \times 0.5 + (1.1 \times 142.661 +$

$1.4\times3.324)\ \text{kN}\times\tan 11.31°-1.4\times55.081\ \text{kN}=43.704\ \text{kN}>0$

抗滑稳定系数

$$K_c=\frac{[N+(E_x-E'_p)\tan\alpha_0]\mu+E'_p}{E_x-N\tan\alpha_0}$$
$$=\frac{[145.985+(55.081-0)\tan 11.31°]\ \text{kN}\times0.5+0}{(55.081-145.985\tan 11.31°)\ \text{kN}}$$
$$=3.033>1.3$$

(2) 抗倾覆稳定性计算

倾覆稳定方程

$$0.8G_0Z_0+\gamma_{Q1}(E_yZ_x-E_xZ_y)+\gamma_{Q2}E_pZ_p$$
$$=0.8\times142.661\times1.457+1.4\times$$
$$(3.324\times2.049-55.081\times0.991)\ \text{kN}\cdot\text{m}+0=99.406\ \text{kN}\cdot\text{m}>0$$

抗倾覆稳定系数

$$K_0=\frac{G_0Z_0+E_yZ_x+E'_pZ_p}{E_xZ_y}$$
$$=\frac{(142.661\times1.457+3.324\times2.049+0)\ \text{kN}\cdot\text{m}}{(55.081\times0.991)\ \text{kN}\cdot\text{m}}=3.933>1.5$$

思考题

3－1 基础为什么要满足刚性角的要求？如果不满足怎么办？

3－2 为什么要限制基底倾斜度？

3－3 地基计算时，荷载分项系数是如何取值的？

3－4 限制基底合力偏心距的目的是什么？

3－5 增加抗滑稳定性的措施有哪些？

3－6 增加抗倾覆稳定性的措施有哪些？

3－7 降低基底应力和减小偏心距的措施有哪些？

3－8 如何合理确定抗滑和抗倾覆稳定性计算标准？

第4章 重力式挡土墙设计

教学目标

本章介绍重力式挡土墙设计。

本章要求：

- 掌握重力式挡土墙的特点和基本组成；
- 掌握重力式挡土墙的分类以及各形式挡土墙的受力特点；
- 掌握重力式挡土墙的各项构造规定；
- 熟悉重力式挡土墙形式选择原则；
- 掌握重力式挡土构件计算。

教学要求

能力要求	知识要点	权重/%
能描述重力式挡土墙的特点 能描述重力式挡土墙的基本组成 能描述重力式挡土墙的分类 能描述各形式挡土墙的受力特点 能正确进行重力式挡土墙构造设计 能合理选择重力式挡土墙形式 能正确进行重力式挡土墙计算	重力式挡土墙特点	5
	重力式挡土墙基本组成	5
	重力式挡土墙分类	15
	各形式重力式挡土墙受力特点	15
	重力式挡土墙形式选择	15
	重力式挡土墙构造设计	15
	重力式挡土墙构件计算	30

4.1 概　述

4.1.1 重力式挡土墙的概念与特点

重力式挡土墙是以墙身自重来维持挡土墙在土压力作用下的稳定，它是目前最常用的一种挡土墙形式。重力式挡土墙多用浆砌片(块)石砌筑，缺乏石料地区，有时可用混凝土预制块作为砌体，也可直接用混凝土或片石混凝土整体浇筑，一般不配钢筋或只在局部范围配置少量钢筋。这种挡土墙形式简单、施工方便，可就地取材，因而应用广泛。

重力式挡土墙依靠自身重力来维持平衡稳定，因此，墙身截面大，圬工数量也大，在软弱地基上修建往往受到承载力的限制。如果墙过高，材料耗费多，因而亦不经济。当地基较好，墙体不高，且当地又有石料时，一般优先选用重力式挡土墙。一般来说，墙高不宜超过 12 m，干砌时墙高不宜超过 6 m。

4.1.2 基本组成

重力式挡土墙由墙身及基础组成，也可不设基础，各组成部分的名称如图 4－1 所示。墙身靠填土(或山体)一侧称为墙背，大部分外露的一侧称为墙面，墙的顶面部分称为墙顶，墙的底面部分称为墙底，墙背与墙底的交线称为墙踵，墙面与墙底的交线称为墙趾。

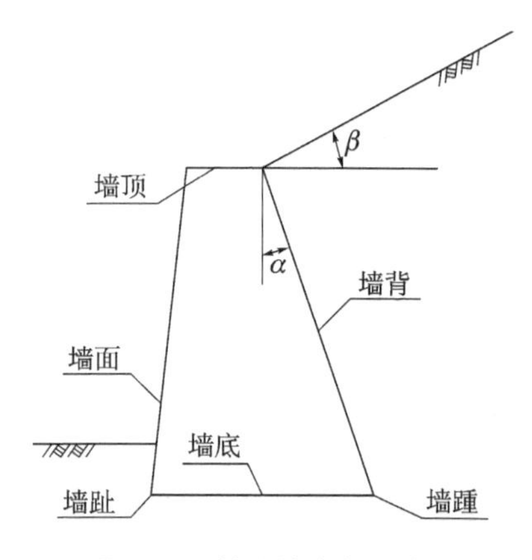

图 4－1　挡土墙各部分名称

墙背与过墙顶后缘点的竖直线间的夹角称为墙背倾角，一般用 α 表示。当竖直线位于墙背线之内时，规定 α 为正值，称为俯斜式墙背；当竖直线位于墙背线之外时，规定 α 为负值，称为仰斜式墙背；直立式墙背，则 α 为零。墙背倾角 α，工程中常用单位墙高与其水平长度之比来表示，即可表示为 $1:n$。

4.1.3 分　类

重力式挡土墙按墙背常用线形，可分为仰斜式、垂直式、俯斜式、凸折式和衡重式等类型，如图 4－2 所示。

通过对仰斜式、垂直式和俯斜式三种不同墙背的土压力计算可知，仰斜式墙背所受的土压力最小，垂直式墙背次之，俯斜式墙背土压力最大。因此，仰斜式挡土墙的

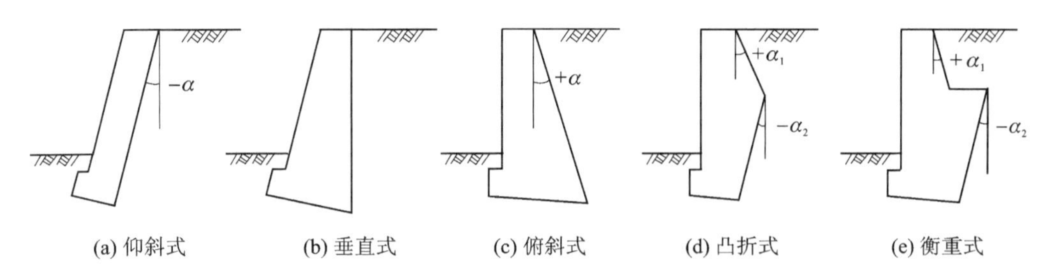

图 4-2　重力式挡土墙的常用类型

墙身断面较经济，当用作挖方路段挡土墙时，墙背与挖方边坡较贴合，所以开挖与回填量均较小；当用作填方路段挡土墙时，若墙趾处地面横坡较陡，采用仰斜式挡土墙会使墙高增加，断面增大，因此仰斜式挡土墙不宜用于地面横坡较陡处。

俯斜式挡土墙所受的土压力最大，因此墙身断面要比仰斜式大。俯斜式挡土墙适合于填方路段，而不大适合挖方路段。当地面横坡较陡时，俯斜式挡土墙可采用陡直的墙面来减小墙高。

垂直式挡土墙的特点介于仰斜式和俯斜式之间。

凸折式挡土墙的墙背，上部俯斜下部仰斜，故其断面较为经济。

衡重式挡土墙可视为在凸折式的上下墙之间设一衡重台，并采用较陡的墙面。衡重式和凸折式的上墙俯斜坡度通常控制在 1∶0.4 以内，下墙墙背一般控制在 1∶0.25 以内。上下墙的墙高比，初拟尺寸时，通常采用 2∶3。

4.2　重力式挡土墙构造设计

4.2.1　墙　背

应根据墙趾地形情况及经济性比较，合理选择重力式挡土墙的墙背坡度。

仰斜式挡土墙，墙背越缓，土压力越小，但施工越困难，故仰斜式挡土墙墙背不宜过缓，一般不宜缓于 1∶0.25。

俯斜式挡土墙的墙背坡度减缓固然对施工有利，但所受的土压力也随之增大，致使断面增大，因此墙背坡度不宜过缓，一般控制在 1∶0～1∶0.4。

4.2.2　墙　面

通常，基础以上的墙面均为平面，墙面坡度应与墙背坡度相配合。此外，还应考虑到墙趾处的地面横坡度。地面横坡较陡时，墙面坡度可采用 1∶0～1∶0.20，以减小墙高；地面横坡较缓时，墙面坡度可较缓，但不宜缓于 1∶0.3，以免过多占用土地。

4.2.3　墙　顶

墙顶宽度，当墙身为混凝土时，不应小于 0.4 m；当为浆砌圬工时，不应小于

0.5 m；当为干砌圬工时，不应小于 0.6 m。

浆砌圬工挡土墙的墙顶应用 M7.5 水泥砂浆抹平，或用较大石块砌筑并勾缝。干砌挡土墙顶面以下 0.5 m 高度内，宜用 M5 水泥砂浆砌筑。路肩挡土墙及路堑挡土墙宜设置粗料石或混凝土帽石，帽石出檐宽度宜为 0.1 m。需设置护栏或栏杆的浆砌圬工路肩挡土墙，墙顶面以下不小于 0.5 m 高度内，应采用 C20 以上等级的混凝土浇筑，并预埋护栏或栏杆的锚固件。

4.2.4 墙身材料

重力式挡土墙可用块石、片石、混凝土预制块作为砌体，或采用片石混凝土、混凝土进行整体浇筑。

石料应经过挑选，采用结构密实、质地均匀、不易风化且无裂缝的硬质石料，其抗压强度不应小于 30 MPa。在浸水地段及冰冻地区，应具有抗侵蚀及耐冻性能。

尽量选用较大的石料砌筑。块石应大致方正、上下面大致平整，厚度不小于 20 cm，宽度和长度分别为厚度的 1～1.5 倍和 1.5～3 倍，用作镶面时，由外露面四周向内稍加修凿。片石应具有两个大致平行的面，其厚度不应小于 15 cm，宽度及长度不应小于厚度的 1.5 倍，质量约为 30 kg，用作镶面的片石，可选择表面较平整、尺寸较大者，并应稍加修整。粗料石外形应方正成大面体，厚度为 20～30 cm，宽度为厚度的 1～1.5 倍，长度为厚度的 2.5～4 倍，表面凹陷深度不大于 2 cm，用作镶面时，应适当修凿，外露面应有细凿边缘。

砌筑挡土墙的砂浆宜采用中砂或粗砂拌制，当砌筑片石时，最大粒径不宜超过 5 mm，砌筑块石、粗料石时不宜超过 2.5 mm。砂浆强度等级应按挡土墙类别、部位及用途选用，如表 4-1 所列。

表 4-1　挡土墙材料强度要求

材料类型	最低强度等级		适用范围
	非冰冻区、轻冻区	中冻区、重冻区	
片石	MU30	MU40	挡土墙
砂浆	M7.5	M10	挡土墙
水泥混凝土	C20	C20	基础
	C20	C25	挡土墙

对于干砌挡土墙，墙较高时最好用块石。在墙高超过 5 m 或石料强度较低时，可在挡土墙的中部设置厚度不小于 50 cm 的浆砌水平层，以增加墙身的稳定性。

墙高小于 10 m 的挡土墙可采用浆砌片石或浆砌块石，墙高大于 10 m 的挡土墙和浸水挡土墙宜采用片石混凝土。

4.2.5　其他构造

挡土墙布置、变形缝、排水设施、基础等方面的要求详见第 1 章和第 3 章。

4.2.6　重力式挡土墙断面形式选择

重力式挡土墙墙背坡度及形式的选取，主要考虑断面经济性、施工开挖量小、回填工程量少、回填前结构自身稳定，以及土压力计算理论的适用范围等因素。

其他条件相同时，仰斜式墙背所承受的土压力比俯斜式墙背小，故墙身断面较俯斜式墙背经济。同时，仰斜式墙背的倾斜方向与开挖面边坡方向一致，所以，作为路堑墙时，开挖量与回填量均比俯斜式墙背小。但是，由于仰斜式挡土墙的基础外移，当地面横坡较陡时，需要增加墙高，使断面增大。因此，仰斜式墙背适用于路堑墙及墙趾处地面平坦的路肩或路堤墙。

凸折式墙背是将仰斜式挡土墙的上部墙背改为俯斜，以减小下部断面尺寸，故断面较仰斜式挡土墙还小，多用于路堑墙，也可用于路肩墙。

其他条件相同时，衡重式挡土墙断面比俯斜式小而比仰斜式大，其基底应力较大，所以对地基承载力要求较高，比较适用于山区地形陡峻的路肩墙和路堤墙，也可用于路堑墙。

综上，路堑墙宜选用仰斜式或凸折式，衡重式也可以。路肩墙和路堤墙，各种形式的墙背都可以，但要考虑墙趾地形，当地形陡峻时，为降低墙高，宜选用直立或近似直立的墙面；当地形平坦时，墙面坡度缓些比较经济，但不宜缓于 1∶0.3。

此外，在选择挡土墙断面的形式时，在一处的墙型不宜过多，以免造成施工困难，影响墙体的外观。

选择一个合理的挡土墙墙型，对挡土墙的设计具有重要意义，也是一个复杂的问题。综合上述，对道路上常用的重力式挡土墙，建议按下述几点选用：

① 尽量使墙后土压力小。

② 填挖方的要求。

a. 对于挖方，仰斜式墙背与挖方边坡较贴合，所以开挖与回填量均较小，比较适合，此外凸折式也比较合理；

b. 对于填方，仰斜式墙背填土的压实比俯斜式或垂直式困难，且自身稳定性在填土前比俯斜式、垂直式差。

③ 墙趾地形的陡缓。

a. 墙趾地形较平坦时，采用仰斜式挡土墙较为合理；

b. 墙趾地形较陡时，用衡重式或俯斜式挡土墙较为合理。

④ 基底倾斜。增加抗滑稳定性的一个非常有效的方法是将基底做成逆坡，但是应考虑当基底斜坡较大时，墙体是否连同整个土体一起滑动的可能，所以基底倾斜不宜过大。

⑤ 墙趾加宽。当墙较高时,基底压应力可能超过地基承载力,此时通过加宽墙趾,使受力面积增大,从而减小基底应力。

4.3 重力式挡土墙计算

重力式挡土墙可能的破坏形式有:滑移、倾覆、不均匀沉降和墙身断裂。因此,重力式挡土墙的设计应保证在自重和荷载作用下不发生全墙的滑动和倾覆,并保证墙身截面具有足够的强度、基底应力小于地基承载力和偏心距不超过允许值。所以,在拟定出挡土墙的截面形式及尺寸后,要对上述几方面进行计算。

基础设计和稳定性计算详见第 3 章,下面主要介绍构件计算,即挡土墙墙身截面承载能力计算,要按照偏心受压构件验算其受压承载力、偏心距及稳定性,要按照受弯构件验算其弯曲抗拉承载力和抗剪承载力。

对墙身截面进行承载能力计算时,常见类型挡土墙可按图 4-3 中标注编号的截面,选取计算截面的位置。

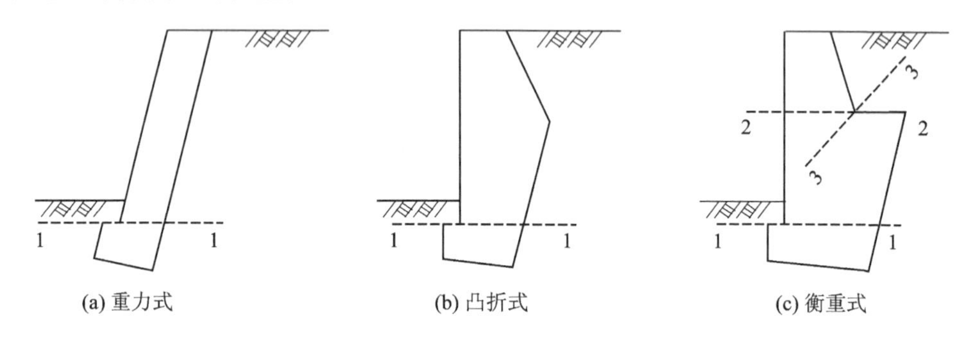

图 4-3 常用重力式挡土墙计算截面选取位置图

4.3.1 荷载效应组合设计值计算

重力式挡土墙按承载能力极限状态设计时,在某一类作用(或荷载)效应组合下,作用(或荷载)效应的组合设计值 S 采用下式计算:

$$S=\psi_{ZL}\left(\gamma_G\sum S_{GiK}+\sum\gamma_{Qi}S_{QiK}\right) \tag{4-1}$$

式中:S——作用(或荷载)效应的组合设计值;

γ_G,γ_{Qi}——作用(或荷载)的分项系数,按表 2-4 的规定采用;

S_{GiK}——第 i 个垂直恒载的标准值效应;

S_{QiK}——土侧压力、水浮力、静水压力、其他可变作用(或荷载)的标准值效应;

ψ_{ZL}——荷载效应组合系数,按表 4-2 的规定采用。

表 4-2　荷载效应组合系数 ψ_{ZL} 值

作用(或荷载)组合	ψ_{ZL}
Ⅰ，Ⅱ	1.0
Ⅲ	0.8
施工荷载	0.7

4.3.2　受压计算

挡土墙构件轴心或偏心受压时，正截面强度和稳定性按式(4-2)、式(4-3)计算。偏心受压构件除验算弯曲平面内的纵向稳定外，还应按轴心受压构件验算非弯曲平面内的稳定。

计算强度时

$$\gamma_0 N_d \leqslant \alpha_k A f_{cd} \tag{4-2}$$

计算稳定时

$$\gamma_0 N_d \leqslant \psi_k \alpha_k A f_{cd} \tag{4-3}$$

式中：N_d——验算截面上的轴向力组合设计值(kN)；

γ_0——重要性系数，按表 2-1 选用；

f_{cd}——轴心抗压强度设计值，按《公路圬工桥涵设计规范》(JTG D61—2005)取用；

A——挡土墙构件的计算截面面积(m^2)；

α_k——轴向力偏心影响系数，按式(4-4)计算，

$$\alpha_k = \frac{1-256\left(\frac{e_0}{B}\right)^8}{1+12\left(\frac{e_0}{B}\right)^2} \tag{4-4}$$

B——挡土墙计算截面宽度(m)；

e_0——轴向力的偏心距(m)，按式(4-5)计算，挡土墙墙身或基础为圬工截面时，其轴向力的偏心距 e_0 应符合表 4-3 的规定，

$$e_0 = \left|\frac{M_0}{N_0}\right| \tag{4-5}$$

M_0——在某一类作用(或荷载)组合下，作用(或荷载)对计算截面形心的总力矩(kN·m)；

N_0——在某一类作用(或荷载)组合下，作用于计算截面上的轴向力的合力(kN)；

ψ_k——偏心受压构件在弯曲平面内的纵向弯曲系数，按式(4-6)计算，轴心受压构件的纵向弯曲系数，可采用表 4-4 的规定，

$$\psi_k = \frac{1}{1 + a_s\beta_s(\beta_s - 3)\left[1 + 16\left(\frac{e_0}{B}\right)^2\right]} \tag{4-6}$$

$$\beta_s = \frac{2H}{B} \tag{4-7}$$

H——墙高(m);

a_s——与材料有关的系数,按表 4-5 采用。

表 4-3　圬工结构轴向力合力的容许偏心距 e_0

荷载组合	容许偏心距
Ⅰ、Ⅱ	0.25B
Ⅲ	0.3B
施工荷载	0.33B

注:B 为沿力矩转动方向的矩形计算截面宽度。

表 4-4　轴心受压构件纵向弯曲系数 ψ_k

2H/B	混凝土构件	砌体砂浆强度等级	
		M10、M7.5、M5	M2.5
≤3	1.00	1.00	1.00
4	0.99	0.99	0.99
6	0.96	0.96	0.96
8	0.93	0.93	0.91
10	0.88	0.88	0.85
12	0.82	0.82	0.79
14	0.76	0.76	0.72
16	0.71	0.71	0.66
18	0.65	0.65	0.60
20	0.60	0.60	0.54
22	0.54	0.54	0.49
24	0.50	0.50	0.44
26	0.46	0.46	0.40
28	0.42	0.42	0.36
30	0.38	0.38	0.33

表 4－5 a_s 取值

圬工名称	浆砌砌体采用以下砂浆强度等级			水泥混凝土
	M10、M7.5、M5	M2.5	M1	
a_s	0.002	0.002 5	0.004	0.002

混凝土截面在受拉一侧配有不少于截面面积 0.05％的纵向钢筋时，表 4－3 中的容许规定值可增加 0.05B。当截面配筋率大于表 4－6 的规定时，按钢筋混凝土构件计算，偏心距不受限制。

表 4－6 按钢筋混凝土构件计算的受拉钢筋最小配筋率

％

钢筋牌号(种类)	钢筋最小配筋率	
	截面一侧钢筋	全截面钢筋
Q235 钢筋(Ⅰ级)	0.20	0.50
HRB400 钢筋(Ⅱ、Ⅲ级)	0.20	0.50

4.3.3 弯曲受拉计算

挡土墙构件正截面受弯时，应按下式计算构件的弯曲抗拉承载力：

$$\gamma_0 M_d \leqslant W f_{tmd} \tag{4-8}$$

式中：M_d——验算截面上的弯矩组合设计值(kN·m)；

W——验算截面受拉边缘的弹性抵抗矩(m^3)；

f_{tmd}——验算截面受拉边缘的弯曲抗拉强度设计值，按《公路圬工桥涵设计规范》(JTG D61—2005)取用，建议取通缝强度。

4.3.4 受剪计算

挡土墙构件直接受剪时，应按下式计算构件的抗剪承载力：

$$\gamma_0 V_d \leqslant A f_{vd} + \frac{1}{1.4}\mu_f N_k \tag{4-9}$$

式中：V_d——验算截面上的剪力设计值；

f_{vd}——挡土墙材料抗剪强度设计值，按《公路圬工桥涵设计规范》(JTG D61—2005)取用；

μ_f——摩擦系数，可取 0.7；

N_k——与受剪面垂直的压力标准值；

A——受剪截面面积。

4.3.5 钢筋混凝土基础计算

挡土墙一般采用刚性扩展基础。当基底压力超过地基承载力较多，加宽的台阶宽度很大时，为满足刚性角的要求，则加宽的台阶高度很高。为避免加宽台阶过高，可采用钢筋混凝土基础。对于钢筋混凝土基础，需要验算其抗弯承载力和抗剪承载力。由于公路对钢筋混凝土基础的抗弯承载力和抗剪承载力没有明确规定，故本书参考《建筑地基基础设计规范》(GB 50007—2011)中的方法。

1. 弯矩和配筋计算

如图 4-4 所示，截面(Ⅰ—Ⅰ)每延米宽度的弯矩设计值，可按下式计算。

$$M_{\mathrm{I}}=\frac{1}{6}a_1^2\left(2p_{\max}+p_{\mathrm{I}}-\frac{3G}{A}\right) \tag{4-10}$$

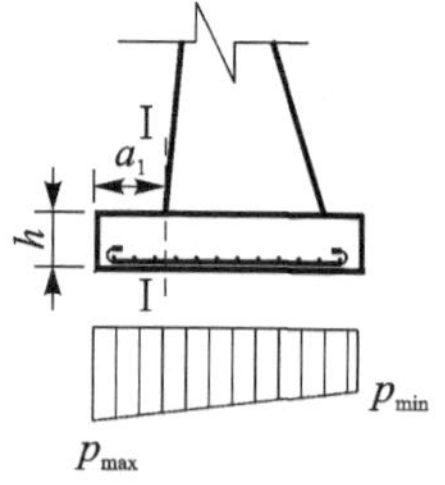

图 4-4　钢筋混凝土基础计算示意

式中：M_{I}——验算截面上的弯矩设计值；

a_1——验算截面Ⅰ—Ⅰ至基底边缘最大反力处的距离；

$p_{\max}$，$p_{\min}$——在某一类作用(或荷载)组合下，基础底面边缘最大和最小地基反力设计值；

p_{I}——验算截面Ⅰ—Ⅰ处的地基反力设计值；

G——考虑分项系数的基础自重；

A——基础底面积。

基础配筋按照抗弯计算确定，受拉钢筋可按下式计算：

$$A_s=\frac{\gamma_0 M_{\mathrm{I}}}{0.9f_{sd}h_0} \tag{4-11}$$

式中：f_{sd}——受拉钢筋的强度设计值；

h_0——验算截面Ⅰ—Ⅰ的有效高度。

受拉钢筋最小配筋率不宜小于 0.15%，直径不小于 10 mm，间距不应大于 200 mm，也不应小于 100 mm。其他相关规定可参考《建筑地基基础设计规范》(GB 50007—2011)和《公路钢筋混凝土及预应力混凝土桥涵设计规范》(JTG 3362—2018)。

2. 受剪承载力计算

按下式验算截面Ⅰ—Ⅰ处受剪承载力：

$$\gamma_0 V_s\leqslant 0.7\beta_{hs}f_{td}A_0 \tag{4-12}$$

$$\beta_{hs}=(800/h_0)^{1/4} \tag{4-13}$$

式中：V_s——在某一类作用(或荷载)组合下，截面Ⅰ—Ⅰ处剪力设计值，等于 a_1 对应的底面积乘以基底平均净反力。

β_{hs}——受剪承载力截面高度影响系数，当 $h_0<800$ mm 时，取 $h_0=800$ mm；当 $h_0>2\ 000$ mm 时，取 $h_0=2\ 000$ mm。

f_{td}——水泥混凝土的轴心抗拉强度设计值。

A_0——验算截面Ⅰ—Ⅰ处的有效截面积。

4.4　重力式挡土墙设计案例

4.4.1　工程概况

某高速公路，设计车速 100 km/h，路基宽度 24.5 m。拟在 K141＋376～K141＋525 段右侧设置挡土墙。

该段总体布置如图 4－5 所示。

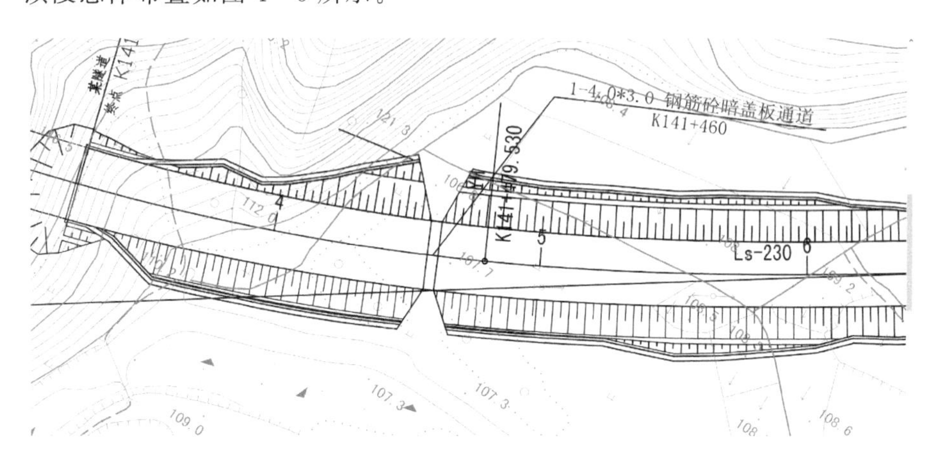

图 4－5　公路总体布置图

查阅 K141＋376～K141＋525 段的路线纵断面图和路基横断面设计图，该段右侧路堤边坡高度在 12 m 左右。

路堤填料采用宕渣，经试验，内摩擦角 $\varphi=35°$，重度 $\gamma=20.5\ \text{kN/m}^3$。

挡土墙采用 M7.5 浆砌块石，块石强度等级 MU40。

由地质勘查报告可知，地基土为含黏性碎石土，天然地基承载力特征值 $f_{a0}=210\ \text{kPa}$，直剪固结快剪指标为：$\varphi=20°$，$c=25\ \text{kPa}$，重度 $\gamma_1=19\ \text{kN/m}^3$，基础与地基土间的摩擦系数可取 $\mu=0.5$。

4.4.2　挡土墙形式选择

路堤边坡高度 12 m 左右，若选择路肩墙，则挡土墙高度将在 13 m 左右（加上 1 m 埋深），超过了重力式挡土墙的适宜墙高范围。而此处用地不受限，所以为了减小墙高，采用路堤墙。

一般土质路堤 8 m 范围内，按 1∶1.5 放坡是稳定的。因此，挡土墙顶上路堤边坡高度统一采用 8 m。

该段地面横坡平缓，为减小挡土墙工程量，宜采用仰斜式挡土墙。

因此，本段挡土墙采用仰斜式路堤墙，墙顶路堤放坡高度为 8 m。

4.4.3 绘制挡土墙纵向布置图

1. 绘制墙趾地面线

根据各桩号路基横断面设计图，查出各桩号挡土墙墙面与地面交线的标高，分段连接各桩号地面线标高点，即为地面线。绘图比例，水平向 1∶1000，竖向 1∶100，如图 4－6 所示。

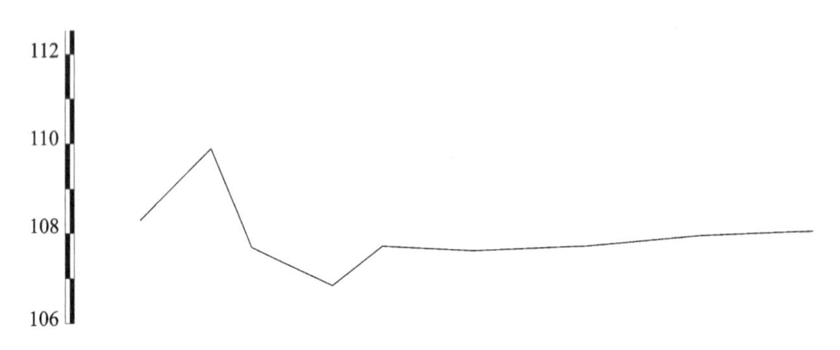

图 4－6 墙趾地面线

2. 绘制墙顶线

根据路线纵断面或路基横断面设计图，路基右侧边缘标高减去 8 m，即为挡土墙顶标高。用直线连接各桩号挡土墙顶标高点，即为墙顶线，如图 4－7 所示。

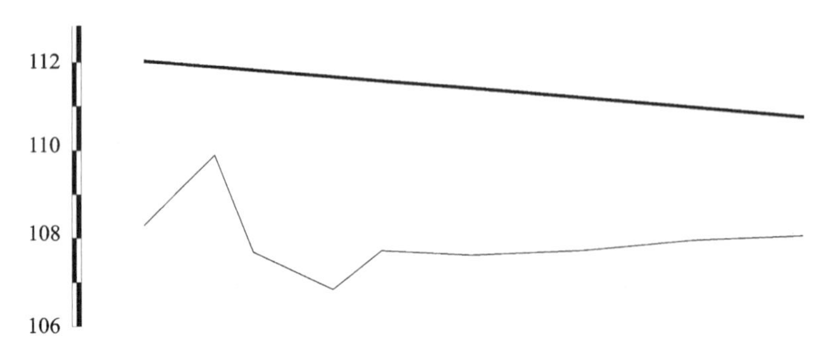

图 4－7 墙顶线

3. 挡土墙分段

本段没有地质突变等情况,因此沉降缝与伸缩缝合并设置,间距按 10～15 m 控制,尽量将缝设在 5 m 的整数桩号上,标注缝的桩号。

按照最小埋深 1 m,确定各段挡土墙基底标高,同段挡土墙的基底标高应一致。标注各段挡土墙顶标高和基底标高。各段墙顶平均标高减去基底标高,即为该段平均墙高。

挡土墙的纵向布置,如图 4－8 所示。可见 K141＋376～K141＋525 段的挡土墙平均墙高为 3～6 m。

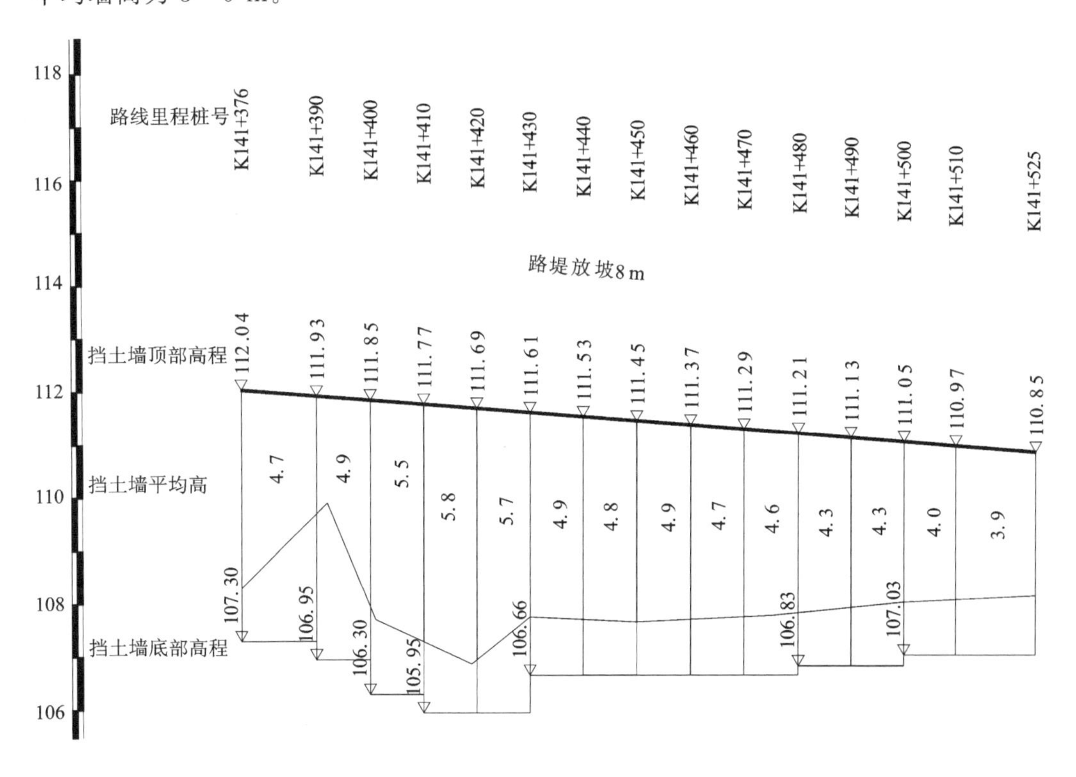

图 4－8 挡土墙纵向布置图

4.4.4 挡土墙尺寸拟定

K141＋376～K141＋525 段的挡土墙平均墙高为 3～6 m,现在要确定 3 m、3.5 m、4.0 m、4.5 m、5.0 m、5.5 m 和 6.0 m 等标准高度挡土墙的尺寸(一定要覆盖实际可能的挡土墙高度)。初步拟定各墙高尺寸见表 4－7。非标准高度挡土墙尺寸,要在标准高度挡土墙尺寸之间内插确定。

表 4-7　挡土墙尺寸

挡土墙高度 Q_H/m	墙顶宽 C/m	墙趾尺寸		挡土墙示意图
		D_L/m	D_H/m	
3.0	1.20	0.3	0.5	
3.5	1.40	0.3	0.5	
4.0	1.50	0.3	0.5	
4.5	1.60	0.4	0.5	
5.0	1.70	0.4	0.5	
5.5	1.90	0.4	0.5	
6.0	2.00	0.4	0.5	

4.4.5　挡土墙结构计算(Q_H=4.0 m)

重力式挡土墙设计案例

1. 车辆荷载换算土层厚度

墙高为 4.0 m,由内插得到附加荷载 $q=17.5\ \text{kN/m}^2$,换算成土层厚度为

$$h_0=\frac{q}{\gamma}=\frac{17.5\ \text{kN/m}^2}{20.5\ \text{kN/m}^3}=0.85\ \text{m}$$

2. 计算土压力

墙背路堤填料内摩擦角 $\varphi=35°$,重度 $\gamma=20.5\ \text{kN/m}^3$,墙背摩擦角 $\delta=0.5\varphi=17.5°$。

土压力计算图式,如图 4-9 所示。

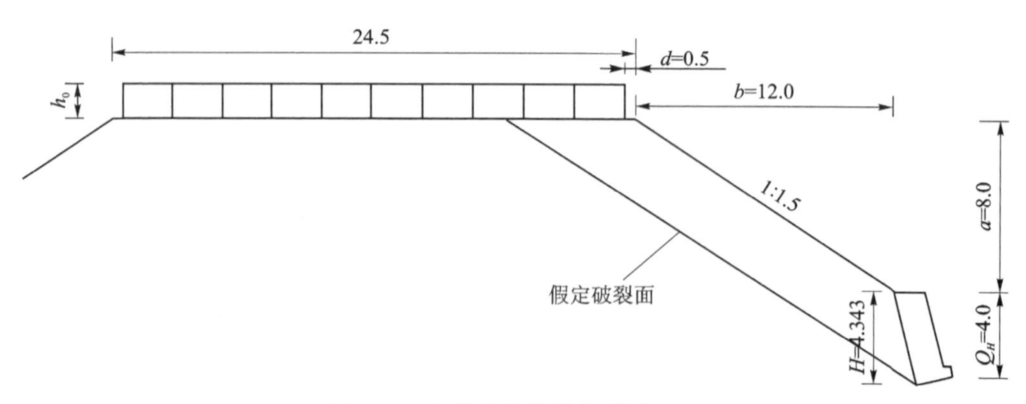

图 4-9　土压力计算图式(单位:m)

墙背 1∶0.25 仰斜,则 $\alpha=-14.04°$。

其他已知 $Q_H = 4.0$ m，$H = 4.343$ m，$a = 8$ m，$b = 12$ m，$h_0 = 0.85$ m，$d = 0.5$ m。

先假定破裂面交于荷载中间，则根据《公路路基设计手册》（第 3 版）土压力计算公式，计算结果如下：

$$A = \frac{ab + 2h_0(b+d) - H(H + 2a + 2h_0)\tan\alpha}{(H+a)(H+a+2h_0)} = 0.8146$$

$$\psi = \varphi + \alpha + \delta = 38.46°$$

$$\tan\theta = -\tan\psi + \sqrt{(\cot\varphi + \tan\psi)(\tan\psi + A)} = 1.0966$$

那么 $\theta = 47.639°$。

按 $\theta = 47.639°$，破裂面交于荷载内侧，则原假定不成立。

下面按照破裂面交于荷载内侧进行计算：

$$A = \frac{ab - H(H+2a)\tan\alpha}{(H+a)^2} = 0.7751$$

$$\tan\theta = -\tan\psi + \sqrt{(\cot\varphi + \tan\psi)(\tan\psi + A)} = 1.0733$$

那么 $\theta = 47.025°$。

按 $\theta = 47.025°$，破裂面交于荷载内侧，则假定成立。

$$h_3 = \left(\frac{b - a\tan\theta}{\tan\theta + \tan\alpha}\right)\ \text{m} = 4.146\ \text{m}$$

$$K_1 = 1 + \frac{2a}{H}\left(1 - \frac{h_3}{2H}\right) = 2.925$$

$$K = \frac{\cos(\theta+\varphi)}{\sin(\theta+\psi)}(\tan\theta + \tan\alpha) = 0.115$$

则单位墙长墙背所受主动土压力为

$$E_a = \frac{1}{2}\gamma H^2 K K_1 = 64.799\ \text{kN}$$

单位墙长土压力水平分量为

$$E_x = E_a\cos(\alpha + \delta) = 64.681\ \text{kN}$$

单位墙长土压力竖直分量为

$$E_y = E_a\sin(\alpha + \delta) = 3.911\ \text{kN}$$

土压力合力作用点与墙踵的竖直距离为

$$Z'_y = \frac{H}{3} + \frac{a(H - h_3)^2}{3H^2K_1} = 1.450\ \text{m}$$

计算结果如图 4-10 所示。

3. 挡土墙自重及重心计算

挡土墙尺寸如图 4-11 所示。为方便计算，将挡土墙截面划分为三部分，

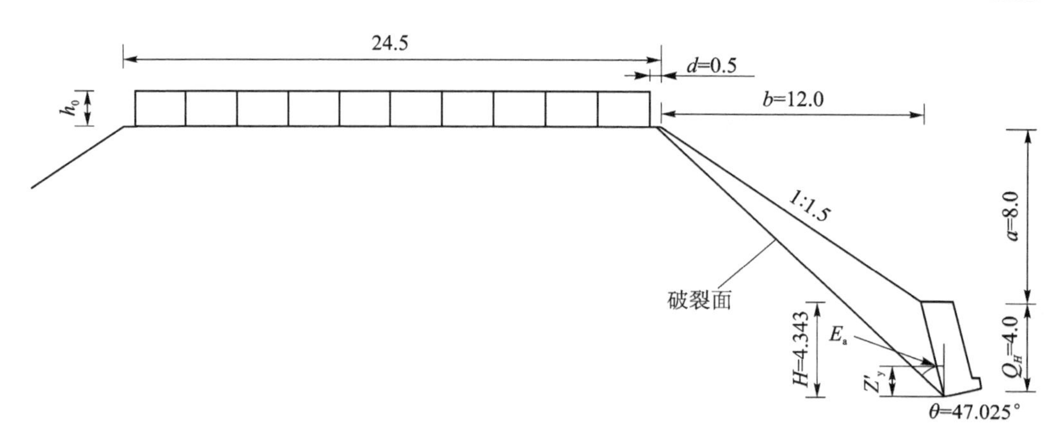

图 4－10　土压力计算结果(单位:m)

如图 4－12 所示(墙体采用 M7.5 浆砌块石,重度 γ_t 取 24 kN/m^3,纵向取 1 m 计算,下同)。

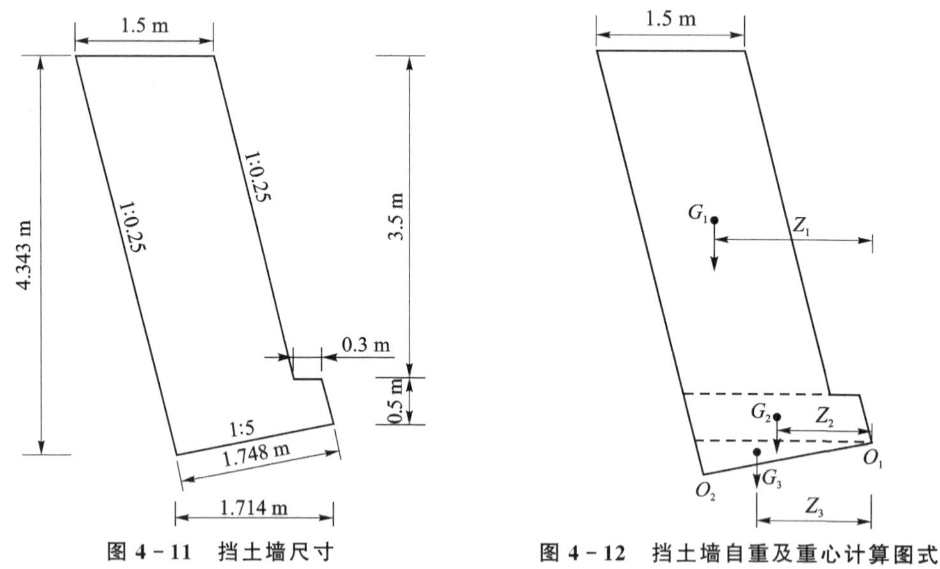

图 4－11　挡土墙尺寸　　　　图 4－12　挡土墙自重及重心计算图式

$$G_1=\gamma_t\times1.5\times3.5=126.0\ \text{kN}$$

$$G_2=\gamma_t\times1.8\times0.5=21.6\ \text{kN}$$

$$G_3=\gamma_t\times1.8\times0.343/2=7.409\ \text{kN}$$

截面各部分的重心至墙趾(O_1)的距离:

$$Z_1=[0.3+0.5\times0.25+(3.5\times0.25+1.5)/2]\ \text{m}=1.613\ \text{m}$$

$$Z_2=[0.5\times0.25/2+1.8/2]\ \text{m}=0.963\ \text{m}$$

$$Z_3=[(1.8+1.714)/3]\ \text{m}=1.171\ \text{m}$$

单位墙长自重为

$$G_0 = G_1 + G_2 + G_3 = 155.009\ \text{kN}$$

全截面重心至墙趾距离为

$$Z_0 = (Z_1 \times G_1 + Z_2 \times G_2 + Z_3 \times G_3)/G_0 = 1.501\ \text{m}$$

4. 挡土墙受力情况

根据前述计算，挡土墙受力如图4-13所示。

$E_x = 64.681\ \text{kN}$

$E_y = 3.911\ \text{kN}$

$Z_y = Z'_y - \Delta H = (1.450 - 0.343)\ \text{m} = 1.107\ \text{m}$

$Z_x = B_1 - (Z_y + \Delta H)\tan\alpha = [1.714 - 1.450 \times \tan(-14.04°)]\ \text{m} = 2.077\ \text{m}$

$G_0 = 155.009\ \text{kN}$

$Z_0 = 1.501\ \text{m}$

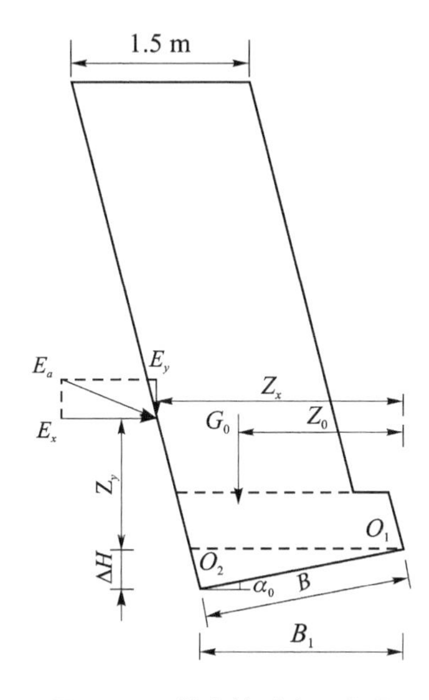

图4-13　挡土墙受力示意图

5. 地基计算

作用于基底上的垂直力组合设计值 N_d 为

$$N_d = (G_0 + E_y)\cos\alpha_0 + E_x \sin\alpha_0$$
$$= (155.009 + 3.911)\ \text{kN} \times \cos 11.31° + 64.681\ \text{kN} \times \sin 11.31° = 168.519\ \text{kN}$$

作用于基底形心的弯矩组合设计值 M_d 为

$$M_d = G_0\left(Z_0 - \frac{B_1}{2}\right) + E_y\left(Z_x - \frac{B_1}{2}\right) - E_x\left(Z_y + \frac{\Delta H}{2}\right)$$

$$= 155.009 \times \left(1.501 - \frac{1.714}{2}\right)\ \text{kN}\cdot\text{m} + 3.911 \times \left(2.077 - \frac{1.714}{2}\right)\ \text{kN}\cdot\text{m} - 64.681 \times \left(1.107 + \frac{0.343}{2}\right)\ \text{kN}\cdot\text{m}$$

$$= 21.903\ \text{kN}\cdot\text{m}$$

基底合力偏心距 e_0 为

$$e_0 = \left|\frac{M_d}{N_d}\right| = \frac{21.903\ \text{kN}\cdot\text{m}}{168.519\ \text{kN}} = 0.130\ \text{m} < \frac{B}{6} = \frac{1.748\ \text{m}}{6} = 0.291\ \text{m}$$

基底应力为

$$p_{\max} = \frac{N_d}{B \times 1}\left(1 + \frac{6e_0}{B}\right) = \left[\frac{168.519}{1.748}\left(1 + \frac{6 \times 0.130}{1.748}\right)\right]\ \text{kPa} = 139.354\ \text{kPa}$$

$$p_{\min} = \frac{N_d}{B \times 1}\left(1 - \frac{6e_0}{B}\right) = \left[\frac{168.519}{1.748}\left(1 - \frac{6 \times 0.130}{1.748}\right)\right]\ \text{kPa} = 53.360\ \text{kPa}$$

$$p_{\max} = 139.354\ \text{kPa} < f_a = f_{a0} = 210\ \text{kPa}$$

所以，基底合力偏心距与地基承载力验算均通过。

6. 抗滑稳定性计算

(1) 沿基底平面的抗滑稳定性计算

① 滑动稳定方程

应符合：

$$[1.1G_0 + \gamma_{Q1}(E_y + E_x \tan\alpha_0) - \gamma_{Q2}E_p \tan\alpha_0]\mu + (1.1G_0 + \gamma_{Q1}E_y)\tan\alpha_0 - \gamma_{Q1}E_x + \gamma_{Q2}E_p > 0$$

土压力的增大对挡土墙结构起不利作用，按表 2-4，$\gamma_{Q1} = 1.4$，则有

$$[1.1\times155.009 + 1.4\times(3.911 + 64.681\times0.2)]\ \text{kN}\times0.5 + (1.1\times155.009 + 1.4\times3.911)\ \text{kN}\times0.2 - 1.4\times64.681\ \text{kN} = 41.692\ \text{kN} > 0$$

符合沿基底倾斜平面滑动稳定方程的规定。

② 抗滑动稳定系数

$$N = G_0 + E_y = (155.009 + 3.911)\ \text{kN} = 158.920\ \text{kN}$$

$$K_c = \frac{(N + E_x \tan\alpha_0)\mu}{E_x - N\tan\alpha_0} = \frac{(158.920 + 64.681 \times 0.2)\ \text{kN} \times 0.5}{(64.681 - 158.920 \times 0.2)\ \text{kN}} = 2.612$$

根据表 3-3 的规定，荷载组合Ⅱ时，抗滑动稳定系数应 $K_c > 1.3$，故抗滑动稳定系数符合要求。

(2) 沿过墙踵点 O_2 水平面的滑动稳定性计算

计入倾斜基底与水平滑动面之间的土楔重力 ΔN。

$$\Delta N=\frac{1}{2}B_1\Delta H\gamma_1=\left(\frac{1}{2}\times1.714\times0.343\times19\right)\ \text{kN}=5.585\ \text{kN}$$

① 滑动稳定方程

应符合：

$$(1.1G+\gamma_{Q1}E_y)\mu_n+0.67cB_1-\gamma_{Q1}E_x>0$$

即

$$[1.1\times(155.009+5.585)+1.4\times3.911]\ \text{kN}\ \tan20°+0.67\times25\times1.714\ \text{kN}-1.4\times64.681\ \text{kN}=4.446\ \text{kN}>0$$

符合滑动稳定方程的规定。

② 抗滑动稳定系数

$$K_c=\frac{(N+\Delta N)\mu_n+cB_1}{E_x}=\frac{(158.920+5.585)\ \text{kN}\times\tan20°+25\times1.714\ \text{kN}}{64.681\ \text{kN}}=1.588>1.3$$

抗滑动稳定系数符合要求。

7. 抗倾覆稳定性计算

(1) 倾覆稳定方程

应符合：

$$0.8G_0Z_0+\gamma_{Q1}(E_yZ_x-E_xZ_y)+\gamma_{Q2}E_pZ_p>0$$

即

$$0.8\times155.009\times1.501\ \text{kN}\cdot\text{m}+1.4\times(3.911\times2.077-64.681\times1.107)\ \text{kN}\cdot\text{m}=97.265\ \text{kN}\cdot\text{m}>0$$

符合倾覆稳定方程的规定。

(2) 抗倾覆稳定系数

$$K_0=\frac{G_0Z_0+E_yZ_x+E'_pZ_p}{E_xZ_y}=\frac{(155.009\times1.501+3.911\times2.077)\ \text{kN}\cdot\text{m}}{(64.681\times1.107)\ \text{kN}\cdot\text{m}}=3.363>1.5$$

抗倾覆稳定系数符合要求。

8. 墙身截面强度计算

取基顶截面为计算截面，即图 4-14 中的截面 O_4—O_3。

根据《公路圬工桥涵设计规范》(JTG D61—2005)，$f_{cd}=0.72$ MPa，$f_{tmd}=0.089$ MPa，$f_{vd}=0.147$ MPa。挡土墙结构重要性系数 $\gamma_0=1.0$。

(1) 土压力计算

基顶截面宽度 $B_2=B=1.50$ m，基顶截面处计算墙高 $H_1=3.50$ m。

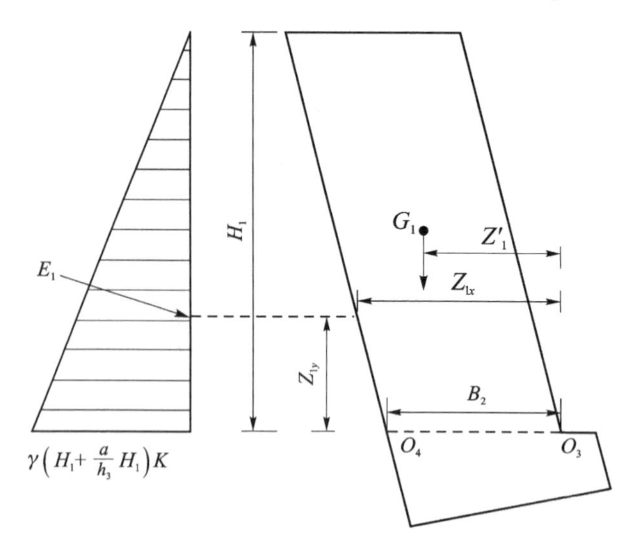

图 4-14 墙身截面强度计算示意图

根据前面土压力计算结果可知，$K=0.115$，$h_3=4.146$ m。

基顶以上墙背所受土压应力分布如图 4-14 所示，基顶处（即 O_4 处）土压应力为

$$\sigma_{H_1}=\gamma\left(H_1+\frac{a}{h_3}H_1\right)K=\left[20.5\times\left(3.5+\frac{8}{4.146}\times 3.5\right)\times 0.115\right]\ \text{kPa}=24.173\ \text{kPa}$$

则基顶以上墙背所受土压力为

$$E_1=\frac{1}{2}\sigma_{H_1}H_1=\left(\frac{1}{2}\times 24.173\times 3.5\right)=42.303\ \text{kN}$$

$$E_{1x}=E_1\cos(\alpha+\delta)=[42.303\times\cos(-14.04^\circ+17.5^\circ)]\ \text{kN}=42.226\ \text{kN}$$

$$E_{1y}=E_1\sin(\alpha+\delta)=[42.303\times\sin(-14.04^\circ+17.5^\circ)]\ \text{kN}=2.553\ \text{kN}$$

$$Z_{1y}=\frac{H_1}{3}=\left(\frac{3.5}{3}\right)\ \text{m}=1.167\ \text{m}$$

$$Z_{1x}=B_2-Z_{1y}\tan\alpha=[1.5-1.167\times\tan(-14.04^\circ)]\ \text{m}=1.792\ \text{m}$$

（2）墙身重力及重心计算

$$G_1=\gamma_t\times 1.5\times 3.5=126.0\ \text{kN}$$

$$Z'_1=\frac{B_2}{2}+\frac{H_1}{2}\times 0.25=\left(\frac{1.5}{2}+\frac{3.5}{2}\times 0.25\right)\ \text{m}=1.188\ \text{m}$$

（3）偏心距计算

作用于截面的轴向力合力 N_0 为

$$N_0=\psi_{ZL}(\gamma_G\sum S_{GiK}+\sum\gamma_{Qi}S_{QiK})=\psi_{ZL}(\gamma_G G_1+\gamma_{Q1}E_{1y})$$

$$=1.0\times(1.2\times126.0+1.4\times2.553)\text{kN}=154.774\ \text{kN}$$

作用于截面形心的总力矩 M_0 为

$$M_0=\psi_{ZL}(\gamma_G\sum S_{GiK}+\sum\gamma_{Qi}S_{QiK})=\psi_{ZL}\left[\gamma_G G_1\left(Z_1'-\frac{B_2}{2}\right)+\gamma_{Q1}E_{1y}\left(Z_{1x}-\frac{B_2}{2}\right)-\gamma_{Q1}E_{1x}Z_{1y}\right]$$

$$=1.0\times\left[0.9\times126.0\times\left(1.188-\frac{1.5}{2}\right)+1.4\times2.553\times\left(1.792-\frac{1.5}{2}\right)-1.4\times42.226\times1.167\right]\text{kN}\cdot\text{m}$$

$$=-15.595\ \text{kN}\cdot\text{m}$$

$$e_0=\left|\frac{M_0}{N_0}\right|=\frac{15.595\ \text{kN}\cdot\text{m}}{154.774\ \text{kN}}=0.101\ \text{m}<0.25B_2=0.375\ \text{m}$$

(4) 受压计算

$$\alpha_k=\frac{1-256\left(\frac{e_0}{B_2}\right)^8}{1+12\left(\frac{e_0}{B_2}\right)^2}=\frac{1-256\times\left(\frac{0.101\ \text{m}}{1.5\ \text{m}}\right)^8}{1+12\times\left(\frac{0.101\ \text{m}}{1.5\ \text{m}}\right)^2}=0.948\ 4$$

$$\beta_s=\frac{2H_1}{B_2}=\frac{2\times3.5\ \text{m}}{1.5\ \text{m}}=4.666\ 7$$

$$\psi_k=\frac{1}{1+a_s\beta_s(\beta_s-3)\left[1+16\left(\frac{e_0}{B_2}\right)^2\right]}$$

$$=\frac{1}{1+0.002\times4.666\ 7\times(4.666\ 7-3)\times\left[1+16\left(\frac{0.101\ \text{m}}{1.5\ \text{m}}\right)^2\right]}=0.983\ 6$$

$$\gamma_0N_d=1.0\times154.774\ \text{kN}=154.774\ \text{kN}$$

$$\leqslant\alpha_kAf_{cd}=(0.948\ 4\times1.5\times1\times0.72\times1\ 000)\ \text{kN}=1\ 024.272\ \text{kN}$$

$$\gamma_0N_d=(1.0\times154.774)\ \text{kN}=154.774\ \text{kN}$$

$$\leqslant\psi_k\alpha_kAf_{cd}=(0.983\ 6\times0.948\ 4\times1.5\times1\times0.72\times1\ 000)\ \text{kN}=1\ 007.474\ \text{kN}$$

所以,强度与稳定性验算均通过。

(5) 弯曲受拉计算

$$W=\frac{1}{6}B_2^2=\left(\frac{1}{6}\times1.5^2\right)\ \text{m}^3=0.375\ \text{m}^3$$

$$\gamma_0M_d=1.0\times15.595=15.595\ \text{kN}\cdot\text{m}$$

$$\leqslant Wf_{tmd}=(0.375\times89)\text{kN}\cdot\text{m}=33.375\ \text{kN}\cdot\text{m}$$

所以，弯曲受拉验算通过。

(6) 受剪计算

$V_d = \gamma_{Q1} E_{1x} = (1.4 \times 42.226)\ \text{kN} = 59.116\ \text{kN}$

$N_k = G_1 + E_{1y} = (126.0 + 2.553)\ \text{kN} = 128.553\ \text{kN}$

$\gamma_0 V_d = (1.0 \times 59.116)\ \text{kN} = 59.116\ \text{kN}$

$$\leqslant A f_{vd} + \frac{1}{1.4} \mu_f N_k = 1.5 \times 1 \times 147 + \frac{1}{1.4} \times 0.7 \times 128.553 = 284.777\ \text{kN}$$

所以，抗剪验算通过。

思考题

4-1 简述仰斜式、垂直式、俯斜式挡土墙的受力特点以及适用条件。

4-2 地面横坡较陡路段，适用于什么形式的重力式挡土墙？

4-3 仰斜式挡土墙的墙背坡度不宜过缓，为什么？

4-4 仰斜式挡土墙用作路堤墙时，对施工压实不利，为什么？

4-5 重力式挡土墙需要进行哪些计算？

第5章　悬臂式与扶壁式挡土墙设计

教学目标

本章介绍悬臂式挡土墙与扶壁式挡土墙设计。

本章要求：

- 掌握薄壁式挡土墙的基本组成；
- 熟悉薄壁式挡土墙的特点和一般规定；
- 了解朗肯土压力计算方法；
- 掌握库伦土压力计算方法；
- 掌握悬臂式挡土墙与扶壁式挡土墙墙身构造、内力计算方法和钢筋混凝土构件设计；
- 掌握悬臂式挡土墙与扶壁式挡土墙各部分钢筋布置的规定；
- 掌握悬臂式挡土墙与扶壁式挡土墙稳定性计算与地基计算。

教学要求

<table>
<tr><th>能力要求</th><th>知识要点</th><th>权重/%</th></tr>
<tr><td rowspan="7">能描述薄壁式挡土墙各组成部分名称
能进行土压力计算
能描述薄壁式挡土墙一般构造要求
能进行薄壁式挡土墙墙身内力计算
能进行钢筋混凝土构件设计
能合理配置钢筋
能进行薄壁式挡土墙稳定性计算
能进行薄壁式挡土墙地基计算</td><td>基本组成与特点</td><td>5</td></tr>
<tr><td>墙身构造</td><td>5</td></tr>
<tr><td>土压力计算</td><td>15</td></tr>
<tr><td>内力计算</td><td>30</td></tr>
<tr><td>钢筋混凝土构件设计</td><td>30</td></tr>
<tr><td>稳定性计算与地基计算</td><td>5</td></tr>
<tr><td>钢筋构造</td><td>10</td></tr>
</table>

5.1 概　述

5.1.1 基本组成与特点

悬臂式与扶壁式挡土墙，分别如图 5-1 和图 5-2 所示，是一种轻型支挡结构，也称为薄壁式挡土墙。

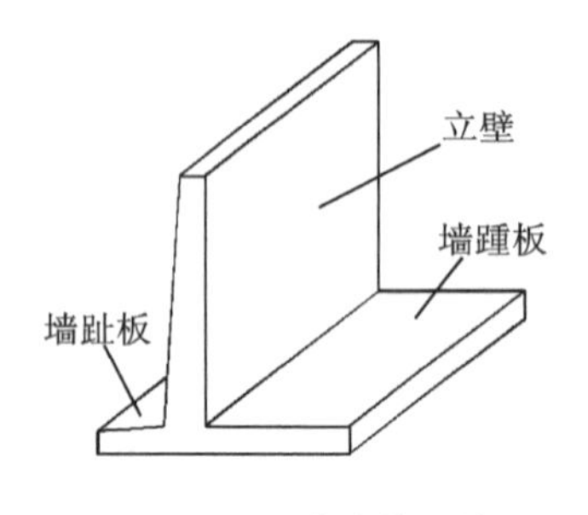

图 5-1　悬臂式挡土墙

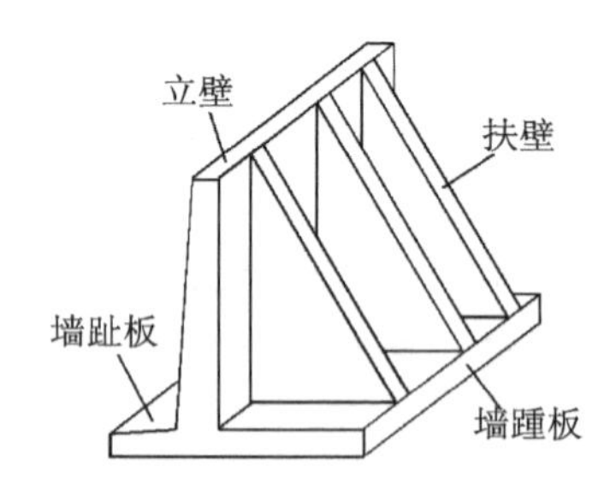

图 5-2　扶壁式挡土墙

悬臂式挡土墙由立壁（墙面板）、墙踵板和墙趾板等三个钢筋混凝土悬臂板组成，呈倒 T 字形。当悬臂式挡土墙墙身较高时，墙面板下部弯矩增大，用钢量较多，且变形不易控制，因此，沿墙长方向，每隔一定距离加设扶壁，将立壁与墙踵板连接起来，即为扶壁式挡土墙。扶壁起加劲作用，改善了立壁和墙踵板的受力条件，提高了结构的刚度和整体性，减小了立壁的变形。

悬臂式与扶壁式挡土墙依靠墙身自重和墙踵板以上填筑土体的重量来维持结构稳定，同时，墙趾板也增加了墙体抗倾覆稳定性，并减小了地基应力。它们的主要特点是厚度小，自重轻，挡土墙高度较高，而且经济性也比较好，适用于石料缺乏、地基承载力较低的填方地段。一般情况下，墙高 5 m 以内采用悬臂式，5 m 以上则采用扶壁式。

5.1.2 一般规定

悬臂式与扶壁式挡土墙设计应符合以下规定：

① 悬臂式挡土墙墙高不宜超过 5 m，扶壁式挡土墙墙高不宜超过 15 m。

② 装配式的扶壁式挡土墙不宜在不良地质或地震动峰值加速度为 0.2g 及以上地区使用。

③ 在进行悬臂式与扶壁式挡土墙的钢筋混凝土构件设计计算时，应按照要求计入结构重要性系数 γ_0。

④ 悬臂式与扶壁式挡土墙的钢筋混凝土构件的承载能力极限状态、正常使用极限状态验算及构造要求等，除符合《公路路基设计规范》(JTG D30—2015)要求外，其

他内容应按照《公路钢筋混凝土及预应力混凝土桥涵设计规范》(JTG 3362—2018)的相关规定执行。

⑤ 悬臂式与扶壁式挡土墙的地基、基础设计及构造要求，除符合《公路路基设计规范》(JTG D30—2015)要求外，其他内容应按照《公路桥涵地基与基础设计规范》(JTG 3363—2018)的相关规定执行，详见第 1 章和第 3 章。

5.2　土压力计算

5.2.1　朗肯土压力法

当填土表面为一平面或其上有均布荷载作用时，可采用朗肯土压力理论计算。

用墙踵端部的竖直面 CD 作为假想墙背，如图 5-3 所示。当计算立壁和墙踵板时，要将土压力 E_a 分成两部分，一是作用于竖直面 GD 上的土压力 E_{H_1}；二是作用于竖直面 CG 上的土压力 E_{B_3}。E_a、E_{H_1} 和 E_{B_3} 的方向均平行于填土表面，其大小和对墙踵端部 C 点的力臂按式(5-1)～式(5-7)计算。填土 $ABFD$ 的重量 W 作用在墙踵板上。为简化计算，车辆荷载可按整个路基范围分布来考虑。

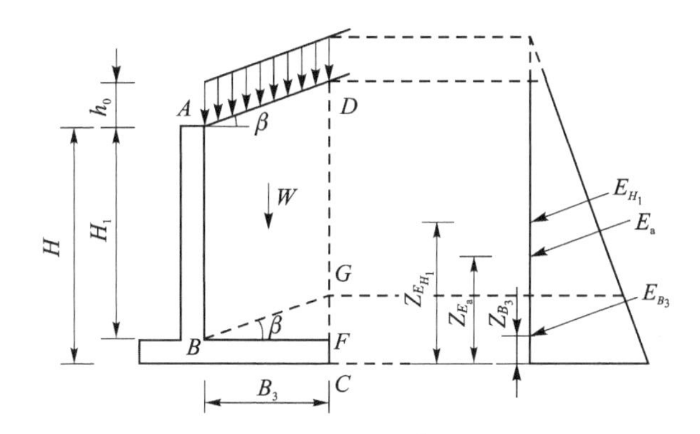

图 5-3　朗肯土压力法

$$E_a=\frac{1}{2}\gamma(H+B_3\tan\beta)(H+2h_0+B_3\tan\beta)K_a \tag{5-1}$$

$$E_{H_1}=\frac{1}{2}\gamma H_1(H_1+2h_0)K_a \tag{5-2}$$

$$E_{B_3}=\frac{1}{2}\gamma(H-H_1+B_3\tan\beta)(H_1+2h_0+H+B_3\tan\beta)K_a \tag{5-3}$$

$$Z_{E_a}=\frac{(3h_0+H+B_3\tan\beta)(H+B_3\tan\beta)}{3(2h_0+H+B_3\tan\beta)} \tag{5-4}$$

$$Z_{E_{H_1}}=\frac{(3h_0+H_1)H_1}{3(2h_0+H_1)} \tag{5-5}$$

$$Z_{E_{B_3}}=\frac{(3h_0+2H_1+H+B_3\tan\beta)(H+B_3\tan\beta-H_1)}{3(2h_0+H_1+H+B_3\tan\beta)} \tag{5-6}$$

$$K_a=\cos\beta\frac{\cos\beta-\sqrt{\cos^2\beta-\cos^2\varphi}}{\cos\beta+\sqrt{\cos^2\beta-\cos^2\varphi}} \tag{5-7}$$

式中：K_a——朗肯主动土压力系数；

γ——填土的重度(kN/m^3)；

φ——填土的内摩擦角(°)。

5.2.2 库伦土压力法

当填土表面为折线或有局部荷载作用时，可采用库伦土压力理论计算。

假想墙背 AC 的倾角较大，当墙体向外移动，土体达到主动极限平衡状态时，往往会出现第二破裂面 DC，如图 5－4 所示，此时应按出现第二破裂面的库伦公式计算土压力 E_a。若不出现第二破裂面，则可以按一般库伦公式计算作用于假想墙背 AC 上的土压力 E_a。

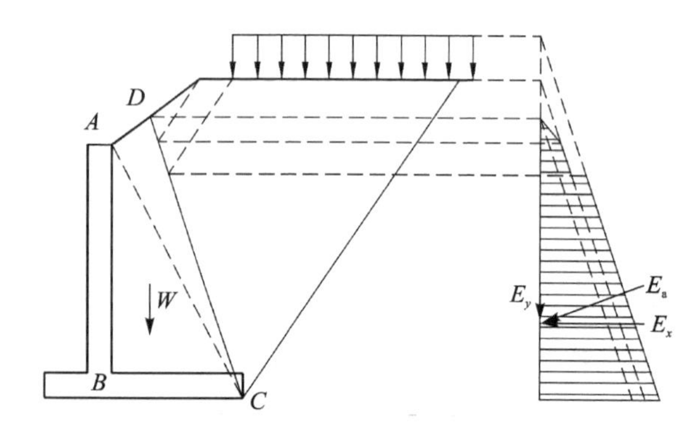

图 5－4 库伦土压力法

进行立壁计算时，应以立壁的实际墙背 AB 进行土压力计算，并假定立壁与填土间的摩擦角 $\delta=0°$，也就是说其承受土压力的水平分力。当计算地基承载力、稳定性、墙底板(墙趾板和墙踵板)截面内力时，应以假想墙背 AC(或第二破裂面 DC)为计算墙背来计算土压力，墙踵板承受土压力的竖直分力和计算墙背与实际墙背间的土体质量。有关土压力的计算详见第 2 章。

例 1 某悬臂式挡土墙如图 5－5 所示，墙背填土重度 $\gamma=18$ kN/m^3，内摩擦角 $\varphi=35°$，车辆荷载连续分布于填土顶部，请计算土压力。

解：(1) 朗肯土压力法

挡土墙高度为 5 m，那么车辆附加荷载 $q=16.25$ kN/m^2，则等代均布土层厚

度为

$$h_0=\frac{q}{\gamma}=\frac{16.25\ \text{kN/m}^2}{18\ \text{kN/m}^3}=0.90\ \text{m}$$

土压力系数为

$K_a=\tan^2(45°-\varphi/2)=\tan^2(45°-35°/2)=0.2710$

则作用于假想墙背 DC 上的土压力为

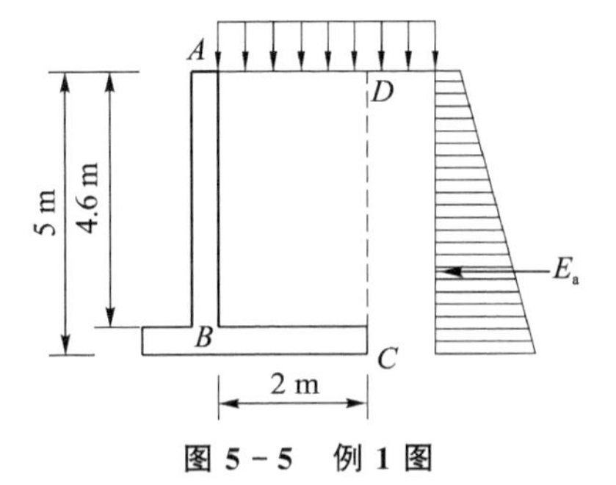

图5-5　例1图

$$E_a=\frac{1}{2}\gamma H(H+2h_0)K_a=\left[\frac{1}{2}\times18\times5\times(5+2\times0.9)\times0.271\right]\ \text{kN}=82.926\ \text{kN}$$

因 $\beta=0°$，因此土压力 E_a 方向水平，如图5-5所示。

(2) 库伦土压力法

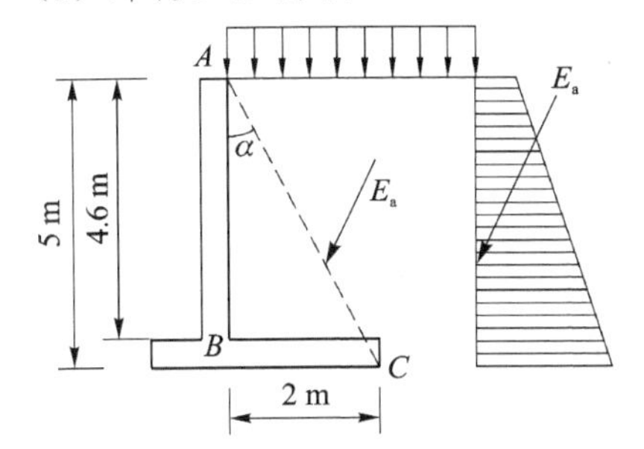

图5-6　库伦土压力法计算

如图5-6所示，假想墙背 AC 倾角 α 为

$\alpha=\arctan(2/5)=21.801°$

从《公路路基设计手册》(第3版)中选用相关公式进行如下计算：

先判断是否出现第二破裂面。

由于车辆荷载连续分布于填土顶部，因此第一破裂面交于荷载内。

$$\alpha_i=\theta_i=45°-\varphi/2=45°-35°/2=27.5°>\alpha$$

所以不会出现第二破裂面，可以按一般库伦公式计算作用于假想墙背 AC 上的土压力。

$\psi=\alpha+\varphi+\delta=21.801°+35°+35°=91.801°>90°$

$A=-\tan\alpha=-\tan 21.801°=-0.4$

$$\begin{aligned}\tan\theta&=-\tan\psi-\sqrt{(\cot\varphi+\tan\psi)(\tan\psi+A)}\\&=-\tan 91.801°-\sqrt{(\cot 35°+\tan 91.801°)(\tan 91.801°-0.4)}\\&=0.527\,4\end{aligned}$$

$\theta=27.808°$

$$\begin{aligned}K&=\frac{\cos(\theta+\varphi)}{\sin(\theta+\psi)}(\tan\theta+\tan\alpha)=\frac{\cos(27.808°+35°)}{\sin(27.808°+91.801°)}(\tan 27.808°+\tan 21.801°)\\&=0.487\,5\end{aligned}$$

$$K_1=1+\frac{2h_0}{H}=1+\frac{2\times0.9}{5}=1.360$$

$$E_a=\frac{1}{2}\gamma H^2KK_1=\left(\frac{1}{2}\times18\times5^2\times0.4875\times1.360\right)\ \text{kN}=149.175\ \text{kN}$$

$$E_x = E_a\cos(\alpha+\delta) = [149.175\times\cos(21.801°+35°)]\ \text{kN} = 81.681\ \text{kN}$$

5.3 悬臂式挡土墙设计

5.3.1 墙身构造

1. 分　段

悬臂式挡土墙分段长度不宜超过 20 m。段间设置沉降缝或伸缩缝。

2. 立　壁

立壁的顶宽不应小于 0.2 m。为便于施工，如图 5－7 所示，立壁内侧做成竖直，外侧坡度应陡于 1∶0.1，具体坡度应根据立壁的强度和刚度要求确定。挡土墙高度不大时，立壁也可做成等厚度。挡土墙较高时，宜在立壁下部加腋处理，以减小应力，避免开裂。

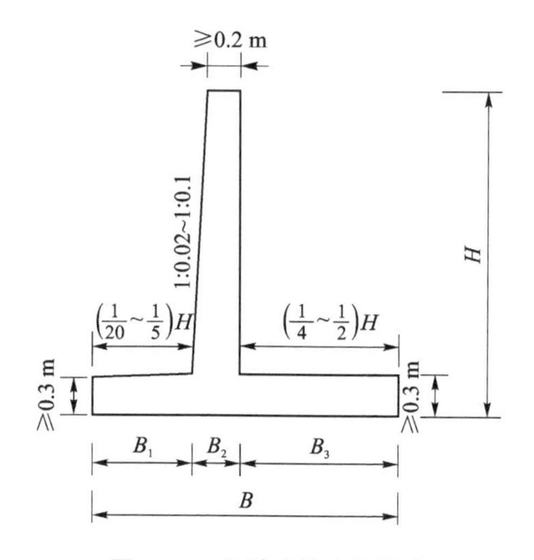

图 5－7　悬臂式挡土墙构造

3. 墙底板

墙趾板和墙踵板统称为墙底板。墙底板厚度不应小于 0.3 m。为方便施工，墙底板一般水平放置。墙趾板的顶面一般从与立壁连接处向趾端部倾斜。墙踵板顶面水平，但也可做成向踵端部倾斜。

墙踵板宽度主要由全墙抗滑稳定性控制，并具有一定的刚度，其值宜为墙高的 1/4～1/2，且不应小于 0.5 m。墙趾板的宽度主要由抗倾覆稳定性、基底应力和偏心距控制，一般宜取墙高的 1/20～1/5。墙底板的总宽度 B 一般为墙高的 0.5～0.7。当墙后地下水位较高，且地基承载力很小时，B 值可能会增大到 1 倍墙高以上。

4. 钢筋、混凝土及保护层

应采用钢筋混凝土浇筑，配置于墙中的主筋，直径不宜小于12 mm，间距不应大于200 mm。墙趾板上缘、墙踵板下缘，应对应配置不小于50%主筋面积的构造钢筋。挡土墙外侧墙面应配置分布钢筋，直径不应小于8 mm，每延米墙长上，每米墙高需配置的钢筋总面积不宜小于500 mm^2，钢筋间距不应大于300 mm。钢筋可选用HPB300和HRB400。

混凝土强度等级不宜低于C30。

钢筋的保护层应符合以下规定：

① 立壁外侧钢筋与立壁外侧表面的净距不应小于35 mm；立壁内侧受力主筋与内侧表面的净距不应小于50 mm；墙踵板受力主筋与墙踵板顶面的净距不应小于50 mm；墙趾板受力主筋与墙趾板底面的净距不应小于75 mm。

② 位于侵蚀性气体区或海洋大气环境下，钢筋的混凝土保护层应适当加大。

5. 凸　榫

为提高挡土墙抗滑稳定性，底板可设置凸榫。凸榫的高度，应根据凸榫前土体的被动土压力是否能够满足全墙的抗滑稳定性要求而定。凸榫的厚度除了满足混凝土抗剪和抗弯要求外，为了便于施工，不应小于30 cm。凸榫应与底板混凝土同时浇筑。

5.3.2　墙身内力计算

如图5－8所示，将悬臂式挡土墙分为立壁、墙趾板和墙踵板三个悬臂梁，同时固定于中间夹块$HIJB$上，并认为夹块处于平衡状态。

1. 立壁的内力

立壁是固定在墙底板上的悬臂梁，主要承受墙后主动土压力的水平分量，即图5－8(a)所示$H_1(GD)$段土压力，或图5－8(b)所示BF面以上的土压力。墙前被动土压力一般不考虑，立壁较薄，其自重也可略去不计。填料与板之间的摩擦力也略去不计。

当采用库伦土压力时，作用在立壁上的水平土压应力可假定为线性分布，如图5－8(b)所示，立壁顶(A点)和墙底水平土压应力可按式(5－8)和式(5－9)近似计算，B点水平土压应力σ_{H_1}可内插确定。

$$\sigma_0=\frac{6E_xZ_y-2E_xH}{H^2} \tag{5-8}$$

$$\sigma_H=\frac{4E_xH-6E_xZ_y}{H^2} \tag{5-9}$$

式中：E_x——作用在假想墙背或第二破裂面上的土压力的水平分量(kN)；

Z_y——土压力的水平分量到墙底的距离(m)。

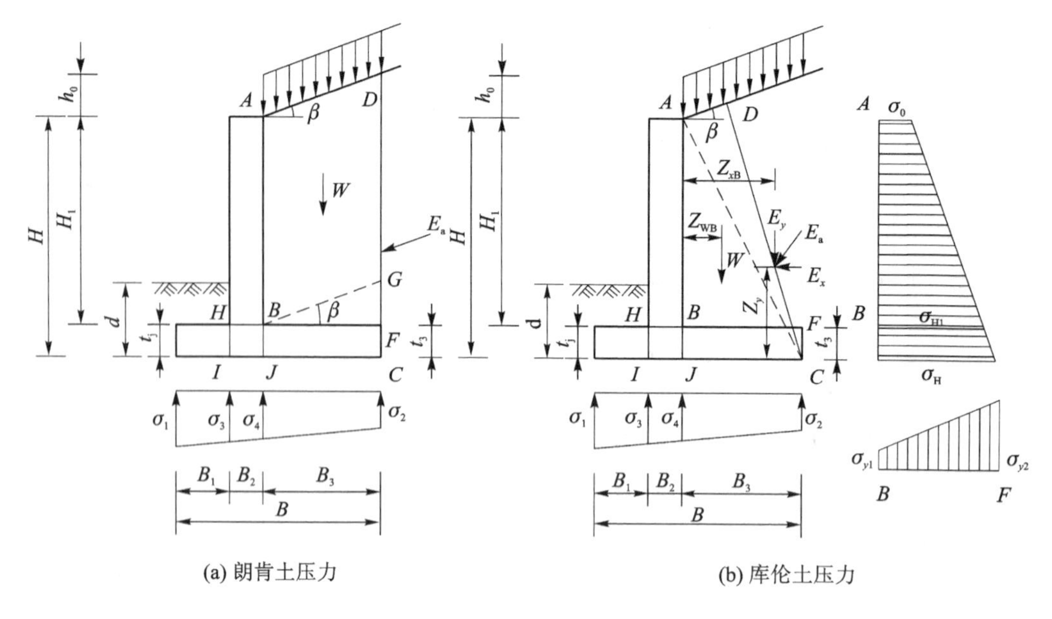

图 5-8　悬臂式挡土墙内力计算图式

立壁按受弯构件计算，各截面的剪力和弯矩根据土压力分布图形进行计算。计算截面的作用效应组合设计值时，还应再乘以 γ_{Q1}（γ_{Q1} 为主动土压力分项系数）。

2. 墙趾板的内力

作用于墙趾板上的力有：地基反力、墙趾板自重以及墙趾板上填土重力等。如图 5-8 所示，墙趾板 HI 截面处的剪力和弯矩分别为

$$V_1 = B_1\left[\sigma_1 - (\sigma_1 - \sigma_2)\frac{B_1}{2B} - \gamma_t t_j - \gamma_h(d - t_j)\right] \tag{5-10}$$

$$M_1 = \frac{B_1^2}{6}\left[3(\sigma_1 - \gamma_h d) - 3t_j(\gamma_t - \gamma_h) - (\sigma_1 - \sigma_2)\frac{B_1}{B}\right] \tag{5-11}$$

式中：V_1——截面 H—I 处的剪力（kN）；

M_1——截面 H—I 处的弯矩（kN·m）；

d——墙趾埋置深度（m）；

t_j——墙趾板平均厚度（m）；

γ_t——钢筋混凝土重度（kN/m³）；

γ_h——墙趾顶土的重度（kN/m³）；

σ_1——墙趾处基底应力（kPa）；

σ_2——墙踵处基底应力（kPa）。

剪力和弯矩组合设计值分别为

$$V_{1d}=\gamma_G V_1 \tag{5-12}$$

$$M_{1d}=\gamma_G M_1 \tag{5-13}$$

式中：γ_G——恒载分项系数。

3. 墙踵板的内力

作用在墙踵板上的力有：第二破裂面（或假想墙背）、墙背和墙踵板三者之间的土体重力、墙踵板自重、主动土压力的竖向分量、地基反力等。当墙踵板根部的固端弯矩大于立壁根部固端弯矩时，可采用立壁固端弯矩作为墙踵板根部的设计弯矩。

当采用库伦土压力时，作用在墙踵板上的竖向土压应力假定为线性分布，如图 5-8(b)所示，B、F 两处的竖向土压应力可按下式近似计算。

$$\sigma_{y1}=\frac{4E_yB_3-6E_yZ_{xB}}{B_3^2} \tag{5-14}$$

$$\sigma_{y2}=\frac{6E_yZ_{xB}-2E_yB_3}{B_3^2} \tag{5-15}$$

式中：E_y——作用在假想墙背或第二破裂面上的土压力的竖向分量(kN)；

Z_{xB}——土压力的竖向分量到立壁与墙踵相交处（截面 $B—J$）的距离(m)。

根据墙踵板上的受力情况，可计算任意截面的剪力和弯矩，其中截面 $B—J$ 处的剪力和弯矩最大，其值分别为

$$V_2=W+E_y+\gamma_t t_3B_3-B_3\sigma_2-\frac{(\sigma_1-\sigma_2)B_3^2}{2B} \tag{5-16}$$

$$M_2=WZ_{WB}+E_yZ_{xB}+\frac{\gamma_t t_3B_3^2}{2}-B_3^2\left[\frac{\sigma_2}{2}+\frac{(\sigma_1-\sigma_2)B_3}{6B}\right] \tag{5-17}$$

式中：V_2——截面 $B—J$ 处的剪力(kN)；

M_2——截面 $B—J$ 处的弯矩(kN·m)；

t_3——墙踵板平均厚度(m)；

γ_t——钢筋混凝土重度(kN/m^3)；

σ_1——墙趾处基底应力(kPa)；

σ_2——墙踵处基底应力(kPa)。

W——第二破裂面（或假想墙背）、墙背和墙踵板三者之间的土体重力，包括土体上的车辆附加竖向荷载(kN)；

E_y——土压力的竖向分量(kN)；

Z_{WB}——第二破裂面（或假想墙背）、墙背和墙踵板三者之间的土体重力重心到截面 $B—J$ 的距离(m)；

Z_{xB}——土压力的竖向分量到截面 B—J 的距离(m)。

截面 $B—J$ 处的剪力和弯矩组合设计值为

$$V_{2d}=\gamma_G W+\gamma_{Q1}E_y+\gamma_G\gamma_t t_3 B_3-\gamma_G B_3\sigma_2-\frac{\gamma_G(\sigma_1-\sigma_2)B_3^2}{2B} \tag{5-18}$$

$$M_{2d}=\gamma_G WZ_{WB}+\gamma_{Q1}E_y Z_{xB}+\frac{\gamma_G\gamma_t t_3 B_3^2}{2}-\gamma_G B_3^2\left[\frac{\sigma_2}{2}+\frac{(\sigma_1-\sigma_2)B_3}{6B}\right] \tag{5-19}$$

式中：γ_G——恒载分项系数；

γ_{Q1}——主动土压力分项系数；

5.3.3 钢筋混凝土截面设计

悬臂式挡土墙的立壁、墙趾板和墙踵板，按受弯构件设计。需要进行正截面受弯承载力、斜截面承载力和裂缝宽度验算，均采用单位宽度（$b=1.0$ m）计算。作用（或荷载）分项系数应按《公路路基设计规范》（JTG D30—2015）的规定采用，基底应力作为竖向荷载时，可采用竖向恒载的分项系数。

1. 抗弯验算

根据前面所述，按照经验拟定截面尺寸，计算出截面弯矩，然后按下式计算受拉钢筋面积 A_s：

$$A_s=\frac{f_{cd}}{f_{sd}}bx \tag{5-20}$$

$$x=h_0\left(1-\sqrt{1-\frac{2\gamma_0 M_d\times10^6}{f_{cd}bh_0^2}}\right)\leqslant\xi_b h_0 \tag{5-21}$$

$$h_0=h-a_s \tag{5-22}$$

式中：γ_0——结构重要性系数；

M_d——设计截面的弯矩设计值（kN·m）；

f_{cd}——混凝土轴心抗压强度设计值（MPa）；

f_{sd}——纵向受拉钢筋抗拉强度设计值（MPa）；

A_s——纵向受拉钢筋的截面面积（mm^2）；

x——按等效矩形应力图计算的截面受压区高度（mm）；

b——截面计算宽度，按 1 000 mm 计算；

h_0——截面有效高度（mm）；

h——截面高度（mm）；

a_s——钢筋截面重心到截面受拉边缘距离（mm），对于板，a_s 可假设为最小保护层厚度+10 mm；

ξ_b——相对界限受压区高度，可按照表 5-1 取值。

表 5-1　相对界限受压区高度 ξ_b

钢筋种类	混凝土强度等级			
	C50 及以下	C55、C60	C65、C70	C75、C80
HPB300	0.58	0.56	0.54	—
HRB400、HRBF400、RRB400	0.53	0.51	0.49	—
HRB500	0.49	0.47	0.46	—

注：截面受拉区配置不同种类钢筋的受弯构件，其值应选用相应于各种钢筋的最小值。

最后还需要计算截面配筋率，并不能低于最小配筋率 ρ_{min}，即要满足式(5-23)，若无法满足式(5-23)，那么要按照 ρ_{min} 进行配筋。

$$\rho=\frac{A_s}{bh_0}\geqslant\rho_{min} \tag{5-23}$$

式中：ρ_{min}——最小配筋率，$\rho_{min}=\max[0.45f_{td}/f_{sd},0.002]$。

2. 抗剪验算

对于不配箍筋的板式受弯构件，当符合下式时，可不进行抗剪承载力的验算。

$$\gamma_0V_d\leqslant 0.625\times10^{-3}\alpha_2 f_{td}bh_0 \tag{5-24}$$

式中：γ_0——结构重要性系数；

V_d——设计截面的剪力设计值(kN)；

f_{td}——混凝土抗拉强度设计值(MPa)；

α_2——预应力提高系数，对于钢筋混凝土受弯构件，$\alpha_2=1.0$。

3. 裂缝宽度计算

钢筋混凝土构件应按作用频遇组合并考虑长期效应的影响计算裂缝宽度，最大裂缝宽度 W_{cr}(mm)可按下式计算。

$$W_{cr}=C_1C_2C_3\frac{\sigma_{ss}}{E_s}\left(\frac{c+d}{0.36+1.7\rho_{te}}\right) \tag{5-25}$$

$$\sigma_{ss}=\frac{M_s}{0.87A_sh_0} \tag{5-26}$$

$$\rho_{te}=\frac{A_s}{A_{te}} \tag{5-27}$$

式中：C_1——钢筋表面形状系数，对光面钢筋，$C_1=1.40$；对带肋钢筋，$C_1=1.00$；

C_2——长期效应系数，$C_2=1+0.5\frac{M_1}{M_s}$，其中 M_1 和 M_s 分别为作用准永久组合和作用频遇组合计算的弯矩设计值；

C_3——与构件受力性质有关的系数，当为钢筋混凝土板式受弯构件时，$C_3=1.15$；

E_s——钢筋弹性模量；

M_s——按作用频遇组合计算的弯矩值；

σ_{ss}——钢筋应力，按式(5-26)计算；

c——最外排纵向受拉钢筋的混凝土保护层厚度(mm)，当 $c>50$ mm 时，取 50 mm；

d——纵向受拉钢筋直径(mm)；

ρ_{te}——纵向受拉钢筋的有效配筋率，按式(5-27)计算，当 $\rho_{te}>0.1$ 时，取 $\rho_{te}=0.1$，当 $\rho_{te}<0.01$ 时，取 $\rho_{te}=0.01$；

A_s——受拉区纵向钢筋截面面积(mm^2)，受弯构件取受拉区纵向钢筋截面面积或受拉较大一侧的钢筋截面面积；

A_{te}——有效受拉混凝土截面面积(mm^2)，受弯构件取 $2a_sb$，a_s 为受拉钢筋重心至受拉区边缘的距离，b 为截面宽度，取 1 000 mm。

最大裂缝宽度计算值 W_{cr} 不应超过表 5-2 规定的限值。

表 5-2 最大裂缝宽度限值

mm

环境类别	钢筋混凝土构件、采用预应力螺纹钢筋的 B 类预应力混凝土构件	采用钢丝或钢绞线的 B 类预应力混凝土构件
Ⅰ类——一般环境	0.20	0.10
Ⅱ类——冻融环境	0.20	0.10
Ⅲ类——近海海洋氯化物环境	0.15	0.10
Ⅳ类——除冰盐等其他氯化物环境	0.15	0.10
Ⅴ类——盐结晶环境	0.10	禁止使用
Ⅵ类——化学腐蚀环境	0.15	0.10
Ⅶ类——磨蚀环境	0.20	0.10

4. 钢筋布置

悬臂式挡土墙钢筋布置如图 5-9 所示。

(1) 立壁钢筋

经抗弯计算，确定受力钢筋的面积。钢筋的设计主要是确定钢筋直径、牌号及钢筋的布置。立壁受力钢筋沿内侧竖直放置，一般钢筋直径不小于 12 mm，底部钢筋间距一般为 100～150 mm。立壁的弯矩越向上越小，因此可根据弯矩图将钢筋截断。当立壁较高时，可将钢筋分别在不同高度分两次截断，仅将 1/4～1/3 的受力钢筋延伸到顶部。顶端受力钢筋间距不应大于 500 mm。钢筋切断部位，应在理论切断点以上再加一个钢筋锚固长度，而其下端插入底板一个锚固长度。受力钢筋宜在墙顶部直角弯折。

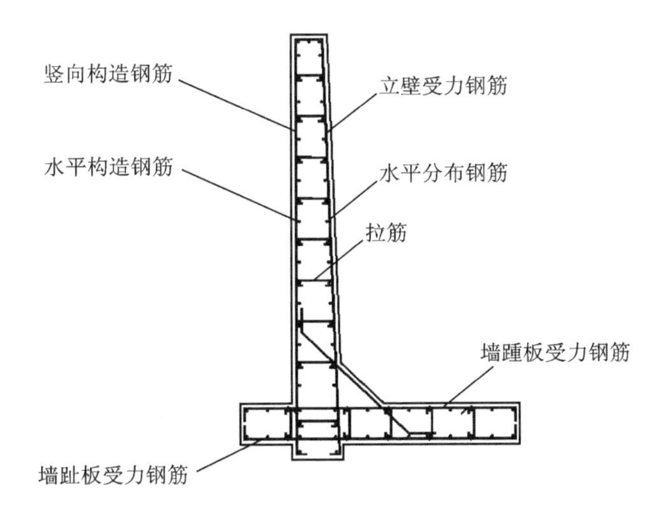

图 5-9　悬臂式挡土墙钢筋布置示意图

在水平方向应配置分布钢筋，直径不小于 8 mm，分布钢筋设在主钢筋内侧，间距不应大于 200 mm，截面面积不宜小于板的截面面积的 0.1%。在主钢筋的弯折处，也应布置分布钢筋。

对于特别重要的悬臂式挡土墙，在立壁的墙面一侧和墙顶，也可按构造要求配置少量钢筋，以提高混凝土表层抵抗温度变化和混凝土收缩的能力，防止混凝土表层出现裂缝。采用双排钢筋网时，为固定钢筋位置，可设置拉筋，拉筋直径不小于 6 mm，间距不大于 600 mm，拉筋同时也起到箍筋的作用。

(2) 墙趾板钢筋

墙趾板的受力钢筋，设置于墙趾板的底面，应伸入墙趾板与立壁连接处以右不小于一个锚固长度；另一端一半延伸到墙趾，并从端部向上弯折，另一半在墙趾板宽度中部再延伸一个锚固长度处切断。在实际设计中，常将立壁的底部受力钢筋的一半或全部弯曲作为墙趾板的受力钢筋。

(3) 墙踵板钢筋

墙踵板的受力钢筋，设置在墙踵板的顶面，应伸入墙踵板与立壁连接处以左不小于一个锚固长度；另一端可按弯矩图切断，在理论切断点向外延长一个锚固长度。

墙高超过 4 m 时，立壁与墙踵板连接处最好做成贴角予以加强，并配以构造钢筋，其直径与间距可与墙踵板钢筋一致。

为便于施工，墙趾板与墙踵板的受力钢筋间距最好与立壁的间距相同或者取其整数倍数，也应配置构造钢筋。

与重力式挡土墙一样，悬臂式挡土墙还需进行抗滑移、抗倾覆、基底应力、基底合力偏心距等计算，具体计算方法详见第 3 章。

5.4 扶壁式挡土墙设计

5.4.1 墙身构造

扶壁式挡土墙分段长度不宜超过 20 m。段间设置沉降缝或伸缩缝。每一分段长度中，宜包含 3 个或 3 个以上的扶壁。在每一墙段两端，立壁悬出边扶壁外的净长度宜为 0.41 倍扶壁间的净距。

立壁宜采用等厚的竖直板，顶宽不应小于 0.2 m。扶壁间距宜按经济性原则确定，常用墙高的 1/3～1/2。扶壁的厚度宜为两扶壁间距的 1/8～1/6，但不应小于 0.3 m，扶壁应随高度逐渐向墙后加宽。底板最小厚度不应小于 0.3 m。

其他构造要求同悬臂式挡土墙。

5.4.2 墙身内力计算

扶壁式挡土墙宜取墙的分段长度作为计算单元，近似将立壁、墙趾板、墙踵板、扶壁作为梁板构件，分别近似计算。

1. 立壁的内力

(1) 计算模型和计算荷载

立壁为固结在扶壁及底板上的三向固结板构件，属超静定结构，一般作简化近似计算。可简化为按竖直方向、沿墙长方向分别计算。

立壁上的作用(或荷载)仅计入墙后主动土压力的水平向分量，可不计入立壁自重、墙后土压力的竖向分量、墙前被动土压力等。为简化计算，将作用于立壁上的水平土压应力图形 $afeg$ 简化为 $abdg$ 表示的土压应力图形，如图 5－10 所示。$H_1/4$～$3H_1/4$ 高度区间的替代水平土压应力 σ_{PJ}，可按下式计算：

$$\sigma_{PJ}=\frac{\sigma_0+\sigma_D}{2} \tag{5-28}$$

式中：σ_0——立壁顶面的理论水平土压应力；

σ_D——立壁底端的理论水平土压应力。

(2) 水平内力

计算立壁沿墙长方向的作用效应时，可沿立壁高度方向，分段截取单位立壁高度为板宽的水平板条进行计算，如图 5－11 所示，并作如下简化：

① 单位宽度的立壁水平板条，可按支撑于扶壁上的连续梁进行计算。荷载沿板条长度方向均匀分布，荷载值等于该板条所在立壁高度处的替代水平土压应力。

② 单位宽度立壁的水平板条按连续梁计算时，可按下列简化公式计算：

$$M_{1j}=\frac{M_{doj}}{1.5}=\frac{1}{12}\sigma_{pj}L_0^2 \tag{5-29}$$

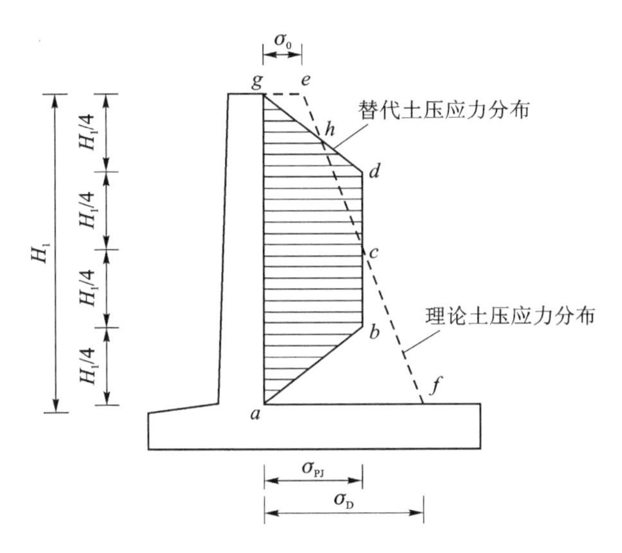

图 5-10　立壁上替代土压应力图

$$M_{2j}=\frac{M_{doj}}{2.5}=\frac{1}{20}\sigma_{pj}L_0^2 \tag{5-30}$$

$$V_j=\frac{\sigma_{pj}L_0}{2} \tag{5-31}$$

式中：M_{doj}——立壁 j 单元计算点处，以相邻扶壁间的净距为跨径、单位立壁高度为板宽的水平板条，按简支梁计算的跨中弯矩(kN·m)；

L_0——相邻扶壁间的净距(m)；

σ_{pj}——立壁 j 单元计算点高度 H_j 处(见图 5-11)，作用于水平板条上的替代水平土压应力(kPa)；

M_{1j}——立壁 j 单元支点负弯矩(kN·m)；

M_{2j}——立壁 j 单元跨中正弯矩(kN·m)。

(3) 竖向内力

立壁在土压力作用下，除了产生水平弯矩外，还会同时产生沿墙高方向的竖向弯矩。

计算立壁竖直方向的作用效应时，可沿挡土墙长度方向分段截取单位墙长为宽度的竖直板条进行计算，并作如下简化：

① 单位宽度立壁竖直板条的竖向弯矩，沿墙高的分布如图 5-12(a)所示，负弯矩出现在墙背一侧底部 $H_1/4$ 范围内；正弯矩出现在墙面一侧，最大值在第三个 $H_1/4$ 段内。

② 立壁竖向弯矩沿墙长方向呈抛物线分布，可简化为台阶形分布，如图 5-12(b)所示。跨中 $2L_0/3$ 区段内的最大正弯矩 M_{2s} 可按式(5-32)计算；墙底负弯矩 M_{1s} 可按式(5-33)计算；墙两端各 $L_0/6$ 区段的墙底负弯矩与最大正弯矩都为跨中

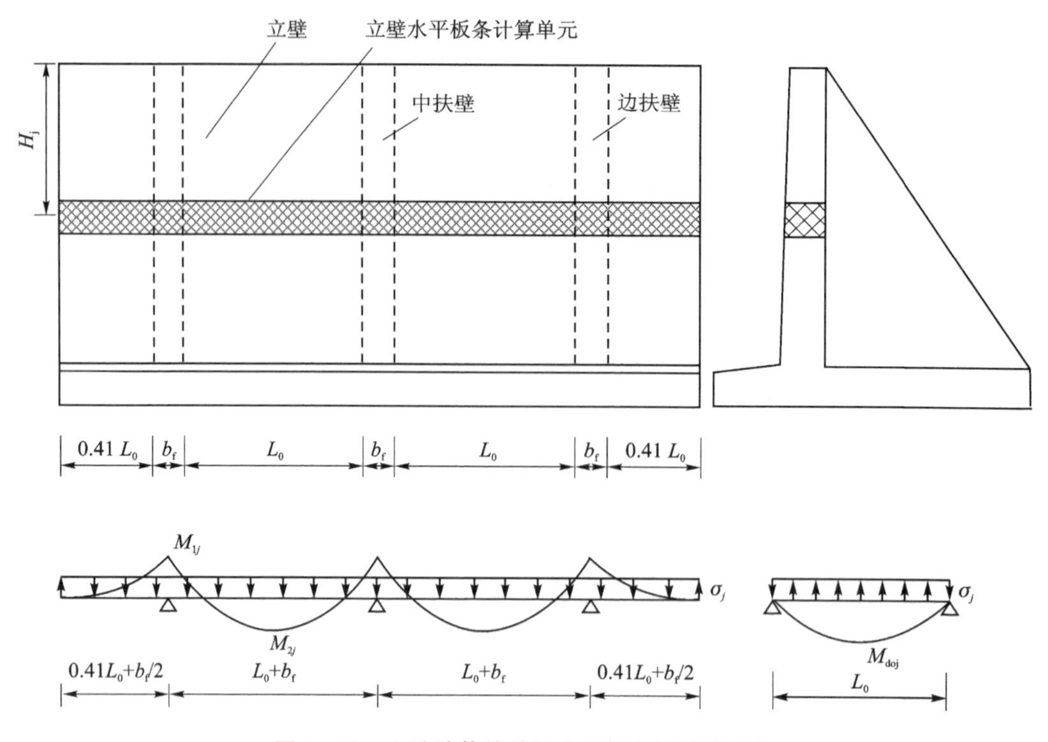

图 5-11　立壁计算的单元水平板条及计算图式

值的一半。

$$M_{2s}=0.0075\sigma_D H_1 L_0 \tag{5-32}$$

$$M_{1s}=4M_{2s} \tag{5-33}$$

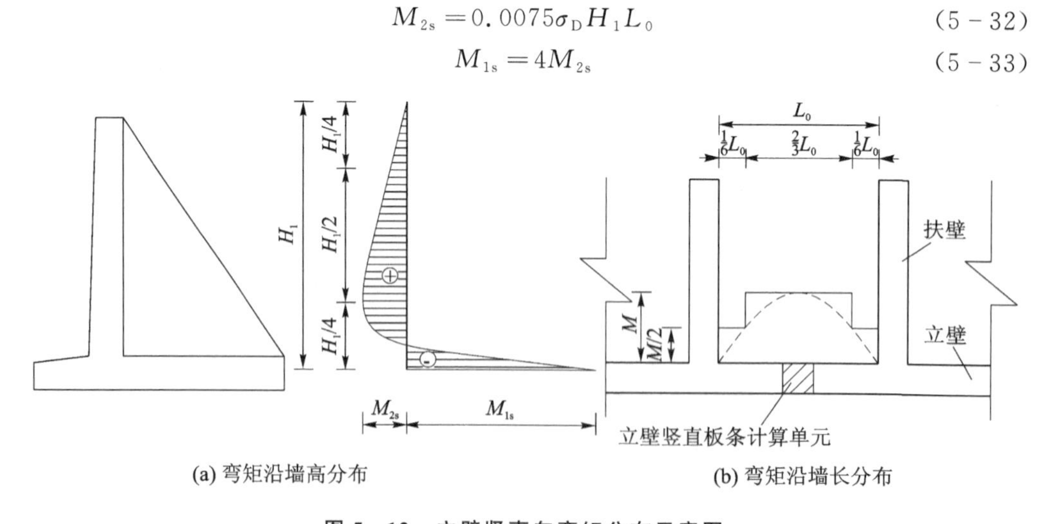

图 5-12　立壁竖直向弯矩分布示意图

(4) 立壁悬出边扶壁外的净长度 L' 的确定

立壁悬出边扶壁外的净长度 L'，可按悬臂梁的固端弯矩与设计采用弯矩相等求

得,即

$$M_{1j}=\frac{1}{12}\sigma_{pj}L_0^2=\frac{1}{2}\sigma_{pj}L'^2 \tag{5-34}$$

于是得到

$$L'=0.41L_0 \tag{5-35}$$

2. 墙踵板的内力

(1) 计算模型和计算荷载

墙踵板可按支撑在扶壁上的连续板计算,不计立壁对它的约束作用,墙踵板与立壁按铰支连接。进行内力计算时,可将墙踵板沿墙长方向划分为若干单位宽度的水平板条,根据作用在墙踵板上的荷载,对每一连续板条进行弯矩、剪力计算,并假定竖向荷载沿板条长度方向均匀分布。

墙踵板上的计算荷载,除了与悬臂式挡土墙墙踵板上的荷载相同外,还应计入墙趾板弯矩 M_1 在墙踵板上引起的等代竖向荷载。

墙趾板弯矩 M_1 引起的等代荷载的竖向应力可假设为抛物线分布,根据等代荷载对墙踵板内缘点的力矩与墙趾板弯矩 M_1 相等的原则,可求出墙踵处的应力 σ_{wM}。

$$\sigma_{wM}=\frac{2.4M_1}{B_3} \tag{5-36}$$

式中:M_1——墙趾板与立壁连接处的悬臂梁固端弯矩(kN·m),可按式(5-11)计算;

B_3——墙踵板宽度(m)。

将上述荷载在墙踵板上引起的竖向应力叠加,即可得到墙踵板的计算荷载。由于立壁对墙踵板的支撑约束作用,墙踵板沿墙长方向板条的弯曲变形为零,并向墙踵方向变形逐渐增大,故可近似假设墙踵板的计算荷载为三角形分布,如图 5-13 所

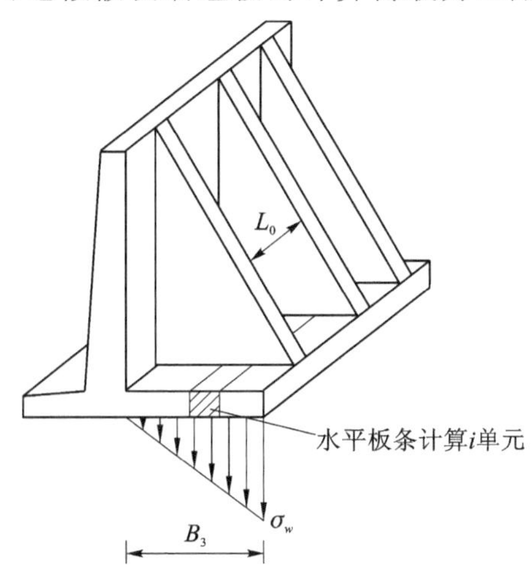

图 5-13　墙踵板组合竖向荷载分布图

示，压应力最大值 σ_w 在踵点处，可按下式计算：

$$\sigma_w = \sigma_{y2} + \frac{W + G_3}{B_3} + \frac{G_4}{B_3 L} + \frac{2.4M_1}{B_3} - \sigma_2 \tag{5-37}$$

式中：σ_w——每延米挡土墙墙踵板上，组合荷载引起墙踵点的竖直压应力(kPa)；

σ_{y2}——按库伦土压力理论计算的，墙踵处的竖直土压应力(kPa)；

W——每延米挡土墙第二破裂面(或假想墙背)、墙背和墙踵板三者之间的土体重力，包括土体上的车辆附加竖向荷载(kN)；

G_4——挡土墙分段长度内扶壁自重(kN)；

L——挡土墙分段长度(m)；

G_3——每延米挡土墙墙踵板自重(kN)；

σ_2——墙踵处的基底应力(kPa)。

组合荷载引起的竖直压应力，其组合荷载综合分项系数 γ_{QC} 可按下式计算：

$$\gamma_{QC} = \left[\gamma_{Q1}\sigma_{y2} + \gamma_G\left(\frac{W + G_3}{B_3} + \frac{G_4}{B_3 L} + \frac{2.4M_1}{B_3} - \sigma_2\right)\right] \Big/ \sigma_w \tag{5-38}$$

式中：γ_{Q1}——主动土压力分项系数；

γ_G——垂直恒载分项系数，按荷载增大对挡土墙结构起有利作用或不利作用分别采用。

立壁与墙踵板连接处的组合荷载竖向压应力为 0，其间各点的竖向压应力可按内插求得。

(2) 纵向内力

墙踵板沿墙长方向(纵向)板条的弯矩和剪力计算与立壁相同，具体计算公式如下：

$$M_{1i} = \frac{M_{doi}}{1.5} = \frac{1}{12}\sigma_{wi} L_0^2 \tag{5-39}$$

$$M_{2i} = \frac{M_{doi}}{2.5} = \frac{1}{20}\sigma_{wi} L_0^2 \tag{5-40}$$

$$V_i = \frac{\sigma_{wi} L_0}{2} \tag{5-41}$$

式中：M_{doi}——墙踵板 i 单元计算点处，以相邻扶壁间的净距为跨径、单位宽度简支梁的跨中弯矩(kN·m)；

L_0——相邻扶壁间的净距(m)；

σ_{wi}——图 5-13 中，墙踵板计算点处对应的竖直压应力(kPa)；

M_{1i}——墙踵板 i 单元支点负弯矩(kN·m)；

M_{2i}——墙踵板 i 单元跨中正弯矩(kN·m)。

(3) 横向内力

可不作垂直于墙长方向(横向)墙踵板的受力计算，依据立壁竖直板条固结端作用效应组合设计值，配置墙踵板横向顶面所需水平钢筋。

3. 扶壁的内力

(1) 计算模型和计算荷载

扶壁可视为锚固于墙踵板上的 T 形变截面悬臂梁，立壁为该 T 形梁的翼缘板，扶壁为腹板，如图 5－14 所示。翼缘板的有效计算宽度由墙顶向下逐渐加宽。

为简化计算，扶壁计算仅计入墙背主动土压力的水平分量，不计立壁与扶壁自重及土压力的垂直分量。

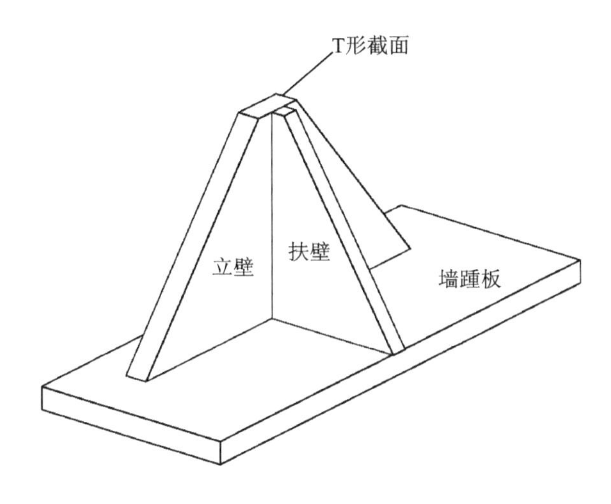

图 5－14　扶壁计算示意图

(2) 剪力和弯矩

当立壁高度为 H_1，扶壁承受作用在立壁 $B_E \times H_1$ 面积上的全部水平土压力，水平土压力的作用宽度 B_E 应按下式计算：

$$B_E = \begin{cases} b_f + L_0 & \text{中扶壁} \\ b_f + 0.91L_0 & \text{边扶壁} \end{cases} \tag{5-42}$$

式中：b_f——扶壁厚度(m)；

L_0——相邻扶壁间的净距(m)。

按照作用于立壁实际墙背上的水平土压力分布图，可计算任意截面处的剪力和弯矩。

(3) 翼缘宽度和腹板宽度

扶壁底端为计算截面时，T 形截面受压区的翼缘计算宽度 B_k 应按下式计算：

$$B_k = \begin{cases} b_f + L_0 & \text{中扶壁} \\ b_f + 0.91L_0 & \text{边扶壁} \end{cases} \tag{5-43}$$

式中：B_k——扶壁底端T形截面翼缘计算宽度(m)，当 $B_k>b_f+12t$ 时，应取 $B_k=b_f+12t$；

b_f——扶壁厚度(m)；

t——立壁厚度(m)。

扶壁上高度为 H_i 处，T形截面受压区的翼缘计算宽度 b_i（见图5-15），可按下式计算：

$$b_i=\frac{H_i(B_k-b_f)}{H_1}+b_f \tag{5-44}$$

T形截面的腹板宽度等于扶壁的厚度 b_f。

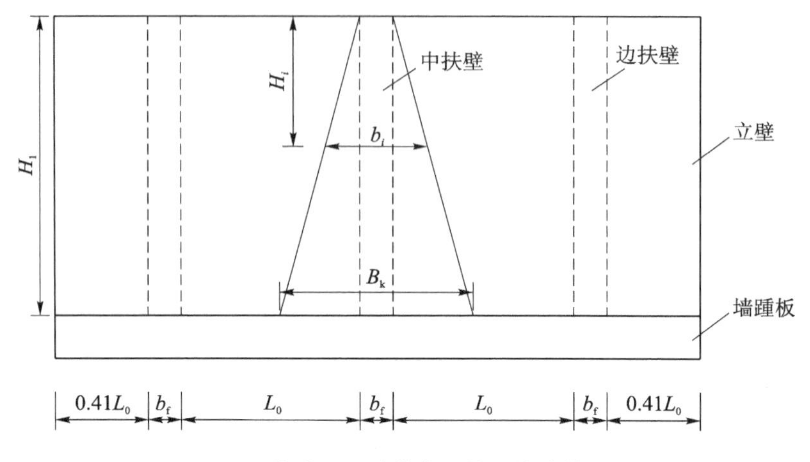

图5-15　扶壁T形计算截面的翼缘计算宽度图

4. 墙趾板的内力

墙趾板按固定在立壁与墙踵板结合部的悬臂梁进行计算，与悬臂式挡土墙计算相同。

5.4.3　钢筋布置

扶壁式挡土墙的立壁、墙趾板、墙踵板按矩形截面受弯构件设计，扶壁按变截面T形梁设计，需要进行正截面受弯承载力、斜截面承载力和裂缝宽度验算，具体计算方法同悬臂式挡土墙。

1. 立　壁

(1) 水平受力钢筋

立壁的水平受力钢筋分为内侧钢筋和外侧钢筋。

内侧水平受力钢筋 N_2，布置在立壁靠填土一侧，承受水平负弯矩。该钢筋沿墙长方向的布置，如图5-16(b)所示；沿墙高方向的布置，为方便施工和满足构造要求，全墙高度范围内可按距墙顶 $H_1/2$ 墙高的板条（即受力最大的板条）的固端负弯

矩 M_{1j} 配筋。

外侧水平受力钢筋 N_3 布置在中间跨立壁临空一侧，承受水平正弯矩。该钢筋沿墙长方向通长布置以增加挡土墙的整体性，如图 5-16(b)所示；沿墙高方向的布置，为方便施工和满足构造要求，全墙高度范围内可按距墙顶 $H_1/2$ 墙高的板条(即受力最大的板条)的跨中正弯矩 M_{2j} 配筋。

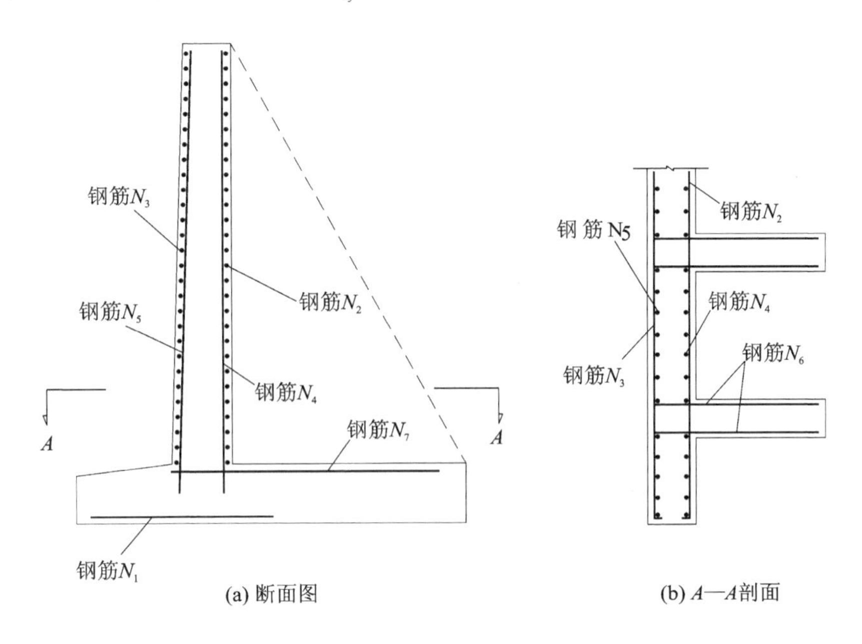

图 5-16　立壁钢筋布置示意图

(2) 竖向受力钢筋

立壁的竖向受力钢筋，也分为内侧钢筋和外侧钢筋。

内侧竖向受力钢筋 N_4，布置在立壁靠填土一侧，承受立壁的竖向负弯矩。为满足构造要求的间距不大于 200 mm，一般也通长布置到墙顶，如图 5-16(a)所示。沿墙长方向的布置，从图 5-12(b)可以看出，在跨中部 $2L_0/3$ 范围内按跨中最大竖向负弯矩 M_{1s} 配筋；靠近扶壁两侧各 $L_0/6$ 部分按 $M_{1s}/2$ 配筋，为了方便施工，一般也按最大竖向负弯矩 M_{1s} 配筋。

外侧竖向受力钢筋 N_5，布置在立壁临空一侧，承受立壁的竖向正弯矩，按跨中最大正弯矩 M_{2s} 配筋，该钢筋通长布置，兼作立壁的分布钢筋之用。

(3) 立壁与扶壁之间的 U 形拉筋

钢筋 N_6 为连接立壁和扶壁的水平 U 形拉筋，由立壁外侧水平伸入扶壁两侧，开口端置于扶壁墙背中。该钢筋的每一支承受宽度为拉筋间距的水平板条与扶壁连接处的支点剪力，兼起架力作用，在扶壁水平方向通长布置。

2. 墙踵板

(1) 顶面横向水平钢筋

墙踵板顶面横向水平钢筋 N_7,是为了使墙立壁承受竖向负弯矩的钢筋 N_4 得以发挥作用而设置。该钢筋位于墙踵板顶面,并与立壁垂直,如图 5-17(a)所示,承受与立壁竖向最大负弯矩相同的弯矩。钢筋 N_7 沿墙长方向的布置与 N_4 相同,在垂直于立壁方向,一端伸入立壁区段后锚固,确定最小锚固长度时,应以立壁内侧竖向钢筋为起点;另一端延长至墙踵端部的混凝土保护层内,作为墙踵板顶面纵向受拉钢筋 N_8 的定位钢筋。如果钢筋 N_7 较密,其中一半可以在距离墙踵板内缘 $B_3/2$ 加钢筋锚固长度处切断。

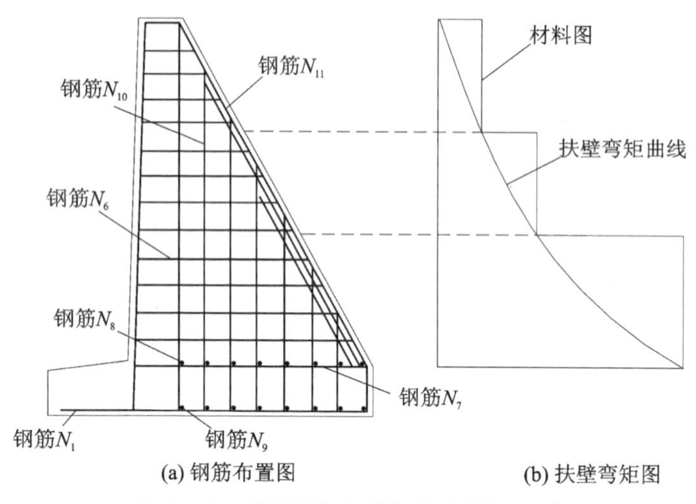

图 5-17 墙踵板与扶壁钢筋布置示意图

(2) 纵向水平受力钢筋

钢筋 N_8 和 N_9,如图 5-17(a)所示,为墙踵板顶面和底面的纵向水平受力钢筋,承受墙踵板在扶壁两端的负弯矩和跨中正弯矩。一般墙踵板的弯矩较小,通常按构造配筋通长布置。

(3) 墙踵板与扶壁之间的 U 形拉筋

钢筋 N_{10} 为连接墙踵板和扶壁的 U 形钢筋,根据墙踵板水平板条与扶壁连接处的支点剪力进行计算。其开口朝上,由底板伸入扶壁两侧,埋入扶壁的长度不应小于钢筋的最小锚固长度,也可延至扶壁顶面,作为扶壁两侧的分布钢筋;在垂直立壁方向的分布与墙踵板顶面的纵向水平钢筋 N_8 相同。

3. 扶 壁

钢筋 N_{11} 为扶壁背侧的受拉钢筋。在计算 N_{11} 时,可以近似假设混凝土受压区的合力作用在立壁的中心处。

在配置 N_{11} 时,一般根据扶壁的弯矩图,如图 5-17(b)所示,选择 2～3 个截面,分别计算所需受拉钢筋的根数。为了节省混凝土，钢筋 N_{11} 可按多层排列，但不得多于 3 层，而且钢筋间距必须满足规范要求，必要时可采用束筋。各层钢筋上端应按计算不需要此钢筋的截面延长一个钢筋锚固长度，下端埋入墙踵板的长度不得少于钢筋的锚固长度，必要时，可将钢筋沿横向弯入墙踵板底面。

4. 墙趾板

同悬臂式挡土墙。

扶壁式挡土墙还需进行抗滑移、抗倾覆、基底应力、基底合力偏心距等计算，具体计算方法详见第 3 章，本节不再赘述。

5.5　悬臂式与扶壁式挡土墙设计案例

5.5.1　悬臂式挡土墙设计案例

1. 工程概况

某一级公路拟采用悬臂式挡土墙，为路肩墙。$H=4.0$ m，天然地基承载力 180 kPa，地基土重度 18 kN/m^3，墙后填料内摩擦角 30°，填料重度 20.5 kN/m^3，基底摩擦系数为 0.4。

2. 初步拟定挡土墙尺寸

根据经验，拟定挡土墙尺寸，如图 5-18 所示，$B_1=0.8$ m，$B_2=0.505$ m，$B_3=2.4$ m，$B=3.705$ m，$t=t_1=0.4$ m，$t_3=0.5$ m，$d=1$ m，采用 C30 混凝土。

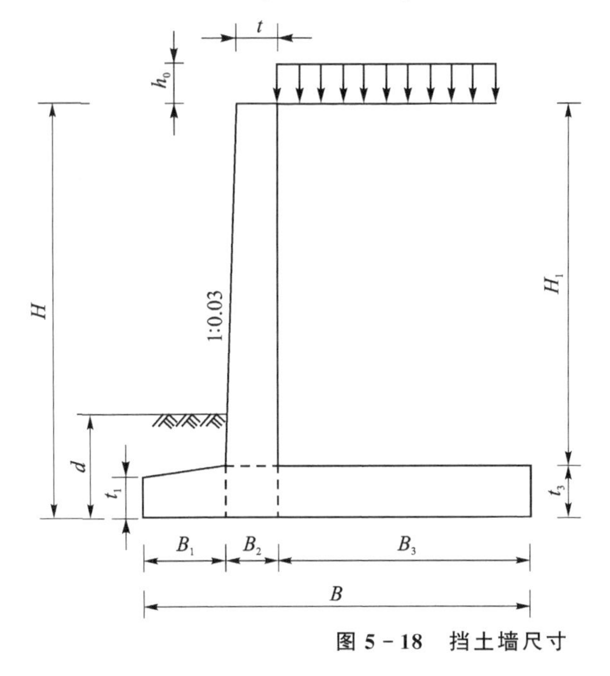

图 5-18　挡土墙尺寸

悬臂式挡土墙
设计案例

3. 计算土压力

(1) 考虑车辆附加荷载，计算库伦土压力

挡墙高 $H=4.0\ \text{m}$，则车辆附加荷载标准值 $q=17.5\ \text{kN/m}^2$。

$$h_0=\frac{q}{\gamma}=\frac{17.5\ \text{kN/m}^2}{20.5\ \text{kN/m}^3}=0.854\ \text{m}$$

假想墙背 AC 倾角 α 为

$\alpha=\arctan(2.4/4)=30.964°$

由于车辆荷载连续分布于填土顶部，因此第一破裂面交于荷载内。

$\alpha_i=\theta_i=45°-\varphi/2=45°-30°/2=30°<\alpha$

因此，会出现第二破裂面，应按出现第二破裂面的库伦公式计算土压力 E_a。

$$K=\frac{\tan^2(45°-\frac{\varphi}{2})}{\cos\left(45°+\frac{\varphi}{2}\right)}=\frac{\tan^2\left(45°-\frac{30°}{2}\right)}{\cos\left(45°+\frac{30°}{2}\right)}=0.667$$

$$K_1=1+\frac{2h_0}{H}=1+\frac{2\times0.854\ \text{m}}{4.0\ \text{m}}=1.427$$

$$E_a=\frac{1}{2}\gamma H^2KK_1=\left(\frac{1}{2}\times20.5\times4^2\times0.667\times1.427\right)\ \text{kN}=156.097\ \text{kN}$$

$$E_x=E_a\cos(\alpha_i+\varphi)=\left[156.097\times\cos(30°+30°)\right]\text{kN}=78.048\ \text{kN}$$

$$E_y=E_a\sin(\alpha_i+\varphi)=\left[156.097\times\sin(30°+30°)\right]\text{kN}=135.184\ \text{kN}$$

$$Z_y=\frac{H}{3}+\frac{h_0}{3K_1}=\left(\frac{4}{3}+\frac{0.854}{3\times1.427}\right)\ \text{m}=1.533\ \text{m}$$

$$Z_x=B-Z_y\tan\alpha_i=(3.705-1.533\times\tan 30°)\ \text{m}=2.820\ \text{m}$$

土压力计算情况如图 5-19 所示。

(2) 不考虑车辆附加荷载，计算库伦土压力

令 $h_0=0$。

$$K_1=1+\frac{2h_0}{H}=1+\frac{2\times0}{4.0}=1.0$$

$$E_a=\frac{1}{2}\gamma H^2KK_1=\left(\frac{1}{2}\times20.5\times4^2\times0.667\times1.0\right)\ \text{kN}=109.388\ \text{kN}$$

$$E_x=E_a\cos(\alpha_i+\varphi)=[109.388\times\cos(30°+30°)]\text{kN}=54.694\ \text{kN}$$

$$E_y=E_a\sin(\alpha_i+\varphi)=[109.388\times\sin(30°+30°)]\text{kN}=94.733\ \text{kN}$$

$$Z_y=\frac{H}{3}+\frac{h_0}{3K_1}=\left(\frac{4}{3}+\frac{0}{3\times1.427}\right)\ \text{m}=1.333\ \text{m}$$

$$Z_x=B-Z_y\tan\alpha_i=(3.705-1.333\times\tan 30°)\ \text{m}=2.935\ \text{m}$$

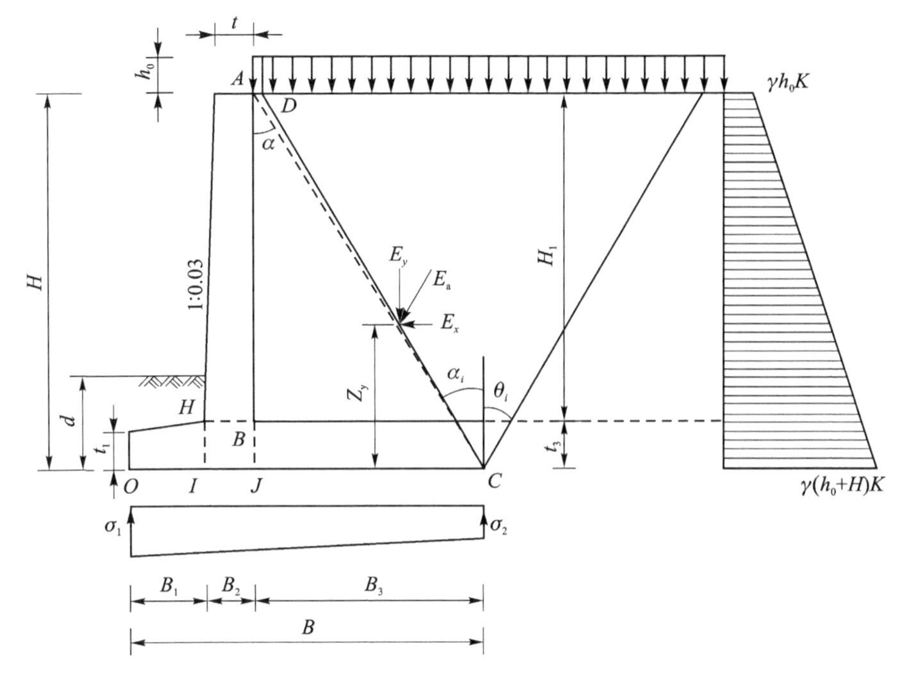

图 5-19　挡土墙土压力计算图

4. 计算各部分重力及力臂

第二破裂面、墙背和墙踵板三者之间的土体重力(包括其上的车辆附加荷载) W 为

$$
\begin{aligned}
W &= \gamma\left[0.5\times(B_3-t_3\tan\alpha_i+B_3-H\tan\alpha_i)H_1+(B_3-H\tan\alpha_i)h_0\right] \\
&= \left\{20.5\times\left[0.5\times(2.4-0.5\times\tan 30^\circ+2.4-4.0\times\tan 30^\circ)\times 3.5+(2.4-4.0\times\tan 30^\circ)\times 0.854\right]\right\}\ \text{kN} \\
&= \left\{20.5\times\left[0.5\times(2.111+0.091)\times 3.5+0.091\times 0.854\right]\right\}\ \text{kN} \\
&= (20.5\times 3.931)\ \text{kN} \\
&= 80.586\ \text{kN}
\end{aligned}
$$

其对墙趾 O 点的力臂 Z_W 为

$$
\begin{aligned}
Z_W &= \left\{\left[0.091\times(0.854+3.5)\times(0.8+0.505+0.091/2)+0.5\times(2.111-0.091)\times 3.5\times(0.8+0.505+0.091+(2.111-0.091)/3)\right]/3.931\right\}\ \text{m} \\
&= 1.997\ \text{m}
\end{aligned}
$$

墙趾板上方的土体重力 W_1 为

$$
\begin{aligned}
W_1 &= 0.5\gamma_h\left[(d-t_1)+(d-t_3)\right]B_1=\left\{0.5\times 18\times\left[(1.0-0.4)+(1.0-0.5)\right]\times 0.8\right\}\ \text{kN} \\
&= 7.920\ \text{kN}
\end{aligned}
$$

其对墙趾 O 点的力臂 Z_{W1} 为

$$Z_{W1}=\left[\frac{0.6+2\times0.5}{3\times(0.6+0.5)}\times0.8\right]\text{ m}=0.388\text{ m}$$

立壁的重力 G 为：

$$G=0.5\gamma_t(t+B_2)H_1=[0.5\times25\times(0.4+0.505)\times3.5]\text{ kN}=39.594\text{ kN}$$

其对墙趾 O 点的力臂 Z_G 为

$$Z_G=\left\{\left[0.5\times0.105\times3.5\times\left(0.8+\frac{2}{3}\times0.105\right)+0.4\times3.5\times\left(0.8+0.105+\frac{0.4}{2}\right)\right]/1.583\ 75\right\}\text{m}$$

$$=1.078\text{ m}$$

墙趾板重力 G_1 为

$$G_1=0.5\gamma_t(t_1+t_3)B_1=[0.5\times25\times(0.4+0.5)\times0.8]\text{ kN}=9.000\text{ kN}$$

其对墙趾 O 点的力臂 Z_1 为

$$Z_1=\left[\frac{0.4+2\times0.5}{3\times(0.4+0.5)}\times0.8\right]\text{ m}=0.415\text{ m}$$

中间夹块 $HBJI$ 重力 G_2 为

$$G_2=\gamma_tB_2t_3=(25\times0.505\times0.5)\text{ kN}=6.313\text{ kN}$$

其对墙趾 O 点的力臂 Z_2 为

$$Z_2=(0.8+0.505/2)\text{ m}=1.053\text{ m}$$

墙踵板重力 G_3 为

$$G_3=\gamma_tB_3t_3=(25\times2.4\times0.5)\text{ kN}=30.000\text{ kN}$$

其对墙趾 O 点的力臂 Z_3 为

$$Z_3=(0.8+0.505+2.4/2)\text{ m}=2.505\text{ m}$$

5. 抗滑稳定性验算

抗滑稳定系数 K_c 为

$$K_c=\frac{(W+W_1+G+G_1+G_2+G_3+E_y)\mu}{E_x}$$

$$=\frac{(80.586+7.920+39.594+9+6.313+30+135.184)\text{ kN}\times0.4}{78.048\text{ kN}}$$

$$=1.582$$

滑动稳定方程为

$$[1.1\times(W+W_1+G+G_1+G_2+G_3)+1.4E_y]\mu-1.4E_x$$

$$=\{[(1.1\times(80.586+7.920+39.594+9+6.313+30)+1.4\times135.184]\times0.4-1.4\times78.048\}\text{kN}$$

$$=42.738\text{ kN}>0$$

6. 抗倾覆稳定性验算

抗倾覆稳定系数 K_0 为

$$K_0=\frac{WZ_W+W_1Z_{W1}+GZ_G+G_1Z_1+G_2Z_2+G_3Z_3+E_yZ_x}{E_xZ_y}$$

$$=\frac{(80.586\times1.997+7.92\times0.388+39.594\times1.078+9\times0.415+6.313\times1.053+30\times2.505+135.184\times2.82)\ \text{kN}\cdot\text{m}}{(78.048\times1.533)\ \text{kN}\cdot\text{m}}$$

$$=5.629$$

倾覆稳定方程为

$$0.8\times(WZ_W+W_1Z_{W1}+GZ_G+G_1Z_1+G_2Z_2+G_3Z_3)+1.4\times(E_yZ_x-E_xZ_y)$$

$$=\left[0.8\times(80.586\times1.997+7.92\times0.388+39.594\times1.078+9\times0.415+6.313\times1.053+30\times2.505)+1.4\times(135.184\times2.82-78.048\times1.533)\right]\ \text{kN}\cdot\text{m}$$

$$=599.974\ \text{kN}\cdot\text{m}>0$$

7. 地基验算

(1) 考虑车辆附加荷载

作用于基底形心的弯矩组合设计值 M_d 为

$$M_d=W\left(Z_W-\frac{B}{2}\right)+W_1\left(Z_{W1}-\frac{B}{2}\right)+G\left(Z_G-\frac{B}{2}\right)+G_1\left(Z_1-\frac{B}{2}\right)+G_2\left(Z_2-\frac{B}{2}\right)+G_3\left(Z_3-\frac{B}{2}\right)+E_y\left(Z_x-\frac{B}{2}\right)-E_xZ_y$$

$$=\left[80.586\times\left(1.997-\frac{3.705}{2}\right)+7.92\times\left(0.388-\frac{3.705}{2}\right)+39.594\times\left(1.078-\frac{3.705}{2}\right)+9\times\left(0.415-\frac{3.705}{2}\right)+6.313\times\left(1.053-\frac{3.705}{2}\right)+30\times\left(2.505-\frac{3.705}{2}\right)+135.184\times\left(2.82-\frac{3.705}{2}\right)-78.048\times1.533\right]\ \text{kN}\cdot\text{m}$$

$$=-17.887\ \text{kN}\cdot\text{m}$$

作用于基底上的垂直力组合设计值 N_d 为

$$N_d=W+W_1+G+G_1+G_2+G_3+E_y$$

$$=(80.586+7.920+39.594+9+6.313+30+135.184)\ \text{kN}$$

$$=308.597\ \text{kN}$$

则基底合力偏心距 e_0 为

$$e_0=\left|\frac{M_d}{N_d}\right|=\left(\frac{17.887}{308.597}\right)\ \text{m}=0.058\ \text{m}<\frac{B}{6}$$

趾部压应力 σ_1 为

$$\sigma_1=\frac{N_d}{A}\left(1+\frac{6e_0}{B}\right)=\left[\frac{308.597}{3.705\times1}\left(1+\frac{6\times0.058}{3.705}\right)\right]\ \text{kPa}=91.115\ \text{kPa}$$

踵部压应力 σ_2 为

$$\sigma_2=\frac{N_d}{A}\left(1-\frac{6e_0}{B}\right)=\left[\frac{308.597}{3.705\times1}\left(1-\frac{6\times0.058}{3.705}\right)\right]\ \text{kPa}=75.469\ \text{kPa}$$

(2) 不考虑车辆附加荷载

$$M_d=W\left(Z_W-\frac{B}{2}\right)+W_1\left(Z_{W1}-\frac{B}{2}\right)+G\left(Z_G-\frac{B}{2}\right)+G_1\left(Z_1-\frac{B}{2}\right)+G_2\left(Z_2-\frac{B}{2}\right)+G_3\left(Z_3-\frac{B}{2}\right)+E_y\left(Z_x-\frac{B}{2}\right)-E_xZ_y$$

$$=\left[80.586\times\left(1.997-\frac{3.705}{2}\right)+7.92\times\left(0.388-\frac{3.705}{2}\right)+39.594\times\left(1.078-\frac{3.705}{2}\right)+9\times\left(0.415-\frac{3.705}{2}\right)+6.313\times\left(1.053-\frac{3.705}{2}\right)+30\times\left(2.505-\frac{3.705}{2}\right)+94.733\times\left(2.935-\frac{3.705}{2}\right)-54.694\times1.333\right]\ \text{kN}\cdot\text{m}$$

$$=0.612\ \text{kN}\cdot\text{m}$$

$$N_d=W+W_1+G+G_1+G_2+G_3+E_y$$

$$=(80.586+7.920+39.594+9+6.313+30+94.733))\ \text{kN}$$

$$=268.146\ \text{kN}$$

$$e_0=\left|\frac{M_d}{N_d}\right|=\left(\frac{0.612}{268.146}\right)\ \text{m}=0.002\ \text{m}<\frac{B}{6}$$

趾部压应力 σ_1 为

$$\sigma_1=\frac{N_d}{A}\left(1-\frac{6e_0}{B}\right)=\left[\frac{268.146}{3.705\times1}\left(1-\frac{6\times0.002}{3.705}\right)\right]\ \text{kPa}=72.140\ \text{kPa}$$

踵部压应力 σ_2 为

$$\sigma_2=\frac{N_d}{A}\left(1+\frac{6e_0}{B}\right)=\left[\frac{268.146}{3.705\times1}\left(1+\frac{6\times0.002}{3.705}\right)\right]\ \text{kPa}=72.609\ \text{kPa}$$

8. 立壁设计

(1) 抗弯抗剪验算

如图5-19所示，取 H_1 对应的土压应力分布图，计算立壁底部截面 $H—B$ 内力标准值，乘以分项系数即得到设计值。

$$V_{HB}=\frac{1}{2}\gamma(h_0+h_0+H_1)H_1K\cos(\alpha_i+\varphi)$$

$$=\left[\frac{1}{2}\times20.5\times(0.854+0.854+3.5)\times3.5\times0.667\times\cos(30^\circ+30^\circ)\right]\ \text{kN}=62.310\ \text{kN}$$

$$M_{HB}=V_{HB}\ \frac{h_0+H_1+3h_0}{3(h_0+h_0+H_1)}H_1=\left[62.310\times\frac{0.854+3.5+3\times0.854}{3\times(0.854+0.854+3.5)}\times3.5\right]\ \text{kN}\cdot\text{m}$$

$=84.616\ \text{kN}\cdot\text{m}$

C30 混凝土，钢筋采用 HRB400，各项设计参数如下：

$f_{cd}=13.8\ \text{MPa}, f_{td}=1.39\ \text{MPa}, f_{sd}=330\ \text{MPa}, E_s=2\times10^5\ \text{MPa}, \xi_b=0.53$

$h=505\ \text{mm}$

$a_s=(50+10)\ \text{mm}=60\ \text{mm}$

$h_0=h-a_s=(505-60)\ \text{mm}=445\ \text{mm}$

$$x=h_0\left(1-\sqrt{1-\frac{2\gamma_0\gamma_{Q1}M_{HB}}{f_{cd}bh_0^2}}\right)$$

$$=445\times\left(1-\sqrt{1-\frac{2\times1.0\times1.4\times84.616}{13.8\times1\ 000\times445^2}\times10^6}\right)\ \text{mm}=19.728\ \text{mm}\leqslant\xi_b h_0$$

$$A_s=\frac{f_{cd}}{f_{sd}}bx=\left(\frac{13.8}{330}\times1\ 000\times19.728\right)\ \text{mm}^2=824.986\ \text{mm}^2$$

选择钢筋直径 16 mm，间距 100 mm，则实际钢筋面积 A_s 为：

$$A_s=\left(10\times\frac{1}{4}\times\pi\times16^2\right)\ \text{mm}^2=2\ 010.619\ \text{mm}^2$$

$$a_s=\left(50+\frac{16}{2}\right)\ \text{mm}=58\ \text{mm}$$

$0.625\times10^{-3}\alpha_2 f_{td}bh_0=(0.625\times10^{-3}\times1\times1.39\times1\ 000\times445)\ \text{kN}=386.594\ \text{kN}$

$>\gamma_0\gamma_{Q1}V_{HB}=(1.0\times1.4\times62.310)\ \text{kN}=87.234\ \text{kN}$

因此，无须验算抗剪承载力。

(2) 裂缝宽度验算

车辆附加荷载引起的弯矩：

$$M_1=\frac{1}{2}\gamma H_1^2h_0K\cos(\alpha_i+\varphi)$$

$$=\left[\frac{1}{2}\times20.5\times3.5^2\times0.854\times0.667\times\cos(30^\circ+30^\circ)\right]\ \text{kN}\cdot\text{m}=35.761\ \text{kN}\cdot\text{m}$$

填土侧压力引起的弯矩：$M_2=M_{HB}-M_1=(84.616-35.761)\ \text{kN}\cdot\text{m}=48.855\ \text{kN}\cdot\text{m}$

准永久组合：$M_l=M_2+\psi_{q1}M_1=(48.855+0.4\times35.761)\ \text{kN}\cdot\text{m}=63.159\ \text{kN}\cdot\text{m}$

频遇组合：$M_s=M_2+\psi_{f1}M_1=(48.855+0.7\times35.761)\ \text{kN}\cdot\text{m}=73.888\ \text{kN}\cdot\text{m}$

$$\sigma_{ss}=\frac{M_s}{0.87A_sh_0}=\left[\frac{73.888\times10^6}{0.87\times2\ 010.619\times(505-58)}\right]\ \text{MPa}=94.497\ \text{MPa}$$

$$C_2=1+0.5\frac{M_l}{M_s}=1+0.5\times\frac{63.159\ \text{kN}\cdot\text{m}}{73.888\ \text{kN}\cdot\text{m}}=1.427$$

$c=50\ \text{mm}$

$$\rho_{te}=\frac{A_s}{A_{te}}=\frac{2\ 010.619\ \text{mm}^2}{(2\times58\times1\ 000)\ \text{mm}^2}=0.017$$

则最大裂缝宽度为

$$W_{cr}=C_1C_2C_3\frac{\sigma_{ss}}{E_s}\left(\frac{c+d}{0.36+1.7\rho_{te}}\right)$$

$$=\left[1.0\times1.427\times1.15\times\frac{94.497}{2\times10^5}\left(\frac{50+16}{0.36+1.7\times0.017}\right)\right]\text{ mm}=0.132\text{ mm}<0.2\text{ mm}$$

因此，钢筋直径 16 mm，间距 100 mm，可以满足要求。可根据弯矩图将部分钢筋截断，此处略。

9. 墙趾板设计

(1) 抗弯抗剪验算

如图 5-19 所示，计算 HI 截面内力标准值，乘以分项系数即得到设计值。

$$V_{HI}=B_1\left[\sigma_1-(\sigma_1-\sigma_2)\frac{B_1}{2B}-\gamma_t t_j-\gamma_h(d-t_j)\right]$$

$$=\left\{0.8\times\left[91.115-(91.115-75.469)\times\frac{0.8}{2\times3.705}-25\times\frac{0.4+0.5}{2}-18\times\left(1-\frac{0.4+0.5}{2}\right)\right]\right\}\text{ kN}$$

$$=54.621\text{ kN}$$

$$M_{HI}=\frac{B_1^2}{6}\left[3(\sigma_1-\gamma_h d)-3t_j(\gamma_t-\gamma_h)-(\sigma_1-\sigma_2)\frac{B_1}{B}\right]$$

$$=\left\{\frac{0.8^2}{6}\left[3\times(91.115-18\times1)-3\times0.45\times(25-18)-(91.115-75.469)\times\frac{0.8}{3.705}\right]\right\}\text{ kN}\cdot\text{m}$$

$$=22.028\text{ kN}\cdot\text{m}$$

$$h=500\text{ mm}$$

$$a_s=\left(75+\frac{16}{2}\right)\text{ mm}=83\text{ mm}$$

$$h_0=h-a_s=(500-83)\text{ mm}=417\text{ mm}$$

$$x=h_0\left(1-\sqrt{1-\frac{2\gamma_0\gamma_G M_{HI}}{f_{cd}bh_0^2}}\right)$$

$$=\left[417\times\left(1-\sqrt{1-\frac{2\times1.0\times1.2\times22.028}{13.8\times1\,000\times417^2}\times10^6}\right)\right]\text{ mm}=4.619\text{ mm}\leqslant\xi_b h_0$$

$$A_s=\frac{f_{cd}}{f_{sd}}bx=\left(\frac{13.8}{330}\times1\,000\times4.619\right)\text{ mm}^2=193.158\text{ mm}^2$$

选择钢筋直径 16 mm，间距 200 mm，则实际钢筋面积 A_s 为

$$A_s=\left(5\times\frac{1}{4}\times\pi\times16^2\right)\text{ mm}^2=1\,005.310\text{ mm}^2$$

$$0.625\times10^{-3}\alpha_2 f_{td}bh_0=(0.625\times10^{-3}\times1\times1.39\times1000\times417)\text{ kN}=362.269\text{ kN}>$$

$\gamma_0\gamma_G V_{HI}=(1.0\times1.2\times54.621)\ \text{kN}=65.545\ \text{kN}$

因此，无须验算抗剪承载力。

(2) 裂缝宽度验算

填土侧压力引起的弯矩(即不考虑车辆附加荷载)：

$$M_2=\frac{B_1^2}{6}\left[3(\sigma_1-\gamma_h d)-3t_j(\gamma_t-\gamma_h)-(\sigma_1-\sigma_2)\frac{B_1}{B}\right]$$

$$=\frac{0.8^2}{6}\left[3\times(72.140-18\times1)-3\times0.45\times(25-18)-(72.140-72.609)\times\frac{0.8}{3.705}\right]\text{kN}\cdot\text{m}$$

$$=16.328\ \text{kN}\cdot\text{m}$$

车辆附加荷载引起的弯矩：

$M_1=M_{HI}-M_2=(22.028-16.328)\ \text{kN}\cdot\text{m}=5.700\ \text{kN}\cdot\text{m}$

准永久组合：$M_l=M_2+\psi_{q1}M_1=(16.328+0.4\times5.700)\ \text{kN}\cdot\text{m}=18.608\ \text{kN}\cdot\text{m}$

频遇组合：$M_s=M_2+\psi_{f1}M_1=(16.328+0.7\times5.700)\ \text{kN}\cdot\text{m}=20.318\ \text{kN}\cdot\text{m}$

$$\sigma_{ss}=\frac{M_s}{0.87A_sh_0}=\left(\frac{20.318\times10^6}{0.87\times1\,005.310\times417}\right)\text{MPa}=55.709\ \text{MPa}$$

$$C_2=1+0.5\frac{M_1}{M_s}=1+0.5\times\frac{18.608\ \text{kN}\cdot\text{m}}{20.318\ \text{kN}\cdot\text{m}}=1.458$$

$c=50\ \text{mm}$

$$\rho_{te}=\frac{A_s}{A_{te}}=\frac{1\,005.310\ \text{mm}^2}{2\times83\times1\,000\ \text{mm}^2}=0.006<0.01$$

取 $\rho_{te}=0.01$。

则最大裂缝宽度为

$$W_{cr}=C_1C_2C_3\frac{\sigma_{ss}}{E_s}\left(\frac{c+d}{0.36+1.7\rho_{te}}\right)$$

$$=\left[1.0\times1.458\times1.15\times\frac{55.709}{2\times10^5}\left(\frac{50+16}{0.36+1.7\times0.01}\right)\right]\text{mm}=0.082\ \text{mm}<0.2\ \text{mm}$$

因此，钢筋直径 16 mm，间距 200 mm，可以满足要求。

10. 墙踵板设计

如图 5-19 所示，计算截面 $B—J$ 内力标准值，乘以分项系数即得到设计值。

$$V_{BJ}=W+E_y+\gamma_t t_3B_3-B_3\sigma_2-\frac{(\sigma_1-\sigma_2)B_3^2}{2B}$$

$$=\left[80.586+135.184+25\times0.5\times2.4-2.4\times75.469-\frac{(91.115-75.469)\times2.4^2}{2\times3.705}\right]\text{kN}$$

$$=52.482\ \text{kN}$$

$$M_{BJ}=WZ_{WB}+E_yZ_{xB}+\frac{\gamma_t t_3B_3^2}{2}-B_3^2\left[\frac{\sigma_2}{2}+\frac{(\sigma_1-\sigma_2)B_3}{6B}\right]$$

$$=\left\{80.586\times(1.997-0.8-0.505)+135.184\times(2.82-0.8-0.505)+\frac{25\times0.5\times2.4^2}{2}-2.4^2\times\left[\frac{75.469}{2}+\frac{(91.115-75.469)\times2.4}{6\times3.705}\right]\right\}\ \mathrm{kN\cdot m}$$

$=69.489\ \mathrm{kN\cdot m}$

截面 $B—J$ 处的剪力和弯矩组合设计值为

$$V_{dBJ}=\gamma_G W+\gamma_{Q1}E_y+\gamma_G\gamma_t t_3 B_3-\gamma_G B_3\sigma_2-\frac{\gamma_G(\sigma_1-\sigma_2)B_3^2}{2B}$$

$$=\left(1.2\times80.586+1.4\times135.184+1.2\times25\times0.5\times2.4-1.2\times2.4\times75.469-\frac{1.2\times(91.115-75.469)\times2.4^2}{2\times3.705}\right)\ \mathrm{kN}$$

$=90.016\ \mathrm{kN}$

$$M_{dBJ}=\left[\gamma_G W Z_{WB}+\gamma_{Q1}E_y Z_{xB}+\frac{\gamma_G\gamma_t t_3 B_3^2}{2}-\gamma_G B_3^2\left(\frac{\sigma_2}{2}+\frac{(\sigma_1-\sigma_2)B_3}{6B}\right)\right]$$

$$=\left[1.2\times80.586\times(1.997-0.8-0.505)+1.4\times135.184\times(2.82-0.8-0.505)+\frac{1.2\times25\times0.5\times2.4^2}{2}-1.2\times2.4^2\times\left(\frac{75.469}{2}+\frac{(91.115-75.469)\times2.4}{6\times3.705}\right)\right]\ \mathrm{kN\cdot m}$$

$=124.347\ \mathrm{kN\cdot m}$

墙踵板的配筋计算与立壁、墙趾板相同，不再赘述。经计算，墙踵板选择钢筋直径 16 mm，间距 100 mm，可满足要求。

5.5.2　扶壁式挡土墙设计案例

1. 工程概况

某一级公路拟采用扶壁式路肩墙。$H=10.0$ m，修正后的地基承载力特征值 300 kPa，地基土重度 18 kN/m^3，墙后填料内摩擦角 35°，填料重度 20.0 kN/m^3，基底摩擦系数为 0.4。

2. 初步拟定挡土墙尺寸

根据经验，拟定挡土墙尺寸，如图 5-20 所示，$B_1=1.0$ m，$B_2=0.50$ m，$B_3=5.0$ m，$B=6.5$ m，$t=0.5$ m，$t_1=0.7$ m，$t_3=0.7$ m，$d=1$ m，扶壁净距 $L_0=2.8$ m，扶壁厚 $b_f=0.7$ m，立壁悬出边扶壁外的净长度 $L'=1.15$ m，$L=10.0$ m，采用 C30 混凝土。

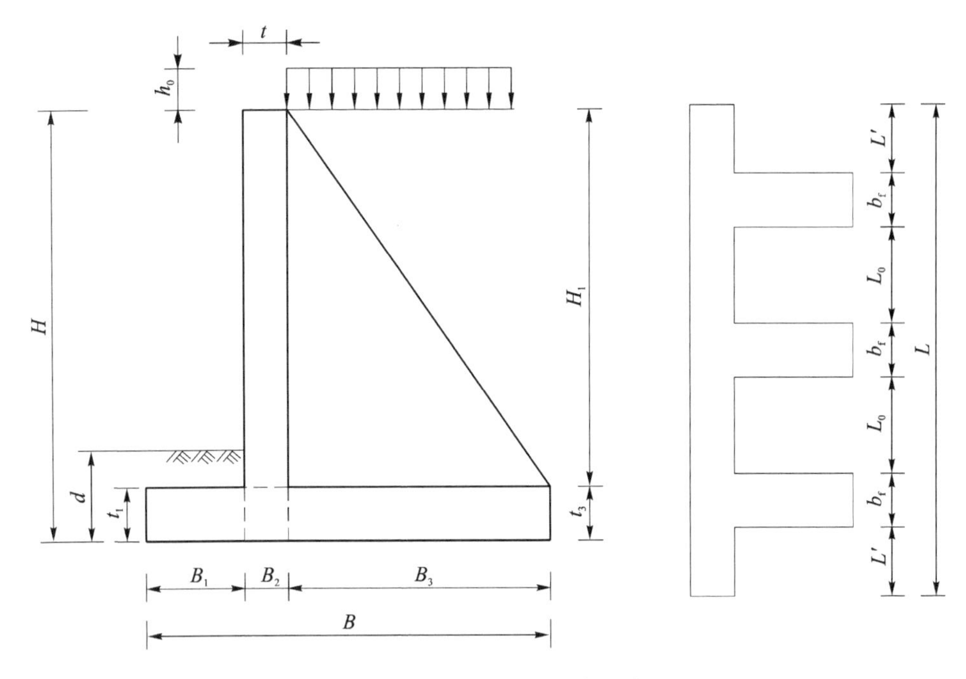

图 5 - 20　扶壁式挡土墙尺寸

3. 计算土压力

扶壁式挡土墙设计案例

挡土墙高 $H=10.0$ m，则车辆附加荷载标准值 $q=10$ kN/m^2。

$$h_0=\frac{q}{\gamma}=\frac{10\ \text{kN/m}^2}{20\ \text{kN/m}^3}=0.5\ \text{m}$$

假想墙背 AC 倾角 α 为

$\alpha=\arctan(5/10)=26.565°$

由于车辆荷载连续分布于填土顶部，因此第一破裂面交于荷载内。

$\alpha_i=\theta_i=45°-\varphi/2=45°-35°/2=27.5°>\alpha$

因此，不会出现第二破裂面，可以按一般库伦公式计算作用于假想墙背 AC 上的土压力。

$\psi=\alpha+\varphi+\delta=26.565°+35°+35°=96.565°>90°$

$A=-\tan\alpha=-\tan 26.565°=-0.5$

$$\begin{aligned}\tan\theta&=-\tan\psi-\sqrt{(\cot\varphi+\tan\psi)(\tan\psi+A)}\\&=-\tan 96.565°-\sqrt{(\cot 35°+\tan 96.565°)(\tan 96.565°-0.5)}\\&=0.5208\end{aligned}$$

$\theta=27.509°$

$$K=\frac{\cos(\theta+\varphi)}{\sin(\theta+\psi)}(\tan\theta+\tan\alpha)=\frac{\cos(27.509°+35°)}{\sin(27.509°+96.565°)}(\tan 27.509°+\tan 26.565°)$$
$$=0.5689$$

$$K_1=1+\frac{2h_0}{H}=1+\frac{2\times 0.5\ \text{m}}{10\ \text{m}}=1.1$$

$$E_a=\frac{1}{2}\gamma H^2KK_1=\left(\frac{1}{2}\times 20\times 10^2\times 0.5689\times 1.1\right)\ \text{kN}=625.79\ \text{kN}$$

$$E_x=E_a\cos(\alpha+\delta)=625.79\ \text{kN}\times\cos(26.565°+35°)=297.977\ \text{kN}$$

$$E_y=E_a\sin(\alpha+\delta)=625.79\ \text{kN}\times\sin(26.565°+35°)=550.293\ \text{kN}$$

$$Z_y=\frac{H}{3}+\frac{h_0}{3K_1}=\frac{10\ \text{m}}{3}+\frac{0.5\ \text{m}}{3\times 1.1}=3.485\ \text{m}$$

$$Z_x=B-Z_y\tan\alpha=6.5\ \text{m}-3.485\ \text{m}\times\tan 26.565°=4.756\ \text{m}$$

土压力计算情况如图 5 - 21 所示。

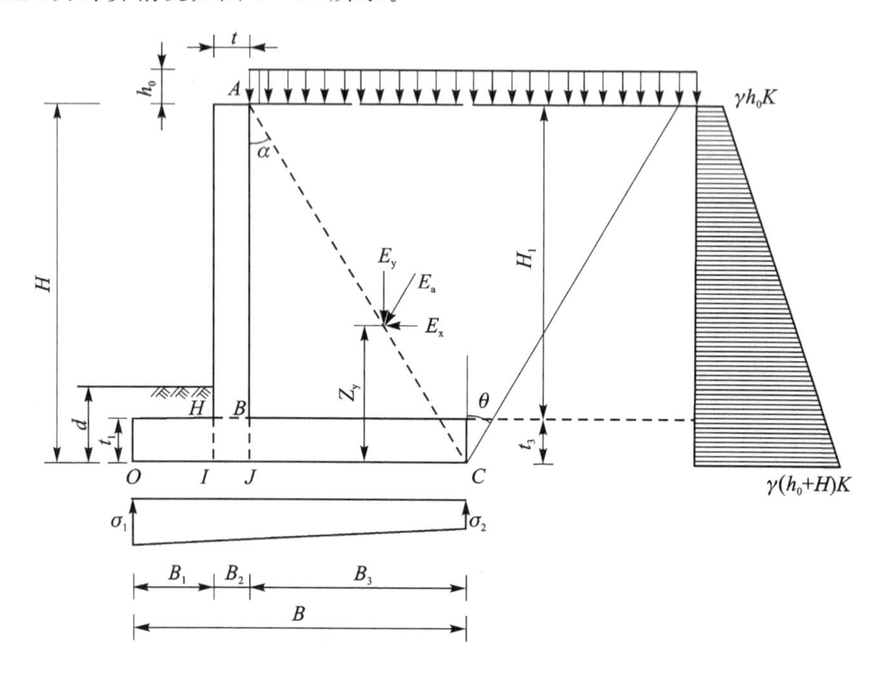

图 5 - 21　扶壁式挡土墙土压力计算图

4. 计算各部分重力及力臂(以 1 段长 10 m 墙为对象)

假想墙背、墙背和墙踵板三者之间的土体重力 W 为

$$W=\frac{1}{2}\gamma(B_3-t_3\tan\alpha)H_1(L-3b_f)$$
$$=\left[\frac{1}{2}\times 20\times(5-0.7\tan 26.565°)\times 9.3\times(10-3\times 0.7)\right]\ \text{kN}=3\ 416.355\ \text{kN}$$

其对墙趾 O 点的力臂 Z_W 为

$$Z_W=\left(1+0.5+\frac{5-0.7\times\tan 26.565^\circ}{3}\right)\ \text{m}=3.05\ \text{m}$$

墙趾板上方的土体重力 W_1 为：

$$W_1=\gamma_h(d-t_1)B_1L=\left[18\times(1.0-0.7)\times1.0\times10\right]\ \text{kN}=54.0\ \text{kN}$$

其对墙趾 O 点的力臂 Z_{W1} 为

$$Z_{W1}=\left(\frac{1}{2}\right)\ \text{m}=0.5\ \text{m}$$

立壁的重力 G 为：

$$G=\gamma_t tH_1L=(25\times0.5\times9.3\times10)\ \text{kN}=1\ 162.5\ \text{kN}$$

其对墙趾 O 点的力臂 Z_G 为

$$Z_G=\left(1+\frac{0.5}{2}\right)\ \text{m}=1.25\ \text{m}$$

墙趾板重力 G_1 为

$$G_1=\gamma_t t_1B_1L=(25\times0.7\times1.0\times10)\ \text{kN}=175.0\ \text{kN}$$

其对墙趾 O 点的力臂 Z_1 为

$$Z_1=\left(\frac{1}{2}\right)\ \text{m}=0.5\ \text{m}$$

中间夹块 $HBJI$ 重力 G_2 为

$$G_2=\gamma_t B_2t_3L=(25\times0.5\times0.7\times10)\ \text{kN}=87.5\ \text{kN}$$

其对墙趾 O 点的力臂 Z_2 为

$$Z_2=(1.0+0.5/2)\ \text{m}=1.25\ \text{m}$$

墙踵板重力 G_3 为

$$G_3=\gamma_t B_3t_3L=(25\times5.0\times0.7\times10)\ \text{kN}=875.0\ \text{kN}$$

其对墙趾 O 点的力臂 Z_3 为

$$Z_3=(1.5+5/2)\ \text{m}=4.0\ \text{m}$$

扶壁重力 G_4 为

$$G_4=3\times\frac{1}{2}\gamma_t B_3H_1b_f=\left(3\times\frac{1}{2}\times25\times5.0\times9.3\times0.7\right)\ \text{kN}=1\ 220.625\ \text{kN}$$

其对墙趾 O 点的力臂 Z_4 为

$$Z_4=(1.5+5/3)\ \text{m}=3.167\ \text{m}$$

5. 抗滑稳定性验算

抗滑稳定系数 K_c 为

$$K_c=\frac{(W+W_1+G+G_1+G_2+G_3+G_4+E_yL)\mu}{E_xL}$$

$$=\frac{(3\ 416.355+54+1\ 162.5+175+87.5+875+1\ 220.625+550.293\times10)\ \mathrm{kN}\times0.4}{297.977\times10\ \mathrm{kN}}$$

$$=1.677$$

6. 抗倾覆稳定性验算

抗倾覆稳定系数 K_0 为

$$K_0=\frac{WZ_W+W_1Z_{W1}+GZ_G+G_1Z_1+G_2Z_2+G_3Z_3+G_4Z_4+E_yLZ_x}{E_xLZ_y}$$

$$=\frac{(3\ 416.355\times3.05+54\times0.5+1\ 162.5\times1.25+175\times0.5+87.5\times1.25+875\times4+1\ 220.625\times3.167+550.293\times10\times4.756)\ \mathrm{kN\cdot m}}{(297.977\times10\times3.485)\ \mathrm{kN\cdot m}}$$

$$=4.394$$

7. 地基验算

作用于基底形心的弯矩组合设计值 M_d 为

$$M_d=W\left(Z_W-\frac{B}{2}\right)+W_1\left(Z_{W1}-\frac{B}{2}\right)+G\left(Z_G-\frac{B}{2}\right)+G_1\left(Z_1-\frac{B}{2}\right)+G_2\left(Z_2-\frac{B}{2}\right)+G_3\left(Z_3-\frac{B}{2}\right)+G_4\left(Z_4-\frac{B}{2}\right)+E_yL\left(Z_x-\frac{B}{2}\right)-E_xLZ_y$$

$$=\left[3\ 416.355\times\left(3.05-\frac{6.5}{2}\right)+54\times\left(0.5-\frac{6.5}{2}\right)+1\ 162.5\times\left(1.25-\frac{6.5}{2}\right)+175\times\left(0.5-\frac{6.5}{2}\right)+87.5\times\left(1.25-\frac{6.5}{2}\right)+875\times\left(4-\frac{6.5}{2}\right)+1\ 220.625\times\left(3.167-\frac{6.5}{2}\right)+550.293\times10\times\left(4.756-\frac{6.5}{2}\right)-297.977\times10\times3.485\right]\ \mathrm{kN\cdot m}$$

$$=-5\ 355.169\ \mathrm{kN\cdot m}$$

作用于基底上的垂直力组合设计值 N_d 为

$$N_d=W+W_1+G+G_1+G_2+G_3+G_3+E_yL$$

$$=3\ 416.355+54+1\ 162.5+175+87.5+875+1\ 220.625+550.293\times10$$

$$=12\ 493.91\ \mathrm{kN}$$

则基底合力偏心距 e_0 为

$$e_0=\left|\frac{M_d}{N_d}\right|=\frac{5\ 355.169\ \mathrm{kN\cdot m}}{12\ 493.81\ \mathrm{kN}}=0.429\ \mathrm{m}<\frac{B}{6}$$

趾部压应力 σ_1 为

$$\sigma_1=\frac{N_d}{A}\left(1+\frac{6e_0}{B}\right)=\left[\frac{12\ 493.91}{6.5\times10}\left(1+\frac{6\times0.429}{6.5}\right)\right]\ \mathrm{kPa}=268.331\ \mathrm{kPa}<f_a$$

踵部压应力 σ_2 为

$$\sigma_2=\frac{N_d}{A}\left(1-\frac{6e_0}{B}\right)=\left[\frac{12\ 493.91}{6.5\times10}\left(1-\frac{6\times0.429}{6.5}\right)\right]\ \mathrm{kPa}=116.097\ \mathrm{kPa}$$

8. 立壁计算

（1）替代土压应力

$$\sigma_0 = \gamma h_0 K\cos(\alpha+\delta) = [20\times 0.5\times 0.568\,9\times \cos(26.565^\circ+35^\circ)]\ \text{kPa} = 2.709\ \text{kPa}$$

$$\sigma_D = \gamma(h_0+H_1)K\cos(\alpha+\delta) = [20\times(0.5+9.3)\times 0.5689\times \cos(26.565^\circ+35^\circ)]\ \text{kPa} = 53.094\ \text{kPa}$$

$$\sigma_{PJ} = \frac{\sigma_0+\sigma_D}{2} = \left(\frac{2.709+53.094}{2}\right)\ \text{kPa} = 27.902\ \text{kPa}$$

（2）单位宽度立壁水平板条内力计算

取立壁中部水平板条（内力最大）为计算对象，支点负弯矩为：

$$M_{1j} = \frac{1}{12}\sigma_{pj}L_0^2 = \left(\frac{1}{12}\times 27.902\times 2.8^2\right)\ \text{kN}\cdot\text{m} = 18.229\ \text{kN}\cdot\text{m}$$

跨中正弯矩最大值为：

$$M_{2j} = \frac{1}{20}\sigma_{pj}L_0^2 = \left(\frac{1}{20}\times 27.902\times 2.8^2\right)\ \text{kN}\cdot\text{m} = 10.938\ \text{kN}\cdot\text{m}$$

支点剪力为：

$$V_j = \frac{\sigma_{pj}L_0}{2} = \left(\frac{27.902\times 2.8}{2}\right)\ \text{kN} = 39.063\ \text{kN}$$

（3）单位宽度立壁竖直板条内力计算

取跨中竖直板条（内力最大）为计算对象，墙面正弯矩最大值为：

$$M_{2s} = 0.007\,5\sigma_D H_1 L_0 = (0.007\,5\times 53.094\times 9.3\times 2.8)\ \text{kN}\cdot\text{m} = 10.369\ \text{kN}\cdot\text{m}$$

墙底负弯矩为：

$$M_{1s} = 4M_{2s} = (4\times 10.369)\ \text{kN}\cdot\text{m} = 41.476\ \text{kN}\cdot\text{m}$$

墙底剪力为：

$$V_s = 0.4\sigma_D L_0 = (0.4\times 53.094\times 2.8)\ \text{kN} = 59.465\ \text{kN}$$

9. 墙踵板计算

（1）应力计算

根据前面计算可知 $\sigma_1 = 268.331$ kPa，$\sigma_2 = 116.097$ kPa。

$$M_1 = \frac{B_1^2}{6}\left[3(\sigma_1-\gamma_h d) - 3t_j(\gamma_t-\gamma_h) - (\sigma_1-\sigma_2)\frac{B_1}{B}\right]$$

$$= \left\{\frac{1^2}{6}\times\left[3\times(268.331-18\times 1) - 3\times 0.7\times(25-18) - (268.331-116.097)\times \frac{1}{6.5}\right]\right\}\ \text{kN}\cdot\text{m}$$

$=118.812\ \text{kN}\cdot\text{m}$

$$\sigma_{y2}=\gamma(h_0+H)K\sin(\alpha+\delta)$$

$$=[20\times10.5\times0.5689\times\sin(26.565°+35°)]\ \text{kPa}=105.056\ \text{kPa}$$

$$\sigma_w=\sigma_{y2}+\frac{W/10+G_3/10}{B_3}+\frac{G_4}{B_3L}+\frac{2.4M_1}{B_3}-\sigma_2$$

$$=\left(105.056+\frac{3416.355/10+875/10}{5}+\frac{1220.625}{5\times10}+\frac{2.4\times118.812}{5}-116.097\right)\ \text{kPa}$$

$=156.228\ \text{kPa}$

(2) 单位宽度纵向板条内力计算

取墙踵端部(内力最大)为计算对象,支点负弯矩为

$$M_{1i}=\frac{1}{12}\sigma_wL_0^2=\left(\frac{1}{12}\times156.228\times2.8^2\right)\ \text{kN}\cdot\text{m}=102.069\ \text{kN}\cdot\text{m}$$

跨中正弯矩最大值为:

$$M_{2i}=\frac{1}{20}\sigma_wL_0^2=\left(\frac{1}{20}\times156.228\times2.8^2\right)\ \text{kN}\cdot\text{m}=61.241\ \text{kN}\cdot\text{m}$$

支点剪力为

$$V_i=\frac{\sigma_wL_0}{2}=\left(\frac{156.228\times2.8}{2}\right)\ \text{kN}=218.719\ \text{kN}$$

10. 墙趾板计算

$$V_{HI}=B_1\left[\sigma_1-(\sigma_1-\sigma_2)\frac{B_1}{2B}-\gamma_tt_j-\gamma_h(d-t_j)\right]$$

$$=\left\{1.0\times\left[268.331-(268.331-116.097)\times\frac{1.0}{2\times6.5}-25\times0.7-18\times(1-0.7)\right]\right\}\ \text{kN}$$

$=233.721\ \text{kN}$

$$M_{HI}=M_1=118.812\ \text{kN}\cdot\text{m}$$

11. 扶壁计算

以中扶壁为例进行计算。

水平土压力的作用宽度 B_E 为

$$B_E=b_f+L_0=(0.7+2.8)\ \text{m}=3.5\ \text{m}$$

扶壁底部剪力和弯矩为

$$V_D=\frac{\sigma_0+\sigma_D}{2}H_1B_E=\left(\frac{2.709+53.094}{2}\times9.3\times3.5\right)\ \text{kN}=908.194\ \text{kN}$$

$$M_D=V_D\times\frac{2\sigma_0+\sigma_D}{\sigma_0+\sigma_D}\times\frac{H_1}{3}=\left(908.194\times\frac{2\times2.709+53.094}{2.709+53.094}\times\frac{9.3}{3}\right)\ \text{kN}\cdot\text{m}=$$

2 952.077 kN·m

配筋及裂缝宽度计算从略。

思考题

5-1 悬臂式挡土墙是如何计算内力的?

5-2 薄壁式挡土墙需要配置箍筋吗?为什么?

5-3 扶壁的作用有哪些?

5-4 扶壁式挡土墙是如何计算内力的?

5-5 扶壁式挡土墙中立壁水平受力钢筋和竖向受力钢筋的相对位置是怎么规定的?

第 6 章　加筋土挡土墙设计

教学目标

本章介绍加筋土挡土墙设计。

本章要求：

- 掌握加筋土挡土墙的基本组成；
- 了解加筋土的加固机理；
- 熟悉加筋土挡土墙的总体布置；
- 熟悉加筋土挡土墙填料的要求；
- 掌握加筋土挡土墙拉筋和墙面板的构造设计；
- 掌握加筋土挡土墙内部稳定性、外部稳定性及墙面板的计算内容和方法。

教学要求

能力要求	知识要点	权重/%
能描述加筋土挡土墙的基本组成 能描述加筋土挡土墙各组成部分的功能 能描述加筋土的加固机理 能合理选择加筋土挡土墙的填料 能进行加筋土挡土墙构造设计 能正确进行加筋土挡土墙设计计算	加筋土挡土墙基本组成	5
	各组成部分的功能和作用	5
	加筋土加固机理	5
	总体布置	5
	填料	5
	拉筋	10
	墙面板	5
	基础	5
	内部稳定性计算	20
	外部稳定性计算	20
	墙面板计算	15

6.1 概　述

6.1.1 加筋土挡土墙的概念

加筋土挡土墙是利用加筋技术修建的一种加筋体结构。加筋土是拉筋(又称筋带)与填料成层交替铺设并紧密压实而成的复合材料,它利用拉筋与填料之间的摩擦作用,改善了土体的力学性能,显著提高了土体的稳定性。加筋土挡土墙主要由拉筋、填料、墙面板、帽石和基础等几个部分组成,如图 6-1 所示。

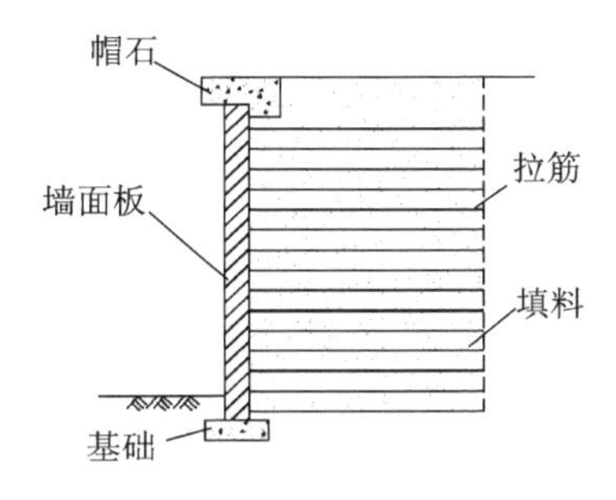

图 6-1　加筋土挡土墙基本组成

加筋土挡土墙依靠拉筋与填料之间的摩擦力平衡墙面所承受的水平土压力,同时以拉筋、填料、墙面板、帽石和基础等组成类似于重力式挡土墙的结构以承受拉筋尾部填料所产生的土压力,从而保证了整个支挡结构的稳定。

加筋土挡土墙自出现后,就得到了迅速发展和应用,被誉为“土木工程中继混凝土和钢筋混凝土后最重大的发明”,其具有以下优点:

① 轻型支挡结构,对地基承载力要求低。

② 柔性结构,能适应地基轻微变形,抗震性好。

③ 施工简便,施工速度快。

④ 占地面积小,造型美观。

⑤ 圬工量少,工程费用省。

6.1.2 加筋土挡土墙的分类

加筋土挡土墙分为有面板加筋土挡土墙和无面板加筋土挡土墙。

无面板加筋土挡土墙是近年来发展起来的新型加筋支挡结构,属于柔性结构,能很好地适应地基变形,通过反包式土工格栅的加筋锚固作用,约束土体侧向变形,保证路基稳定。无面板加筋土挡土墙应用于公路工程的运营使用年限尚不长,其耐久性还需进一步的工程验证。

本书主要介绍有面板加筋土挡土墙。

6.1.3 加筋土加固机理

砂性土在自重或其他外力作用下容易产生变形或倒塌。如果在土中沿应变方向埋置具有挠性的拉筋材料,那么土与拉筋之间产生摩擦,使加筋土犹如具有了某种程度的黏聚性，从而改善了土体的力学性能。其基本原理有两种观点：摩擦加筋原理和准黏聚力原理。

1. 摩擦加筋原理

加筋土结构中，土压力作用于墙面板，通过墙面板上的拉筋连接件将此压力传递给拉筋，试图将拉筋从土中拉出。而拉筋被土压住，于是拉筋与填土之间的摩擦力阻止拉筋被拔出。因此，只要拉筋具有足够的强度，并与土产生足够的摩擦力，确保不产生滑移，那么拉筋与土之间好像直接连接似的发挥作用，则加筋土就能保持稳定。

拉筋是相间、成层地铺设在土体中的，所以拉筋中的拉力是由其接触的土颗粒传递给没有直接接触的土颗粒的。这种力的传递结构一般可近似地考虑为土拱的作用。那么，拉筋之间的土层相当于在两条拉筋之间填满袋装的土，袋中颗粒的受力可认为与直接同拉筋接触的颗粒相同。

2. 准黏聚力原理

把加筋体视为均质的各向异性的复合材料，采用莫尔-库伦理论解释加筋体的强度。由三轴试验可知，在外力和自重作用下的加筋土试件，由于土中埋置了水平方向的拉筋，沿拉筋方向发生膨胀变形时，拉筋犹如是一个“约束应力（$\Delta\sigma_3$）”，阻止土体的延伸变形。$\Delta\sigma_3$ 值相当于土体与拉筋之间的摩擦力，最大值取决于拉筋材料的抗拉强度。

加筋土莫尔应力圆如图 6－2 所示，圆 A 是非加筋土极限状态应力圆，保持大主应力 σ_1 不变，在加了拉筋后，小主应力减小了 $\Delta\sigma_3$，极限状态应力圆为圆 B，也就是说加筋土能承受更大的主应力差，即增加了土体的抗剪强度。根据试验，加筋土与非加筋土的抗剪强度线几乎平行，说明内摩擦角 φ 在加筋前后基本不变，抗剪强度的提高是通过增加黏聚力来实现的，将这个黏聚力命名为“准黏聚力”。

按照三轴试验条件，如图 6－2 所示中的圆 A，加筋土试件达到新的平衡时应满足的条件为

$$\sigma_1 = (\sigma_3 + \Delta\sigma_3)\tan^2\left(45^\circ + \frac{\varphi}{2}\right) \tag{6-1}$$

如果拉筋所增加的强度以“准黏聚力 c_r”的形式加到土体内来表示，如图 6－2 所示中的圆 B，根据黏性土极限平衡状态方程，则可得到

$$\sigma_1 = \sigma_3\tan^2\left(45^\circ + \frac{\varphi}{2}\right) + 2c_r\tan\left(45^\circ + \frac{\varphi}{2}\right) \tag{6-2}$$

根据式(6－1)和式(6－2)，可得出由拉筋作用产生的准黏聚力 c_r：

$$c_r = \frac{1}{2}\Delta\sigma_3\tan\left(45^\circ + \frac{\varphi}{2}\right) \tag{6-3}$$

对于线性膨胀及其横截面积为 A_s，强度为 σ_s 的拉筋，在其水平间距为 S_x 和垂直间距为 S_y 时，约束应力 $\Delta\sigma_3$ 的表达式为

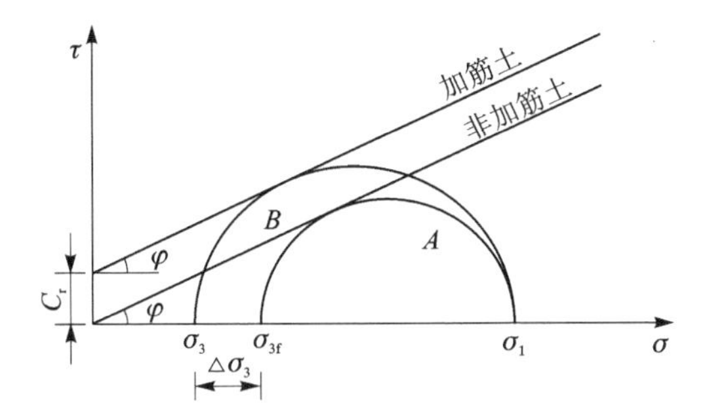

图 6－2　加筋土莫尔应力圆

$$\Delta\sigma_3=\frac{\sigma_s A_s}{S_x S_y} \tag{6-4}$$

于是

$$c_r=\frac{\sigma_s A_s \tan\left(45^\circ+\frac{\varphi}{2}\right)}{2S_x S_y} \tag{6-5}$$

6.2　加筋体材料与构造设计

6.2.1　一般要求

有面板加筋土挡土墙可用于一般地区的路肩挡土墙、路堤挡土墙，无面板土工格栅加筋土挡土墙可用于一般地区的路堤挡土墙，但均不应修建在滑坡、水流冲刷、崩塌等不良地质地段。高速公路、一级公路墙高不宜大于 12 m，二级及二级以下公路不宜大于 20 m；当采用多级墙时，每级墙高不宜大于 10 m，上、下级墙体之间应设置宽度不小于 2 m 的平台。

加筋土挡土墙的填料本身也是墙体的一部分，这与其他形式挡土墙有很大不同。因此，填料的选择、拉筋材料的质量以及填料、拉筋、面板之间的紧密、稳定结合需要特别重视。当墙高超过 12 m 时，应慎重选择填料。

加筋土挡土墙顶面，宜设置混凝土或钢筋混凝土帽石。

6.2.2　总体布置

1. 横断面

加筋体的横断面形式宜采用矩形，如图 6－3(a)所示。当受地形、地质条件限制时，也可采用图 6－3(b)或图 6－3(c)的形式，断面尺寸由计算确定。

多级加筋土挡土墙的平台顶部应设不小于 2% 的排水横坡，并用厚度不小于 0.15 m 的 C20 混凝土板防护；当采用细粒填料时，上级墙的面板基础下应设置宽度

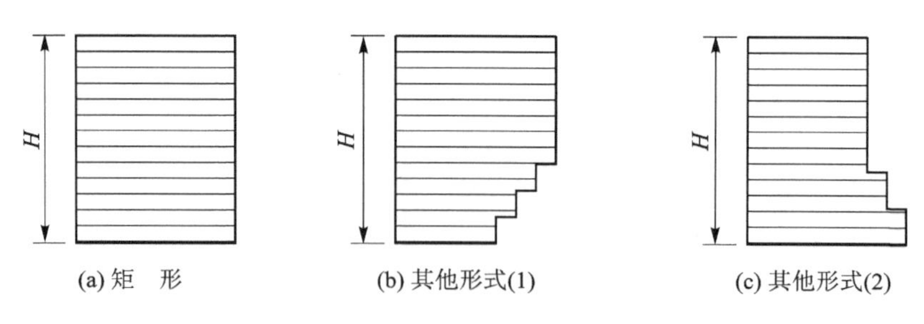

(a) 矩　形　　(b) 其他形式(1)　　(c) 其他形式(2)

图 6－3　加筋体横断面形式

不小于 1.0 m、厚度不小于 0.5 m 的砂砾或灰土垫层，如图 6－4 所示。

斜坡上的加筋体应设置不小于 1.0 m 的护脚，加筋体面板基础埋置深度应从护脚顶面算起，如图 6－5 所示。

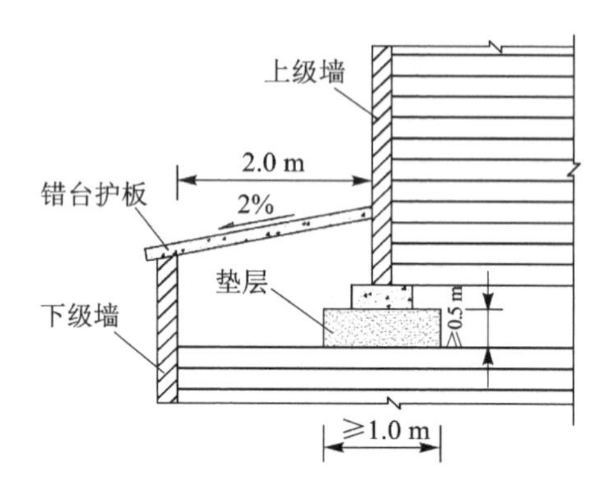

图 6－4　多级加筋土挡土墙平台

双面加筋土挡土墙的拉筋相互插入时，应错开铺设，避免重叠，如图 6－6 所示。

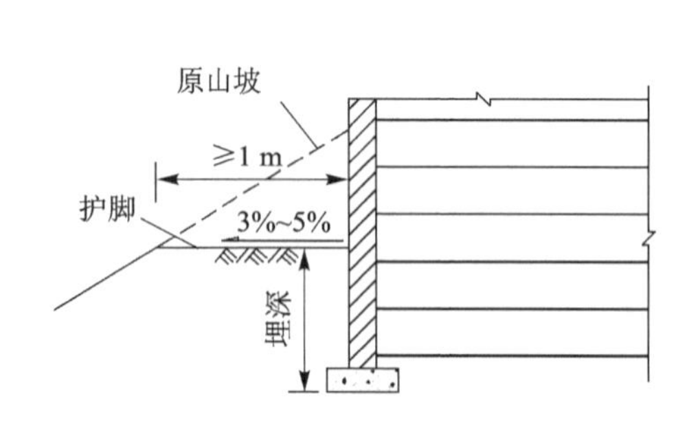

图 6－5　护脚横断面图

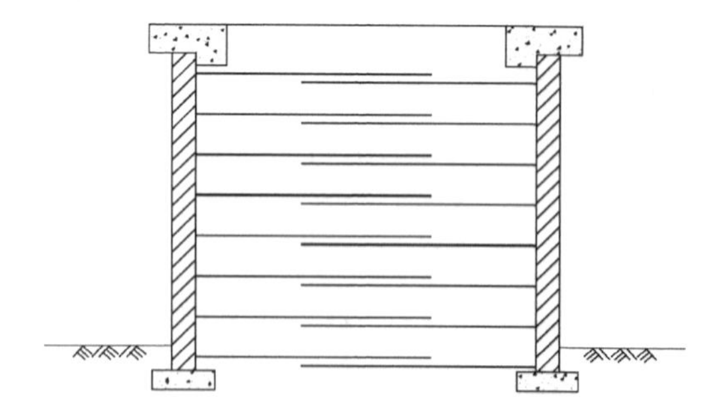

图 6－6　双面加筋土挡土墙拉筋布设

2. 平　面

加筋土挡土墙的墙面可视地形与路线特点设计成直线、折线和曲线，相邻墙面间的内夹角不宜小于 70°。

3. 纵断面

设置纵坡的加筋土挡土墙顶部，可按纵坡要求设计异形面板，也可将需设异形面板的缺口用现浇混凝土补齐。路堤挡土墙，可改变填土高度使其符合纵坡要求。

加筋土挡土墙的基底不宜设置纵坡，基底可做成水平，或结合地形做成台阶形。

在加筋体内部或下部有涵洞时，因作用于地基的荷载与一般部位不同，易产生不均匀沉降，为不使墙面发生过大的变形，纵向必须设置沉降缝。此外，即使是一般部位，若会出现不均匀沉降，也应设置沉降缝。沉降缝间距应根据地形、地质、墙高以及筋体内是否有涵洞等条件确定，一般不应大于 25 m。

6.2.3 填　料

填料是加筋体的主体材料，必须易于填筑和压实，不应对筋带产生腐蚀作用，水稳定性要好。填料需满足相应的土工标准、化学标准和电化学标准。

土工标准包括力学标准和施工标准。规定土工标准主要是为了使土体和拉筋间能发挥较大的摩擦力。力学标准主要包括填料的内摩擦角和填料与筋带间的似摩擦系数；施工标准是确保力学标准的重要保障，主要是填料的级配和压实要求。

填料的化学和电化学标准，主要是为了保证筋带的长期使用品质和填料本身的稳定。

当筋带为钢带时，填料的化学和电化学标准应符合相关规定。

采用土工格栅、聚乙烯土工加筋带、聚丙烯土工加筋带的填料中，不宜含有二价以上铜、镁、铁离子及氯化钠、碳酸钠、硫化物等化学物质。

应由试验和地区应用经验确定填料与筋带之间的似摩擦系数。当无上述条件时，可按照表 6－1 的数值采用。

表 6－1　填料与筋带之间的似摩擦系数 f'

填料类型	黏性土	砂类土	砾碎石类土
似摩擦系数 f'	0.25～0.40	0.35～0.45	0.40～0.50

注：1. 有肋钢带的似摩擦系数可提高 0.1。

2. 墙高大于 12 m 的高挡土墙似摩擦系数取低值。

填料与筋带之间的似摩擦系数 $f' \geqslant 0.4$。为满足上述标准和要求，加筋土挡土墙宜采用渗水性良好的中粗砂、砂砾或碎石填筑，填料与筋材直接接触部分不应含有尖锐棱角的块体，填料最大粒径不应大于 100 mm。禁止使用泥炭、淤泥、冻结土、盐渍土、垃圾土、白垩土及硅藻土等作填料。

对于浸水地区的加筋土挡土墙，由于使用较少，尤其对使用黏性土没有经验，因此，应采用渗水性好的土作为填料，以及时排出加筋体内的水分。设计水位以下宜采用石砌或混凝土实体墙，在面板内侧应设置反滤层或铺设透水土工织物。

季节性冰冻地区的加筋体，宜采用非冻胀土作填料，否则，应在墙面板内侧设置厚度不小于 0.5 m 的砂砾防冻层。

6.2.4 拉　筋

1. 对拉筋的要求

拉筋对于加筋土挡土墙至关重要，其作用是通过拉筋与填料之间的摩擦作用，承受水平拉力，从而使加筋体稳定。因此，拉筋材料应符合以下要求：

① 抗拉强度大，拉伸变形小和蠕变小，不易产生脆性破坏。

② 拉筋与填料之间应具有足够大的摩擦力。

③ 应具有较好的柔性、韧性。

④ 有良好的耐腐蚀性和耐久性。

⑤ 与面板的连接必须牢固可靠。

2. 拉筋材料

拉筋材料宜采用土工格栅、复合土工带或钢筋混凝土板带。本书主要介绍土工格栅作为拉筋材料，因为土工格栅呈席垫式满铺，极大增加了筋-土接触面积，充分发挥加筋效应，提高加筋体的稳定性。

用在路基工程中的土工格栅的主要类型有拉伸塑料土工格栅、经编涤纶土工格栅、焊接钢塑土工格栅等。

拉伸塑料土工格栅一般有单向拉伸、双向拉伸等形式。单向拉伸塑料土工格栅主要采用高密度聚乙烯（HDPE）或聚丙烯（PP）为原料，其拉伸强度高，延伸率低，是目前广泛采用的一种加筋材料，如图 6－7(a)所示。双向拉伸塑料土工格栅主要采用聚丙烯（PP）为原料，用于加筋时能将应力均匀分布于各个方向，整体性好，适合于大面积永久荷载的地基补强，如图 6－7(b)所示。

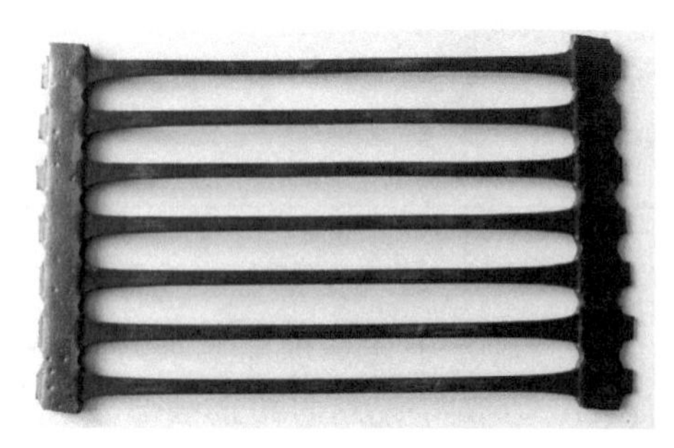

(a) 单向拉伸土工格栅

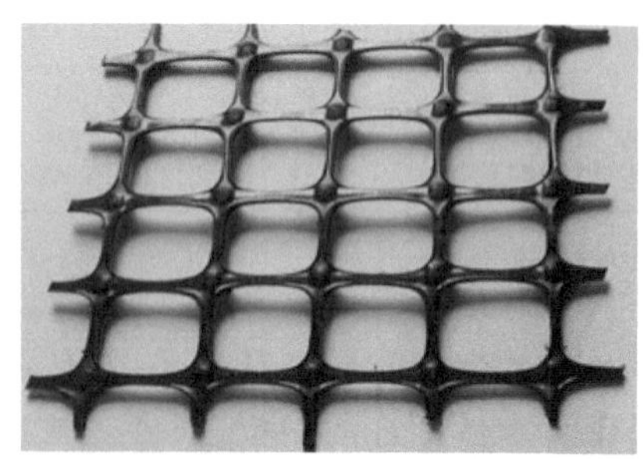

(b) 双向拉伸土工格栅

图 6－7　拉伸塑料土工格栅

经编涤纶土工格栅采用涤纶纤维长丝为原料，经纬向定向编织成网状胚布，涂覆聚氯乙烯（PVC）胶或丁苯胶乳加工成的平面网状结构土工格栅，如图 6－8 所示。其强度高，模量大，蠕变小，抗撕裂能力强，但制作要求高。

焊接钢塑土工格栅以高强钢丝为原材料，经特殊处理，与聚乙烯(PE)混合，并添加其他助剂，通过挤出使之成为复合型高强抗拉条带，且表面有粗糙压纹。此单带在纵横方向按一定间距编织或夹合排列，采用特殊强化黏结的熔焊技术，焊接其交接点而形成，如图 6-9 所示。

图 6-8　经编涤纶土工格栅

图 6-9　焊接钢塑土工格栅

3. 拉筋最小长度

在满足抗拔稳定条件下，拉筋长度应符合下列规定：

① 墙高大于 3.0 m 时，拉筋长度不应小于 0.8 倍墙高，且不小于 5.0 m。当采用不等长拉筋时，同长度拉筋的墙段高度不应小于 3.0 m。相邻不等长拉筋的长度差不宜小于 1.0 m。

② 墙高小于 3.0 m 时，拉筋长度不应小于 3.0 m，且应采用等长拉筋。

③ 采用预制钢筋混凝土带时，每节长度不宜大于 2.0 m。

4. 拉筋布置

当面板采用预制混凝土模块、拉筋采用土工格栅时，上下相邻拉筋间的间距不宜超过块体宽度(墙前至墙后间的距离)的 2 倍或 0.8 m 两者中的小值。最上层拉筋以上和底部拉筋以下的面板最大高度不得大于块体宽度。

6.2.5　墙面板

墙面板的作用是防止拉筋间填料侧向挤出、传递土压力以及便于拉筋固定布设，并保证拉筋、填料、墙面板构成一个具有一定形状的整体。

墙面板应满足坚固、美观、运输方便和易于安装等要求。

墙面板与拉筋的连接应坚固可靠，可采用预埋钢拉环、钢板锚头或预留穿筋孔等构造形式。当采用模块式面板时，连接方式可采用拉筋铺设于上下模块之间或从组合模块之间绕过等形式，如图 6-10 所示。

墙面板的常见类型主要有以下几种。

1. 钢筋混凝土面板

钢筋混凝土面板可采用预制构件，强度等级不宜低于 C20，厚度不应小于 80 mm。面板外形可采用十字形、六角形、矩形、弧形、槽形、L 形等，竖向相邻面板通常以销钉连接。土工格栅可与面板上的预埋连接拴(或销)相连接。

2. 预制混凝土模块面板

这种面板采用预制混凝土模块，模块尺寸一般高 10～30 cm，宽 20～40 cm，长 25～50 cm，可为实心或空心，模块上下均带有企口，竖向既可直接码砌也可采用销钉连接，模块间的空隙可兼具排水功能，如图 6-10(a)所示为某 L 形模块面板示意图。

模块可以在工厂预制，大大加快施工进度，对墙面变形具有很强的适应性，同时也具有良好的抗震性能。

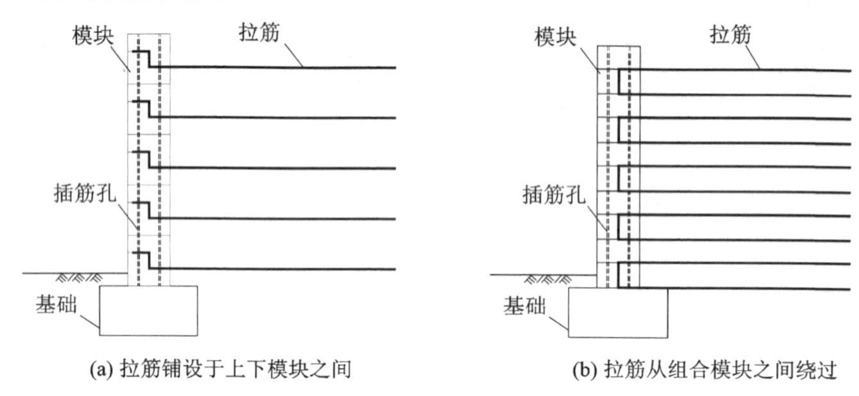

图 6-10 预制混凝土模块面板

3. 无面板

这是土工格栅在外侧用土工袋反包，并与上层土工格栅通过连接棒连接而形成的筋材自连接的加筋土挡土墙，如图 6-11 所示。这种无面板加筋土挡土墙，整体稳

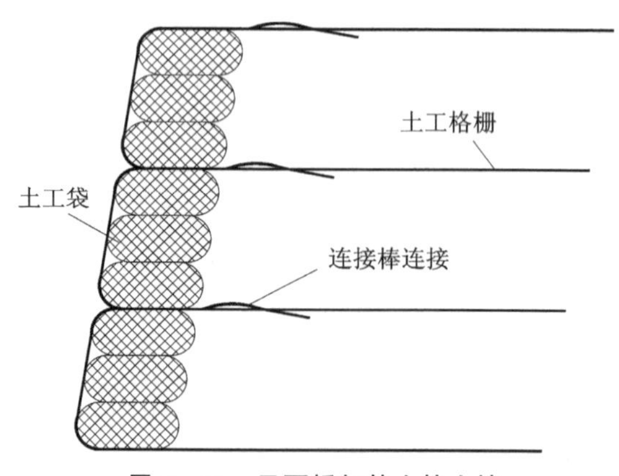

图 6-11 无面板加筋土挡土墙

定性好,同时可以在土工格栅空隙中种植植物或进行喷播植草,用以保护土工格栅免受紫外线直射,还可起绿化、美观的作用。

4. 格宾面板

格宾(石笼)面板是由网箱组砌而成的,如图 6－12 所示。

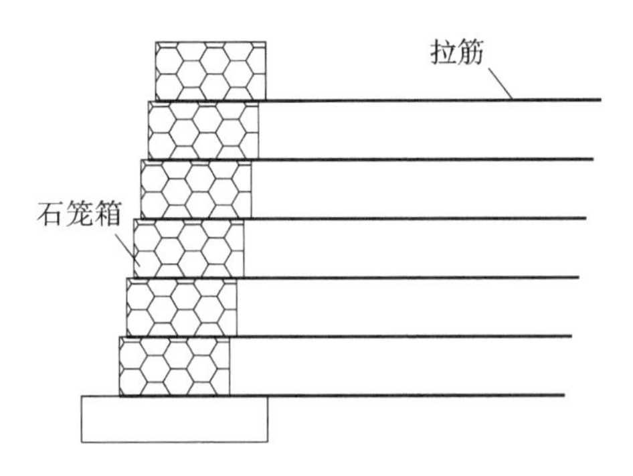

图 6－12　格宾面板

格宾挡墙是近年来发展起来的新型挡土结构。该挡墙是将抗腐耐磨的低碳镀锌钢丝或镀锌铝合金丝编织成双绞六边形网孔的网片,根据工程设计要求组装成蜂巢网箱,装入片块石等填充材料,并采用同质镀锌丝或镀锌铝合金丝以一定方式绑扎连接,形成挡土结构。

格宾可以单独做墙,那么减小其截面尺寸用来做加筋土挡墙是一种非常好的思路。格宾挡墙具有整体性好、柔韧性好、透水性好、适应变形能力强、抗冲刷能力强、绿化景观效果好等特点。

石笼内填充物应采用质地坚硬、不易崩解和水解的片石或块石,石料粒径宜为 100～300 mm,粒径小于 100 mm 的石料不应超过 15%,且不得用于石笼网格外露面,空隙率不得超过 30%。

6.2.6　墙面基础

墙面应设置混凝土基础,其宽度不应小于 0.40 m,厚度不应小于 0.20 m,但属下列情况之一者可不设基础:

① 墙面筑于石砌圬工或混凝土之上。

② 地基为节理不发育的硬质基岩。

基础埋置深度,对于土质地基不应小于 0.60 m。设置在岩石上时,应清除表面风化层,当风化层较厚难以全部清除时,可采用对土质地基埋置深度的规定。

浸水地区与冰冻地区的基础埋置深度请参考第 3 章。

季节性冰冻地区,当基础埋深小于冻结线时,自基底至冻结线范围内的土,应换填为非冻胀性的中砂、粗砂、砾石等粗粒土,其中,粉土、黏土粒的含量不应大于 15%。

非浸水加筋土墙，当基础埋深小于 1.25 m 时，宜在墙面地表处设置宽度为 1.0 m、厚度大于 0.25 m 的混凝土预制块或浆砌片石防护层，其表面做成向外倾斜 3%～5%的排水横坡。

6.2.7 排水设施

对可能危害加筋土工程的地面水和地下水，应采取适当的排水或防水措施。当加筋体背后有地下水渗入时，应设置通向加筋体外的排水层，排水层可采用砂砾材料，其厚度不应小于 0.50 m。当加筋体顶面有渗水可能时，应采用防渗封闭措施。

墙面板应预留泄水孔，泄水孔的设置请参考第 1 章。墙后填料为细粒土时，应设置反滤层。

6.3 加筋土挡土墙设计计算

6.3.1 设计计算内容

加筋土挡土墙破坏形式主要有因筋带强度不足和抗拔力不够导致的加筋体断裂、外部不稳定造成的破坏等，因此加筋土挡土墙应进行内部稳定性计算和外部稳定性计算。

内部稳定性计算内容主要包括：筋带抗拉承载力验算、抗拔验算，并确定筋带的截面积、筋带长度，确定面板的厚度和配置钢筋，对于墙高大于 12 m 的挡土墙，还宜采用总体平衡法予以验算。

外部稳定性计算内容主要包括：基底承载力验算、加筋体基底抗滑动稳定性验算、抗倾覆稳定性验算、地基与墙后土体的整体滑动验算，建于软土地基上的加筋体应作地基沉降计算。

6.3.2 内部稳定性计算

1. 计算方法

加筋体内部稳定性计算的方法很多，大多采用库伦和朗肯理论导出。通常用于设计的方法可分为两大类：

① 应力分析法：以朗肯理论为基础，视加筋土为复合材料。

② 楔体平衡分析法：以库伦理论为基础，视加筋土为复合结构。

两个方法的主要区别在于：破裂面形状、墙面转动中心和土侧压应力分布，如图 6-13 所示。

应力分析法认为，在某一深度(一般为 6 m)以下处于主动极限平衡状态，而墙顶处于弹性平衡状态，并随墙深逐渐变化到主动极限平衡状态，其破坏主要是由绕墙顶旋转的侧向变形引起。

楔体平衡分析法认为，整个墙高都处于主动极限平衡状态，主动土压力系数沿墙高不变，其破坏主要是由绕墙趾转动引起的。

有些资料建议：对于抗拉模量高、延伸率低的刚性拉筋，宜采用应力分析法；对于塑料土工格栅或有纺土工布等拉伸模量相对较低的柔性拉筋，宜采用楔体平衡分析法。

公路与铁路的规范都是采用应力分析法，因此本书主要介绍应力分析法。

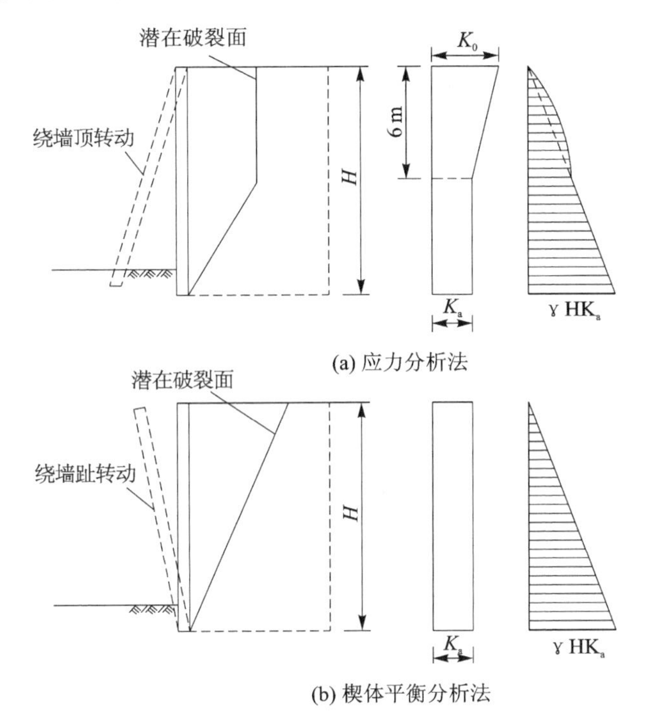

图 6－13　两种方法的主要区别

2. 应力分析法

(1) 基本原理和假定

应力分析法的基本原理是：根据作用在填料中最大拉应力点上的应力来计算拉筋的最大拉力。在最大拉应力点上不存在剪应力，主要为垂直应力 σ_1 和水平应力 σ_3，根据对称原理，在两筋层之间的介质平面上同样可以假设无剪应力，可以认为局部应力 σ_3 由拉筋来平衡，如图 6－14 所示。

应力分析法采用如下基本假定：

① 在荷载作用下，加筋体沿着拉筋最大拉力点的连线破坏，因此加筋体被拉筋最大拉力点的连线分为活动区和稳定区。为方便计算，将破裂面进行简化，如图 6－15 所示，简化破裂面上部的竖直部分与墙面板的距离 b_H 为 $0.3H$，简化破裂面下部的倾斜面部分与水平面的夹角为 $45°+\varphi/2$（φ 为加筋体填料的内摩擦角）。

② 挡土墙顶部为静止状态，随深度逐渐向主动应力状态转变，深度达到 6 m 以下变为主动应力状态。

③ 只有稳定区内的拉筋与填料的相互作用才能产生抗拔力。

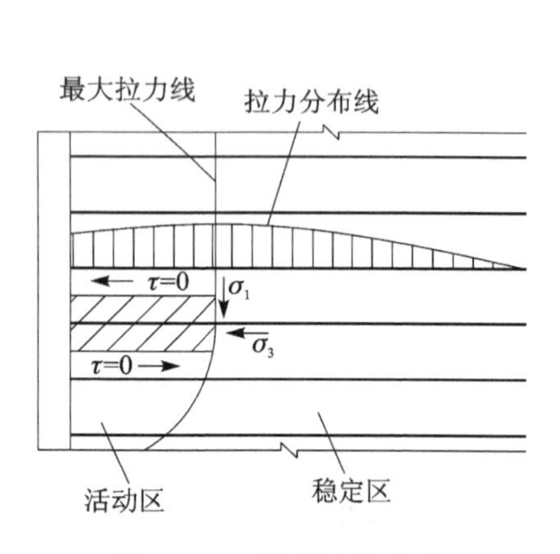

图 6-14　填料中的应力

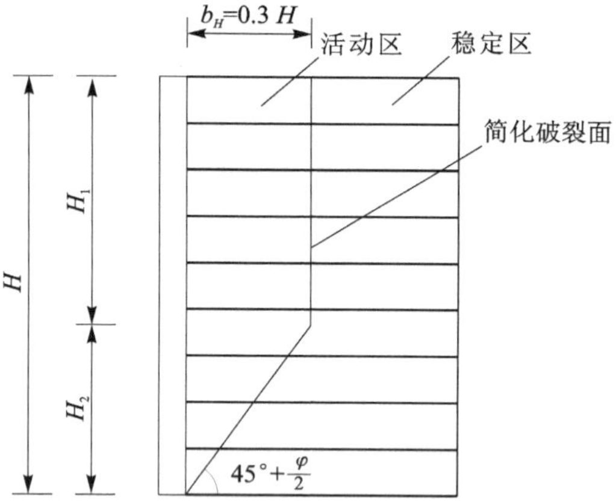

图 6-15　简化破裂面

(2) 土压力系数

根据基本假定，土压力系数 K_i 按下式计算：

当 $z_i \leqslant 6$ m 时，

$$K_i = K_0\left(1-\frac{z_i}{6}\right)+K_a\frac{z_i}{6} \tag{6-6}$$

当 $z_i > 6$ m 时，

$$K_i = K_a \tag{6-7}$$

$$K_0 = 1-\sin\varphi \tag{6-8}$$

$$K_a = \tan^2\left(45°-\frac{\varphi}{2}\right) \tag{6-9}$$

式中：K_i——加筋体内 z_i 深度处土压力系数；

z_i——第 i 单元筋带结点至加筋体顶面的垂直距离(m)；

K_0——静止土压力系数，按式(6-8)计算；

K_a——主动土压力系数，按式(6-9)计算；

φ——填料内摩擦角(°)。

(3) 拉筋拉力计算

根据应力分析法的基本原理和基本假定，加筋体内任一深度 z_i 处的水平应力由拉筋来局部平衡，因此，z_i 深度处的拉筋所受的拉力 T_i 为

$$T_i = K_i\sigma_{vi}S_xS_y \tag{6-10}$$

$$\sigma_{vi} = \sigma_i + \sigma_{fi} \tag{6-11}$$

式中：K_i——加筋体内 z_i 深度处土压力系数，按式(6-6)和式(6-7)计算；

σ_{vi}——z_i 深度处，作用于拉筋上的竖直压应力(kPa)；

σ_i——z_i 深度处，永久荷载重力作用于拉筋上的竖直压应力(kPa)，按式(6-12)计算；

σ_{fi}——z_i 深度处，车辆(或人群)附加荷载作用于拉筋上的竖直压应力(kPa)；

S_x——筋带结点水平间距(m)，当采用土工格栅时可取 1 m；

S_y——筋带结点垂直间距(m)。

$$\sigma_i = \gamma z_i + \gamma_1 h_1 \tag{6-12}$$

$$h_1 = \frac{1}{m}\left(\frac{H}{2} - b_b\right) \leqslant a \tag{6-13}$$

式中：γ——加筋体重度(kN/m^3)，当为浸水挡土墙时，应按最不利水位上下的不同重度分别计入；

γ_1——墙顶填土重度(kN/m^3)；

h_1——加筋体上坡面填土换算等代均布土厚度(m)，如图 6-16 所示，按式(6-13)计算，当 $h_1 > a$ 时，应取 $h_1 = a$；

m——加筋体顶面填土的边坡坡率；

H——加筋体高度(m)；

b_b——边坡坡脚至面板的距离(m)；

a——加筋体以上路堤的高度(m)。

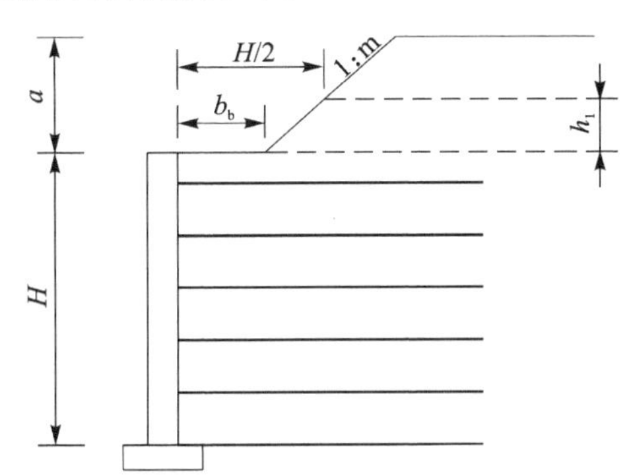

图 6-16　路堤式挡土墙加筋体上填土的等代土层厚度计算图

在计算 σ_{fi} 时，假定附加荷载沿深度以 1∶0.5 向下扩散荷载，如图 6-17 所示。当扩散线的内边缘点(D 点)未进入活动区时，$\sigma_{fi}=0$；当扩散线的内边缘点进入活动区时，σ_{fi} 按式(6-14)计算。

$$\sigma_{fi} = \gamma_1 h_0 \frac{L_c}{L_{ci}} \tag{6-14}$$

$$L_{ci} = \begin{cases} L_c + b_c + \dfrac{a + z_i}{2} & (z_i + a > 2b_c) \\ L_c + a + z_i & (z_i + a \leqslant 2b_c) \end{cases} \tag{6-15}$$

式中：h_0——车辆（或人群）附加荷载换算等代均布土层厚度（m）；

L_c——加筋体计算时，附加荷载的布置宽度（m），可取路基全宽；

b_c——面板背面至路基边缘的水平距离（m）；

L_{ci}——z_i 深度处，σ_{fi} 的扩散宽度（m），按式（6－15）计算。

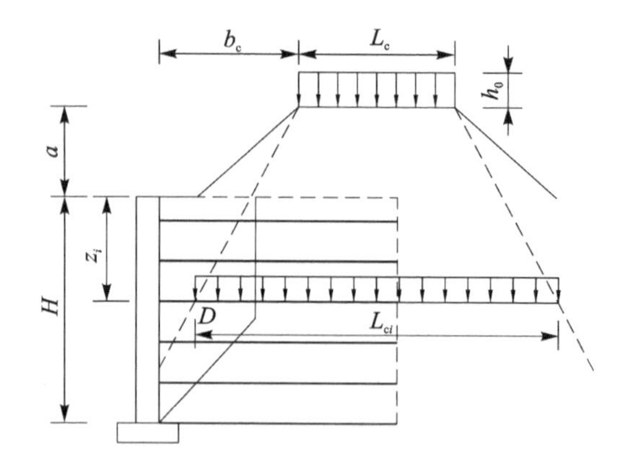

图 6－17　车辆荷载作用下竖直应力计算图

（4）拉筋抗拔计算

进行拉筋抗拔验算时，不计附加荷载引起的抗拔力。一个筋带结点的抗拔稳定性应按下式验算：

$$\gamma_0 T_{i0} \leqslant \frac{T_{pi}}{\gamma_{R1}} \tag{6-16}$$

$$T_{i0} = \gamma_{Q1} T_i \tag{6-17}$$

$$T_{pi} = 2f'\sigma_i b_i L_{ai} \tag{6-18}$$

式中：γ_0——结构重要性系数；

T_{i0}——z_i 深度处的筋带所承受的水平拉力设计值（kN）；

T_i——z_i 深度处的筋带所承受的水平拉力（kN），按式（6－10）计算；

γ_{Q1}——加筋体及墙顶填土主动土压力或附加荷载土压力的分项系数；

T_{pi}——永久荷载重力作用下，z_i 深度处，筋带有效长度所提供的抗拔力（kN）；

γ_{R1}——筋带抗拔力计算调节系数，按表 6－2 中数据采用；

f'——填料与筋带间的似摩擦系数，由试验确定，无可靠资料时，可参照表 6－1 中数据采用；

b_i——节点上筋带总宽度（m），土工格栅可取 1.0 m；

L_{ai}——筋带在稳定区内的有效锚固长度（m）。

表 6－2　筋带抗拔力计算调节系数 γ_{R1}

荷载组合	Ⅰ、Ⅱ	Ⅲ	施工荷载
γ_{R1}	1.4	1.3	1.2

拉筋长度由活动区内长度和稳定区内长度组成，可按下式计算：

$$L_i = L_{ai} + L_{fi} \tag{6-19}$$

$$L_{fi} = \begin{cases} 0.3H & (0 < z_i \leqslant H_1) \\ (H - z_i)\tan\left(45^\circ - \dfrac{\varphi}{2}\right) & (H_1 < z_i \leqslant H) \end{cases} \tag{6-20}$$

$$H_1 = H - 0.3H\tan\left(45^\circ + \frac{\varphi}{2}\right) \tag{6-21}$$

式中：L_i——第 i 层拉筋总长度(m)；

L_{fi}——第 i 层拉筋在加筋体活动区内的长度(m)；

H_1——简化破裂面的上段高度(m)，按式(6-21)计算；

H——加筋体高度(m)；

φ——填料内摩擦角(°)。

(5) 拉筋抗拉强度计算

当拉筋材料为土工格栅时，抗拉强度计算应符合下式：

$$\gamma_0 T_{i0} \leqslant \frac{T}{\gamma_f \gamma_{R2}} \tag{6-22}$$

式中：T——由拉伸试验测得的极限抗拉强度(kN/m)；

γ_f——拉筋材料抗拉性能的分项系数，各类筋材均取 1.25；

γ_{R2}——拉筋材料抗拉计算调节系数，土工格栅取 1.8～2.5。施工条件差、材料蠕变大时取大值；材料蠕变小或施工荷载验算时，取小值。

(6) 全墙抗拔稳定性计算

进行全墙抗拔稳定性计算时，分项系数均取 1.0，并应符合下式：

$$K_b = \frac{\sum T_{pi}}{\sum T_i} \geqslant 2 \tag{6-23}$$

式中：K_b——全墙抗拔稳定系数；

$\sum T_{pi}$——各层拉筋所产生的摩擦力总和；

$\sum T_i$——各层拉筋承担的水平拉力总和。

当墙高超过 12 m 时，还应采用总体平衡法进行验算，应符合式(6-24)，计算图如图 6-17 所示。总体平衡法认为：应当考虑布设了拉筋的加筋体在任意荷载作用下，有在任意高度处出现与库伦破裂面倾角不同的潜在破裂面的可能，并要求满足楔体下滑的水平分力与各单元拉筋拉力的总和相平衡。计算时，通常从墙顶开始，将破裂面与墙面的交点定在上下两加筋体单位的分界点，由上而下逐层进行，并假设破裂面为倾斜平面。

$$\frac{1}{P_i}\sum_{j=m}^{i} S_j \geqslant 1.25 \tag{6-24}$$

$$P_i = \frac{G_i + Q_{vi}}{\tan(\alpha + \varphi)} S_x \tag{6-25}$$

$$S_j = \min\left(b_j f' L_{aj} \sigma_j, \quad \frac{T}{\gamma_0 \gamma_{Q1} \gamma_f \gamma_{R2}}\right) \tag{6-26}$$

式中：S_j——被潜在破裂面所截割的第 j 层筋带的有效拉力(kN)；

Q_{vi}——加筋体上的附加荷载(kN/m)；

G_i——加筋体破裂楔体重力(kN/m)；

α——破裂面与墙面的夹角(°)，需试算多个角度；

σ_j——加筋体内深度 z_j 处的竖直压应力(kPa)，按式(6－12)计算；

b_j——筋带宽度(m)，土工格栅取 1 m；

L_{aj}——筋带在稳定区内的有效锚固长度(m)。

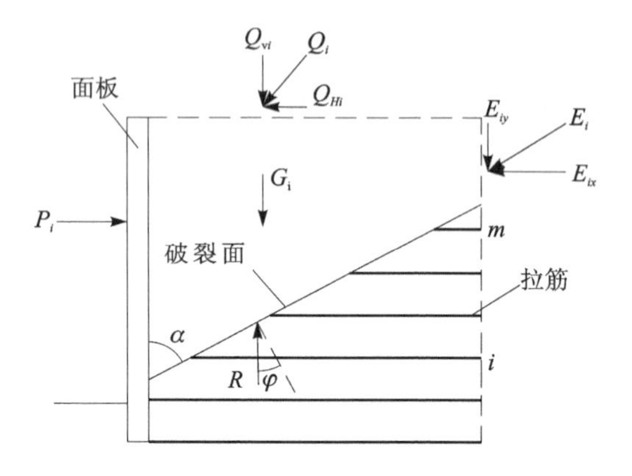

图 6－18 总体平衡法计算图

6.3.3 外部稳定性计算

外部稳定性分析中，视加筋体为刚体，按照重力式挡土墙的计算方法，进行抗滑动、抗倾覆、基底应力和偏心距等计算。必要时，还应进行加筋体与地基整体滑动计算。

1. 土压力计算

根据加筋土挡土墙墙后填土的不同边界条件，采用库伦理论计算作用于加筋体假想墙背 CD 上的主动土压力，如图 6－19 所示。

墙背 CD 的摩擦角 δ 取墙后填土内摩擦角和加筋体填土内摩擦角中的小值。

2. 采用重力式挡土墙的计算方法进行计算

验算方法同重力式挡土墙，但是在基底应力计算时，基底不允许出现拉力。

3. 整体稳定性计算

对于较高的加筋土挡土墙，以及建于承载力和工程性质较差的下卧地层上时，有

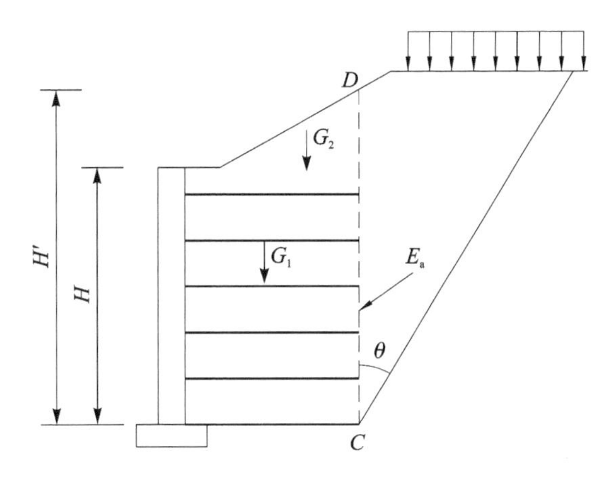

图 6-19　加筋体土压力计算图

必要进行整体稳定性计算。通常采用瑞典条分法，如图 6-20 所示，加筋土挡土墙的整体滑动稳定系数可按式(6-27)计算，要求 $K_s>1.25$。一般取不与拉筋相割的圆弧，若相割时应考虑拉筋的作用。

$$K_s=\frac{\sum(c_il_i+W_i\cos\alpha_i\tan\varphi_i)}{\sum W_i\sin\alpha_i} \tag{6-27}$$

式中：c_i——第 i 土条的黏聚力(kPa)；

l_i——第 i 土条弧长(m)；

W_i——第 i 土条重力(kN)；

α_i——第 i 土条滑动弧的法线与竖直线的夹角(°)；

φ_i——第 i 土条滑动面处的内摩擦角(°)。

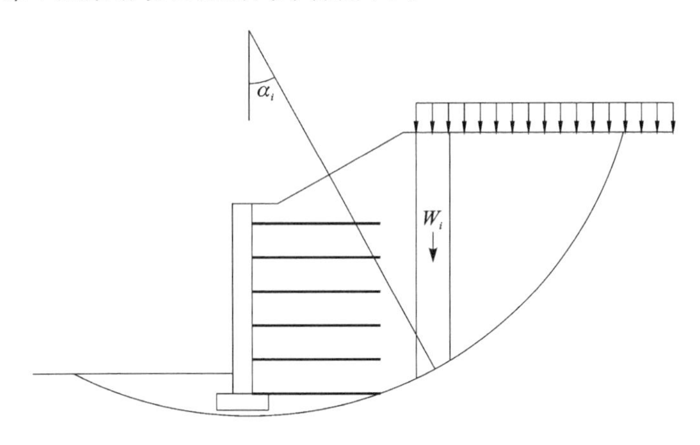

图 6-20　整体滑动计算示意图

6.3.4 墙面板计算

1. 钢筋混凝土预制面板计算

采用钢筋混凝土预制墙面板时，应按下列规定设计计算：

① 作用于单板上的土压力视为均匀分布。

② 面板作为两端外伸的简支板，沿竖直方向和水平方向分别计算内力。

③ 墙面板与筋带的连接部分适当加强。

2. 预制混凝土模块面板计算

采用预制混凝土模块面板时，现行设计规范没有明确规定计算方法，本书参考文献[8]，提出如下计算方法，如图 6-21 所示。

(1) 抗滑稳定性计算

模块在水平土压力作用下，是否从墙面滑脱，这取决于模块上下面的摩擦阻力。抗滑稳定系数 K_c 可按式(6-28)计算。

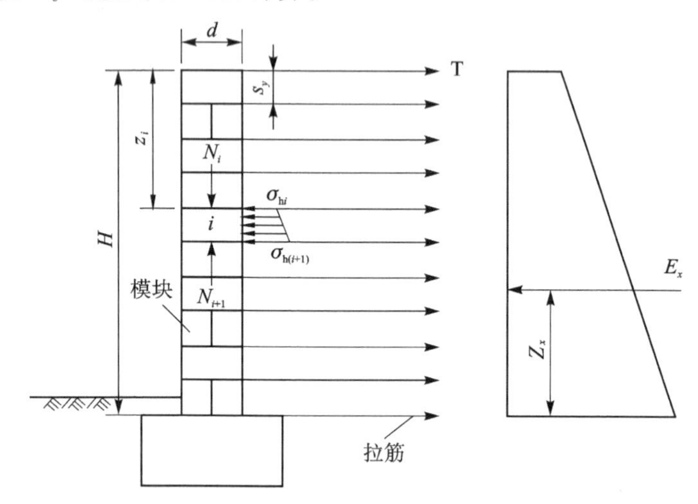

图 6-21 预制混凝土模块面板计算示意图

$$K_c = \frac{(N_i + N_{i+1})f}{0.5(\sigma_{hi} + \sigma_{h(i+1)})S_y} \tag{6-28}$$

$$\sigma_{hi} = K_i \sigma_{vi} \tag{6-29}$$

$$\sigma_{h(i+1)} = K_{i+1} \sigma_{v(i+1)} \tag{6-30}$$

式中：K_c——抗滑稳定系数，建议不小于 2.0；

N_i——第 i 层模块顶面所受到的墙面板重力(kN)；

N_{i+1}——第 i 层模块底面所受到的墙面板重力(kN)；

f——模块之间的摩擦系数；

σ_{hi}——第 i 层模块顶面所受到的水平土压应力(kPa)，按式(6-29)计算；

$\sigma_{h(i+1)}$——第 i 层模块底面所受到的水平土压应力(kPa)，按式(6－30)计算；

S_y——模块高度(m)。

若抗滑稳定验算不满足式(6－28)，可采取增大模块尺寸、改善模块连接方式等措施。

(2) 抗倾覆稳定性计算

抗倾覆稳定性计算的目的是保证墙面板在水平土压力作用下不至于倾倒。抗倾覆稳定系数可按式(6－31)计算。

$$K_0=\frac{N\times\dfrac{d}{2}+\sum\dfrac{T}{\gamma_0\gamma_{Q1}\gamma_f\gamma_{R2}}(H-z_i)}{E_xZ_x} \tag{6-31}$$

式中：K_0——抗倾覆稳定系数，建议不小于 1.3；

N——墙面板总重力(kN)；

d——墙面板厚度(m)；

E_x——墙面板受到的主动土压力的水平分量(kN)；

Z_x——主动土压力的水平分量到加筋体底面的距离(m)。

6.4　加筋土挡土墙设计案例

6.4.1　工程概况

某地区二级公路路堤式加筋土挡土墙，挡土墙高度 12 m，顶部填土 0.6 m，其计算断面如图 6－22 所示。

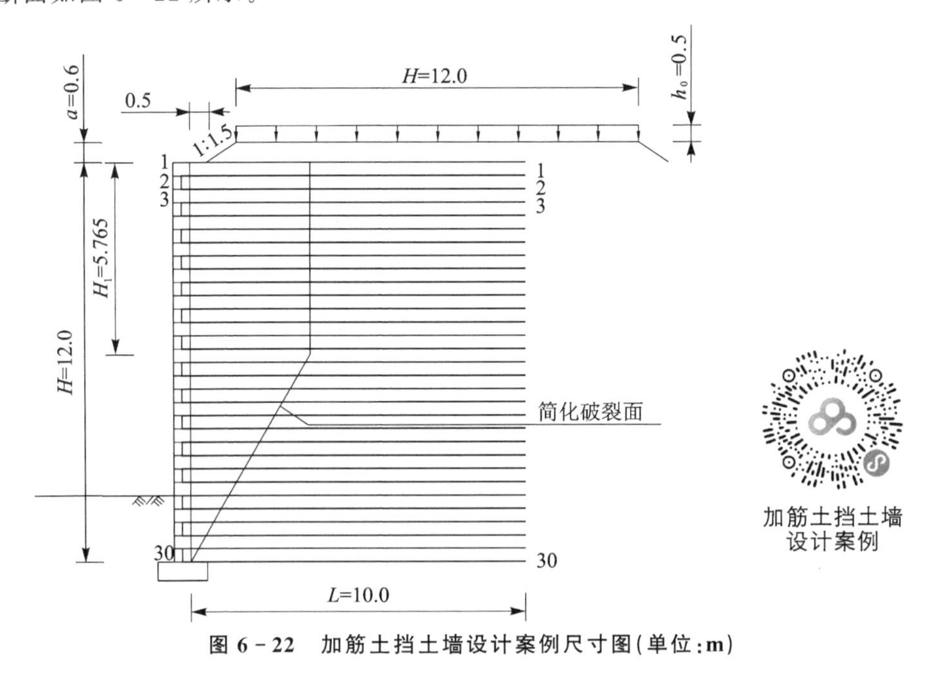

图 6－22　加筋土挡土墙设计案例尺寸图(单位：m)

各项计算参数如下：

① 路基宽度 12.0 m。

② 面板规格：采用组合式预制混凝土模块，模块宽 0.5 m，高 0.4 m，重度 24 kN/m³，模块间摩擦系数取 0.65。

③ 拉筋：采用钢塑土工格栅，抗拉强度 120 kN/m，竖向间距 0.4 m，与填料间的似摩擦系数取 0.4。总共布置 30 层拉筋，第 1 层拉筋距离墙顶 0.4 m，所有拉筋长度均是 10.0 m。

④ 填料（与墙顶填料相同）：重度 20 kN/m³，内摩擦角 30°。

⑤ 地基：重度 22 kN/m³，内摩擦角 30°，黏聚力 23 kPa，地基承载力特征值 450 kPa，加筋土与地基的摩擦系数取 0.4。

6.4.2 内部稳定性计算

加筋土挡土墙墙高不大于 12 m，因此内部稳定性可以不采用总体平衡法进行计算。

1. 拉筋拉力计算

（1）加筋体上填土重力换算为等代均布土层厚度

$$h_1=\frac{1}{m}\left(\frac{H}{2}-b_b\right)=\frac{1}{1.5}\times\left(\frac{12}{2}-0.5\right)\ \text{m}=3.67\ \text{m}>a$$

因此，取 $h_1=a=0.6$ m。

（2）车辆荷载换算为等代均布土层厚度

墙高 $H>10.0$ m，所以 $q=10\ \text{kN/m}^2$，则 $h_0=q/\gamma=10/20=0.5$ m。

（3）拉筋拉力计算

静止土压力系数为：

$$K_0=1-\sin\varphi=1-\sin 30°=0.5$$

主动土压力系数为：

$$K_a=\tan^2\left(45°-\frac{\varphi}{2}\right)=\tan^2\left(45°-\frac{30°}{2}\right)=0.333$$

下面以第 6 层拉筋为例，进行拉力计算，其他拉筋计算结果详见表 6-3。

第 6 层拉筋距加筋体顶面距离 $z_6=2.4\ \text{m}<6$ m，因此其土压力系数为：

$$K_6=0.5\times\left(1-\frac{2.4}{6}\right)+0.333\times\frac{2.4}{6}=0.433$$

永久荷载重力作用于拉筋上的竖直压应力为：

$$\sigma_6=\gamma z_6+\gamma_1 h_1=(20\times2.4+20\times0.6)\ \text{kPa}=60\ \text{kPa}$$

下面计算车辆荷载作用在拉筋上的竖直压应力。

$$b_c=(0.5+1.5\times0.6)\ \text{m}=1.4\ \text{m}$$

$$z_6+a=(2.4+0.6)\ \text{m}=3.0\ \text{m}>2b_c=2\times1.4=2.8\ \text{m}$$

所以

$$L_{c6}=L_c+b_c+\frac{a+z_6}{2}=\left(12+1.4+\frac{0.6+2.4}{2}\right)\ \text{m}=14.9\ \text{m}$$

车辆荷载作用在拉筋上的竖直压应力为：

$$\sigma_{f6}=\gamma_1 h_0\ \frac{L_c}{L_{c6}}=\left(20\times0.5\times\frac{12}{14.9}\right)\ \text{kPa}=8.054\ \text{kPa}$$

则该拉筋受到的拉力为：

$T_6=K_6\sigma_{v6}S_xS_y=K_6(\sigma_6+\sigma_{f6})S_xS_y=[0.433\times(60+8.054)\times1\times0.4]\ \text{kN}=11.787\ \text{kN}$

该拉筋受到的拉力设计值为：

$$T_{60}=\gamma_{Q1}T_6=(1.4\times11.787)\ \text{kN}=16.502\ \text{kN}$$

表 6-3　拉筋拉力计算表

拉筋层数 i	z_i/m	K_i	σ_i/kPa	L_{ci}/m	$\frac{L_c}{L_{ci}}$	σ_{fi}/kPa	T_i/kN	T_{i0}/kN
1	0.4	0.489	20	13	0.923	9.231	5.718	8.005
2	0.8	0.478	28	13.4	0.896	8.955	7.066	9.892
3	1.2	0.467	36	13.8	0.870	8.696	8.349	11.689
4	1.6	0.455	44	14.2	0.845	8.451	9.546	13.364
5	2	0.444	52	14.6	0.822	8.219	10.695	14.973
6	2.4	0.433	60	14.9	0.805	8.054	11.787	16.502
7	2.8	0.422	68	15.1	0.795	7.947	12.820	17.948
8	3.2	0.411	76	15.3	0.784	7.843	13.784	19.297
9	3.6	0.400	84	15.5	0.774	7.742	14.679	20.550
10	4	0.389	92	15.7	0.764	7.643	15.504	21.706
11	4.4	0.378	100	15.9	0.755	7.547	16.261	22.766
12	4.8	0.366	108	16.1	0.745	7.453	16.902	23.663
13	5.2	0.355	116	16.3	0.736	7.362	17.517	24.524
14	5.6	0.344	124	16.5	0.727	7.273	18.063	25.288
15	6	0.333	132	16.7	0.719	7.186	18.540	25.955
16	6.4	0.333	140	16.9	0.710	7.101	19.594	27.431
17	6.8	0.333	148	17.1	0.702	7.018	20.648	28.908
18	7.2	0.333	156	17.3	0.694	6.936	21.703	30.384
19	7.6	0.333	164	17.5	0.686	6.857	22.758	31.861
20	8	0.333	172	17.7	0.678	6.780	23.813	33.339

续表 6-3

拉筋层数 i	z_i/m	K_i	σ_i/kPa	L_{ci}/m	$\frac{L_c}{L_{ci}}$	σ_{fi}/kPa	T_i/kN	T_{i0}/kN
21	8.4	0.333	180	17.9	0.670	6.704	24.869	34.817
22	8.8	0.333	188	18.1	0.663	6.630	25.925	36.295
23	9.2	0.333	196	18.3	0.656	6.557	26.981	37.773
24	9.6	0.333	204	18.5	0.649	6.486	28.037	39.252
25	10	0.333	212	18.7	0.642	6.417	29.093	40.730
26	10.4	0.333	220	18.9	0.635	6.349	30.150	42.210
27	10.8	0.333	228	19.1	0.628	6.283	31.206	43.689
28	11.2	0.333	236	19.3	0.622	6.218	32.263	45.169
29	11.6	0.333	244	19.5	0.615	6.154	33.320	46.649
30	12	0.333	252	19.7	0.609	6.091	34.378	48.129

2. 内部稳定性计算

(1) 拉筋抗拔计算

下面还是以第 6 层拉筋为例,其他计算结果见表 6-4。

表 6-4　拉筋抗拔抗拉验算表

拉筋层数 i	z_i/m	$\gamma_0 T_{i0}$/kN	$\frac{T}{\gamma_f \gamma_{R2}}$/kN	L_{fi}/m	L_{ai}/m	T_{pi}/kN	$\frac{T_{pi}}{\gamma_{R1}}$/kN
1	0.4	8.005	48	3.6	6.4	102.400	73.143
2	0.8	9.892	48	3.6	6.4	143.360	102.400
3	1.2	11.689	48	3.6	6.4	184.320	131.657
4	1.6	13.364	48	3.6	6.4	225.280	160.914
5	2	14.973	48	3.6	6.4	266.240	190.171
6	2.4	16.502	48	3.6	6.4	307.200	219.429
7	2.8	17.948	48	3.6	6.4	348.160	248.686
8	3.2	19.297	48	3.6	6.4	389.120	277.943
9	3.6	20.550	48	3.6	6.4	430.080	307.200
10	4	21.706	48	3.6	6.4	471.040	336.457
11	4.4	22.766	48	3.6	6.4	512.000	365.714
12	4.8	23.663	48	3.6	6.4	552.960	394.971
13	5.2	24.524	48	3.6	6.4	593.920	424.229

续表 6-4

拉筋层数 i	z_i/m	$\gamma_0 T_{i0}$/kN	$\frac{T}{\gamma_f \gamma_{R2}}$/kN	L_{fi}/m	L_{ai}/m	T_{pi}/kN	$\frac{T_{pi}}{\gamma_{R1}}$/kN
14	5.6	25.288	48	3.6	6.4	634.880	453.486
15	6	25.955	48	3.464	6.536	690.191	492.993
16	6.4	27.431	48	3.233	6.767	757.886	541.347
17	6.8	28.908	48	3.002	6.998	828.537	591.812
18	7.2	30.384	48	2.771	7.229	902.144	644.389
19	7.6	31.861	48	2.540	7.460	978.707	699.077
20	8	33.339	48	2.309	7.691	1058.226	755.876
21	8.4	34.817	48	2.078	7.922	1140.702	814.787
22	8.8	36.295	48	1.848	8.152	1226.133	875.809
23	9.2	37.773	48	1.617	8.383	1314.520	938.943
24	9.6	39.252	48	1.386	8.614	1405.863	1004.188
25	10	40.730	48	1.155	8.845	1500.163	1071.545
26	10.4	42.210	48	0.924	9.076	1597.418	1141.013
27	10.8	43.689	48	0.693	9.307	1697.630	1212.593
28	11.2	45.169	48	0.462	9.538	1800.797	1286.284
29	11.6	46.649	48	0.231	9.769	1906.920	1362.086
30	12	48.129	48	0.000	10.000	2016.000	1440.000

简化破裂面的上段高度为

$$H_1 = H - 0.3H\tan\left(45° + \frac{\varphi}{2}\right) = \left[12 - 0.3 \times 12 \times \tan\left(45° + \frac{30°}{2}\right)\right]\ \text{m} = 5.765\ \text{m}$$

$z_6 = 2.4\ \text{m} < H_1$，因此

$L_{f6} = 0.3H = (0.3 \times 12)\ \text{m} = 3.6\ \text{m}$

$L_{a6} = L_6 - L_{f6} = (10 - 3.6)\ \text{m} = 6.4\ \text{m}$

$T_{p6} = 2f'\sigma_6 b_6 L_{a6} = (2 \times 0.4 \times 60 \times 1.0 \times 6.4)\ \text{kN} = 307.200\ \text{kN}$

$$\gamma_0 T_{60} = 1.0 \times 16.502\ \text{kN} \leqslant \frac{T_{p6}}{\gamma_{R1}} = \left(\frac{307.200}{1.4}\right)\ \text{kN} = 219.429\ \text{kN}$$

由表 6-4 可知，其他拉筋的抗拔稳定计算也满足。

(2) 拉筋抗拉强度计算

拉筋抗拉强度 T 为 120 kN/m，γ_f 取 1.25，γ_{R2} 取 2.0，经过计算，各层拉筋均符合 $\gamma_0 T_{i0} \leqslant \frac{T}{\gamma_f \gamma_{R2}}$ 的要求，详见表 6-4。

（3）全墙抗拔稳定性计算

$$K_{b}=\frac{\sum T_{pi}}{\sum T_{i}}=\frac{25\ 982.798\ \text{kN}}{601.970\ \text{kN}}=43.16\geqslant 2$$

满足对全墙抗拔稳定性的要求。

6.4.3　外部稳定性计算

1. 土压力计算

墙背 AB 竖直，采用朗肯理论计算土压力，如图 6－23 所示。

路基顶面 A 点处土压应力为

$$\sigma_{A}=\gamma h_{0}\tan^{2}\left(45°-\frac{\varphi}{2}\right)=\left[20\times 0.5\times\tan^{2}\left(45°-\frac{30°}{2}\right)\right]\ \text{kPa}=3.333\ \text{kPa}$$

基底 B 点处土压应力为

$$\sigma_{B}=(\gamma h_{0}+\gamma a+\gamma H)\tan^{2}\left(45°-\frac{\varphi}{2}\right)$$

$$=\left[(20\times 0.5+20\times 0.6+20\times 12)\times\tan^{2}\left(45°-\frac{30°}{2}\right)\right]\ \text{kPa}=87.333\ \text{kPa}$$

则，墙背 AB 受到的土压力为

$$E_{a}=\frac{\sigma_{A}+\sigma_{B}}{2}(a+H)=\left[\frac{3.333+87.333}{2}\times(0.6+12)\right]\ \text{kN}=571.196\ \text{kN}$$

土压力作用点位置为

$$Z_{a}=\left[\frac{2\times 3.333+87.333}{3\times(3.333+87.333)}\times(12+0.6)\right]\ \text{m}=4.354\ \text{m}$$

2. 加筋体及填土重力计算

将加筋体和填土分成三部分，如图 6－23 所示。

$G_{1}=(20\times 10\times 12)\ \text{kN}=2400\ \text{kN}$

$G_{2}=(20\times 0.5\times 0.9\times 0.6)\ \text{kN}=5.4\ \text{kN}$

$G_{3}=[20\times 8.6\times(0.6+0.5)]\ \text{kN}=189.2\ \text{kN}$

$Z_{1}=(0.5\times 10)\ \text{m}=5\ \text{m}$

$$Z_{2}=\left(0.5+\frac{2}{3}\times 0.9\right)\ \text{m}=1.1\ \text{m}$$

$$Z_{3}=\left(1.4+\frac{1}{2}\times 8.6\right)\ \text{m}=5.7\ \text{m}$$

3. 地基计算

作用于基底形心的弯矩组合设计值为

$$M_{d}=E_{a}Z_{a}+G_{2}(0.5L-Z_{2})-G_{3}(Z_{3}-0.5L)$$

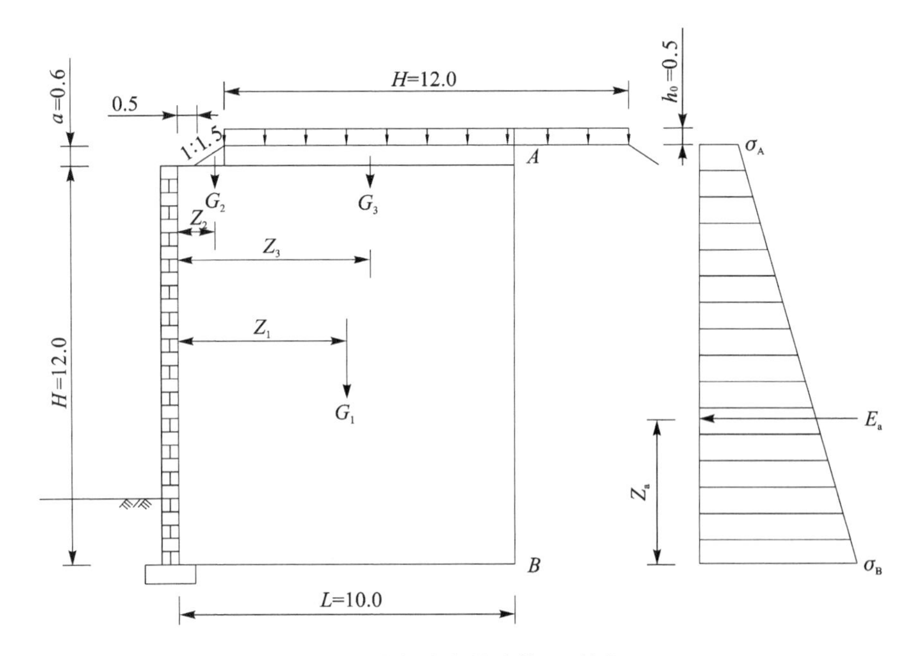

图 6-23　外部稳定性计算图(单位:m)

$=[571.196\times4.354+5.4\times(5-1.1)-189.2\times(5.7-5)]\ \text{kN}\cdot\text{m}$

$=2\ 375.607\ \text{kN}\cdot\text{m}$

作用于基底上的垂直力组合设计值为

$N_d=G_1+G_2+G_3=(2\ 400+5.4+189.2)\ \text{kN}=2\ 594.6\ \text{kN}$

基底合力的偏心距为：

$$e_0=\left|\frac{M_d}{N_d}\right|=\frac{(2\ 375.607)\ \text{kN}\cdot\text{m}}{2\ 594.6\ \text{kN}}=0.916\ \text{m}<\frac{L}{6}=\frac{10}{6}=1.67\ \text{m}$$

$$p_{max}=\left[\frac{2\ 594.6}{10\times1}\times\left(1+\frac{6\times0.916}{10}\right)\right]\ \text{kPa}=402.059\ \text{kPa}<f_a=450\ \text{kPa}$$

4. 抗滑稳定性计算

(1) 滑动稳定方程

应符合：$[1.1G+\gamma_{Q1}(E_y+E_x\tan\alpha_0)-\gamma_{Q2}E_p\tan\alpha_0]\mu+(1.1G+\gamma_{Q1}E_y)\tan\alpha_0-\gamma_{Q1}E_x+\gamma_{Q2}E_p>0$

土压力的增大对挡土墙结构起不利作用，按表 2-4，$\gamma_{Q1}=1.4$，则有

$[(1.1\times2594.6)\times0.4-1.4\times571.196]\ \text{kN}=341.950\ \text{kN}>0$

符合滑动稳定方程的规定。

(2) 抗滑动稳定系数

$N=G+E_y=(2\ 594.6+0)\ \text{kN}=2\ 594.6\ \text{kN}$

$$K_c=\frac{(N+E_x\tan\alpha_0)\mu}{E_x-N\tan\alpha_0}=\frac{2\ 594.6\times0.4\ \text{kN}}{571.196\ \text{kN}}=1.82$$

根据表 3－3 的规定，荷载组合Ⅱ时，抗滑动稳定系数应 $K_c>1.3$，故抗滑动稳定系数符合要求。

5. 抗倾覆稳定性计算

(1) 倾覆稳定方程

应符合：$0.8GZ_G+\gamma_{Q1}(E_yZ_x-E_xZ_y)+\gamma_{Q2}E_pZ_p>0$

即：

$$[0.8\times(2\,400\times5+5.4\times1.1+189.2\times5.7)+1.4\times(0-571.196\times4.354)]\ \text{kN}\cdot\text{m}=6\,985.722\ \text{kN}\cdot\text{m}>0$$

符合倾覆稳定方程的规定。

(2) 抗倾覆稳定系数

$$K_0=\frac{GZ_G+E_yZ_x+E_p'Z_p}{E_xZ_y}=\frac{(2\,400\times5+5.4\times1.1+189.2\times5.7)\ \text{kN}\cdot\text{m}}{(571.196\times4.354)\ \text{kN}\cdot\text{m}}=5.26>1.5$$

抗倾覆稳定系数符合要求。

整体稳定性计算略。

6. 预制混凝土模块面板计算

(1) 抗滑稳定性计算

共有 30 层模块，以第 6 层模块为例进行计算，其他模块计算结果见表 6－5。

$N_6=(24\times2\times0.5\times1.0)\ \text{kN}=24\ \text{kN}$

$N_7=(24\times2.4\times0.5\times1.0)\ \text{kN}=28.8\ \text{kN}$

$\sigma_{h6}=K_6\sigma_{v6}=[0.444\times(52+8.219)]\ \text{kPa}=26.737\ \text{kPa}$

$\sigma_{h7}=K_7\sigma_{v7}=[0.433\times(60+8.054)]\ \text{kPa}=29.467\ \text{kPa}$

$$K_c=\frac{(N_6+N_7)f}{0.5(\sigma_{h6}+\sigma_{h7})S_y}=\frac{(24+28.8)\times0.65}{0.5\times(26.737+29.467)\times0.4}=3.05>2.0$$

所以，第 6 层模块抗滑稳定性计算通过。

从表 6－5 计算结果可看出，从第 3 层模块开始，仅依靠模块间的摩擦力就可以抵抗土压力，从而保证模块不会滑脱。但是第 1 层至第 2 层模块的抗滑稳定系数不足，应改善模块连接方式(榫接或异性模块扣接)。

表 6－5　模块抗滑稳定性计算表

模块层数 i	N_i/kN	N_{i+1}/kN	σ_{hi}/kPa	$\sigma_{h(i+1)}$/kPa	K_{ci}
1	0	4.8	10.762	14.294	0.62
2	4.8	9.6	14.294	17.665	1.46
3	9.6	14.4	17.665	20.873	2.02
4	14.4	19.2	20.873	23.865	2.44
5	19.2	24	23.865	26.737	2.77

续表 6-5

模块层数 i	N_i/kN	N_{i+1}/kN	σ_{hi}/kPa	$\sigma_{h(i+1)}$/kPa	K_{ci}
6	24	28.8	26.737	29.467	3.05
7	28.8	33.6	29.467	32.050	3.30
8	33.6	38.4	32.050	34.460	3.52
9	38.4	43.2	34.460	36.697	3.73
10	43.2	48	36.697	38.761	3.93
11	48	52.8	38.761	40.653	4.13
12	52.8	57.6	40.653	42.256	4.33
13	57.6	62.4	42.256	43.793	4.53
14	62.4	67.2	43.793	45.158	4.74
15	67.2	72	45.158	46.349	4.94
16	72	76.8	46.349	48.984	5.07
17	76.8	81.6	48.984	51.621	5.12
18	81.6	86.4	51.621	54.258	5.16
19	86.4	91.2	54.258	56.895	5.19
20	91.2	96	56.895	59.534	5.23
21	96	100.8	59.534	62.172	5.26
22	100.8	105.6	62.172	64.812	5.28
23	105.6	110.4	64.812	67.452	5.31
24	110.4	115.2	67.452	70.092	5.33
25	115.2	120	70.092	72.733	5.35
26	120	124.8	72.733	75.374	5.37
27	124.8	129.6	75.374	78.016	5.39
28	129.6	134.4	78.016	80.658	5.41
29	134.4	139.2	80.658	83.301	5.42
30	139.2	144	83.301	85.944	5.44

(2) 抗倾覆稳定性计算

$$K_0=\frac{24\times 0.5\times 12\times \dfrac{0.5}{2}+\sum \dfrac{120}{1.0\times 1.4\times 1.25\times 2.0}\times (12-z_i)}{571.196\times 4.354}=2.58$$

所以抗倾覆计算满足要求。

思考题

6－1 加筋土挡土墙的加固机理是怎样的？

6－2 加筋土挡土墙中对填料有哪些具体要求？

6－3 请说出拉筋的常用材料类型。

6－4 请说出墙面板的常见类型。

6－5 加筋土挡土墙内部稳定性计算的方法有哪些？有什么异同点？各适用于什么条件？

6－6 应力分析法中，土压力系数是如何确定的？

第 7 章　锚杆挡土墙设计

教学目标

本章介绍锚杆挡土墙设计。

本章要求：

- 掌握锚杆挡土墙的基本组成；
- 了解锚杆挡土墙的特点和适用范围；
- 掌握锚杆挡土墙的构造设计要求；
- 掌握肋柱设计计算方法和内容；
- 了解挡土板设计计算方法和内容；
- 掌握锚杆设计计算方法和内容。

教学要求

能力要求	知识要点	权重/%
能描述锚杆挡土墙的基本组成 能描述肋柱式锚杆挡土墙的传力机理 能进行锚杆挡土墙构造设计 能进行土压力计算 能进行肋柱设计计算 能进行挡土板设计计算 能进行锚杆设计计算	锚杆挡土墙基本组成	5
	肋柱式锚杆挡土墙传力机理	5
	锚杆挡土墙特点与适用范围	5
	构造设计	20
	土压力计算	10
	肋柱设计计算	30
	挡土板设计计算	10
	锚杆设计计算	15

7.1 概　述

7.1.1 锚杆挡土墙的概念与基本组成

锚杆挡土墙是利用锚杆技术形成的一种支挡结构物。锚杆是一种受拉杆件，它的一端与挡土墙连接，另一端通过钻孔、插入锚杆、灌浆、养护等工序锚固在稳定的地层中，利用锚杆与地层间的抗拔力来承受土体对挡土墙的推力，从而维持挡土墙的稳定。

锚杆挡土墙分为肋柱式锚杆挡土墙和板壁式锚杆挡土墙两种类型，可根据墙趾处的地形、地质及工程情况，合理选择锚杆挡土墙类型。

肋柱式锚杆挡土墙如图 7-1(a)所示，由肋柱、挡土板和锚杆组成，锚杆间距一般比板壁式锚杆挡土墙大。肋柱是挡土板的支座，锚杆是肋柱的支座，墙后的侧向土压力作用于挡土板上，并通过挡土板传给肋柱，再由肋柱传给锚杆，由锚杆与地层的锚固力，即锚杆抗拔力来平衡。灌浆后，锚杆与孔壁黏结为一体，以黏结力起主要锚固作用。

板壁式锚杆挡土墙如图 7-1(b)所示，由墙面板和多排小锚杆组成。常用楔缝式锚杆，杆端直接与锚孔接触，增大了锚杆与锚孔间摩阻力，兼具黏结型和机械型锚杆的特点。

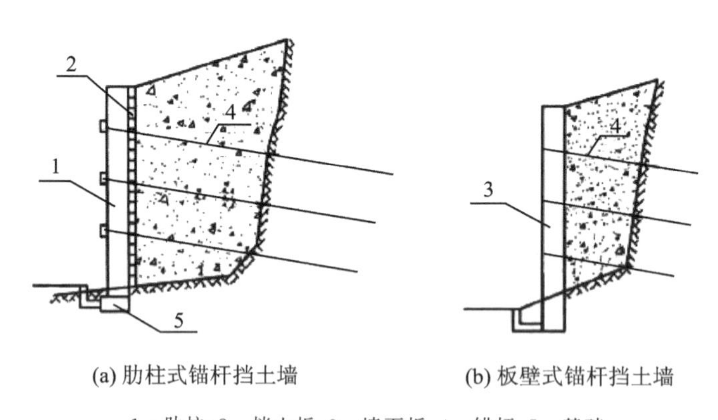

(a) 肋柱式锚杆挡土墙　　(b) 板壁式锚杆挡土墙

1—肋柱；2—挡土板；3—墙面板；4—锚杆；5—基础

图 7-1　锚杆挡土墙

7.1.2 锚杆挡土墙的特点与适用范围

锚杆挡土墙是采用钢筋混凝土柱、板与钢锚杆组成的组合结构，具有以下特点：

① 构件断面小、结构质量轻，属于轻型挡土墙，与重力式挡土墙相比，可以节约大量圬工和工程投资。

② 可以机械化、装配化施工，提高效率。

③ 不需要开挖大量基坑，能克服不良地基开挖的困难，有利于施工安全。

④ 施工工艺要求高，要有钻孔、灌浆等配套的专用机械设备，且要耗用一定的钢材。

锚杆挡土墙宜用于岩质路堑地段，但其他具有锚固条件的路堑墙也可使用，还可应用于陡坡路堤。锚杆必须锚固在稳定地层内，其抗拔力应保证墙体在土压力作用下的平衡。

7.2　锚杆挡土墙构造设计

7.2.1　一般规定

肋柱式锚杆挡土墙可采用单级墙或多级墙，每级墙高不宜大于 8.0 m。多级墙的上、下级墙体之间应设置宽度不小于 2.0 m 的平台，如图 7－2 所示，平台宜用厚度不小于 0.15 m、强度等级不低于 C20 的混凝土封闭，并设置向外倾斜的、横坡度大于 2%的排水坡。

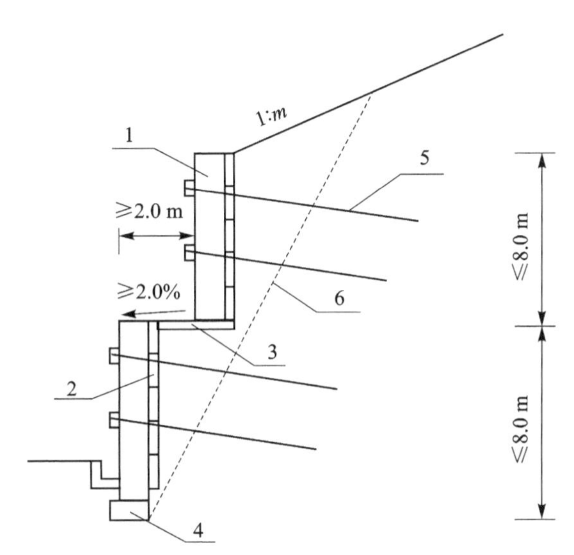

1—肋柱；2—挡土板；3—平台；4—基础；5—锚杆；6—破裂面

图 7－2　两级肋柱式挡土墙示意图

肋柱、挡土板和墙面板采用的混凝土强度等级不应低于 C20；锚杆灌注水泥砂浆的强度等级不应低于 M30；肋柱基础采用的材料强度等级不宜低于 C20 混凝土或 M7.5 浆砌片石。

肋柱式锚杆挡土墙的相邻两跨挡土板与肋柱连接处，应设挡土板间隙，板端的间隙宽度宜为 10～20 mm，并按沉降、伸缩缝的构造处理；现场浇筑的墙面板，应按第 1 章的规定设置沉降缝及伸缩缝。

装配式挡土板或墙面板可利用吊装孔作为泄水孔；现浇挡土板或墙面板应设置泄水孔，具体要求详见第1章。

锚杆挡土墙钢筋混凝土构件受力主筋的混凝土保护层厚度不应小于30 mm；与填料或边坡连接侧，受力主筋的混凝土保护层厚度不应小于50 mm。锚杆锚固区的下方，宜间隔1.5～2.0 m与钢筋船形支架或钢板船形支架相焊接，锚杆周围的水泥砂浆保护层应厚度均匀，符合计算规定。

7.2.2 挡土板与墙面板

挡土板一般采用预制构件，顺墙高方向的板宽视设备吊装能力而定，但不应小于0.3 m，沿墙长方向的板长考虑锚杆与肋柱的连接，一般较肋柱间距短10～12 cm，或将锚杆处的挡土板留有缺口。挡土板宜采用等厚度板，板厚不得小于0.3 m。板与肋柱的搭接长度不应小于0.1 m。板两端1/4板长处，宜设吊装孔。

墙面板可采用现场浇筑或预制吊装的等厚度板，板厚不宜小于0.3 m。预制墙面板应预留锚杆的锚定孔。

7.2.3 肋　柱

肋柱可采用矩形或T形截面，顺墙长方向的肋柱宽度不宜小于0.3 m。肋柱的间距由地形、地质、墙高以及施工条件等因素确定，考虑工地的起吊能力和锚杆的抗拔力等因素，一般可采用2.0～3.0 m。

肋柱应竖直布置或向填土一侧仰斜，仰斜度不应大于1∶0.05。

肋柱可采用整柱预制、分段预制现场拼装，或采用现场浇筑。采用预制肋柱时，应预留锚杆的锚定孔。

肋柱受力方向的前后侧面内，应配置通长受力钢筋，钢筋直径应不小于12 mm。

7.2.4 锚　杆

1. 布　置

肋柱式锚杆挡土墙肋柱上的锚杆层数，可采用双层或多层。锚杆的设置位置，可按弯矩相等或支点反力相等原则确定，锚杆竖向间距一般不小于2.0 m。若锚杆布置太疏，则肋柱截面尺寸大，锚杆粗而长；若布置过密，锚杆之间受力相互影响，使锚杆抗拔力受到影响，此时锚杆抗拔力就比单根锚杆抗拔力低。

板壁式锚杆挡土墙的锚杆布置，应按墙面板受力的合理性及经济性综合确定，顺墙长方向水平间距宜为1.0～2.0 m，沿墙高方向，每级墙高布置2～3排锚杆。

2. 截　面

钢筋锚杆宜采用螺纹钢，直径宜为18～32 mm。锚杆锚孔的直径应根据锚杆的布置、灌浆管的尺寸及钢筋支架的位置确定，肋柱式锚杆挡土墙锚孔直径宜为100～

150 mm，板壁式锚杆挡土墙锚孔直径宜为 35～50 mm。

锚杆应尽量采用单根钢筋，如果单根不能满足拉力需要，可以采用两根钢筋共同组成 1 根锚杆，但每个锚孔内的钢筋不宜多于 3 根。

未锚入岩层的锚杆段必须牢固、可靠、耐久，并应保证非锚固段锚杆的轴向位移不受约束，保持作用(或荷载)的传递。锚杆可采用除锈后涂防锈漆两道，再用沥青玻璃纤维缠绕两层的方法，作为防护措施。设计锚杆钢筋时，应预留钢筋锈蚀量，无侵蚀性地下水地区，钢筋的采用直径应较计算值增大 2 mm；地下水有侵蚀性时，采用直径应较计算值增大 3 mm。

3. 连　接

肋柱或墙面板为现场浇筑时，锚杆应埋入肋柱或墙面板，其最小锚固长度应符合《公路钢筋混凝土及预应力混凝土桥涵设计规范》(JTG 3362—2018)的规定。

肋柱为预制拼装时，锚杆可采用螺栓、焊短钢筋或弯钩与肋柱连接，如图 7－3 所示。墙面板为预制板时，锚杆插入墙面板的预留锚孔后，浇筑混凝土，并采用锚杆帽增强连接处的强度，如图 7－4 所示。连接构造的外露钢构件，均应用水泥砂浆包裹保护。

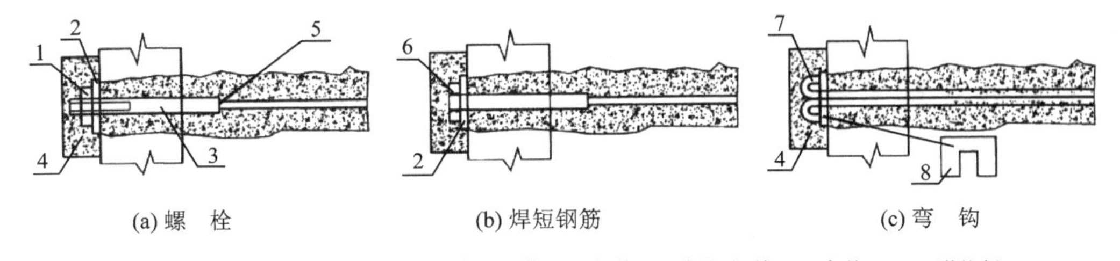

1—螺母；2—钢垫板；3—螺杆；4—水泥砂浆；5—焊接；6—焊短钢筋；7—弯钩；8—U 形垫板

图 7－3　锚杆与肋柱的连接

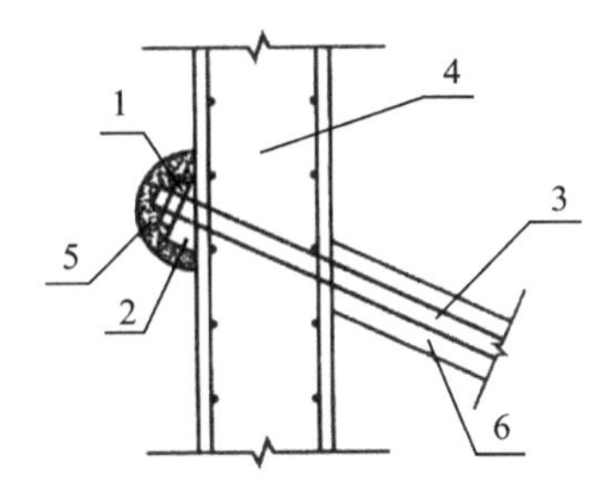

1—螺母；2—钢垫板；3—锚杆；4—预制墙面板；5—混凝土保护层；6—防锈层

图 7－4　锚杆与预制墙面板的连接

4. 锚杆的倾斜度

锚杆在地层中一般都沿水平向下倾斜一定的角度，宜为 15°～20°，不应大于 45°，具体倾斜度应根据施工机具、岩层稳定的情况、肋柱受力条件以及挡土墙要求而定。

锚杆的倾斜是为保证灌浆的密实,有时也为了避开邻近的地下管道或浅层不良土质等。从受力的角度来看,水平方向为好,但这种水平锚杆由于上述原因而往往不能实现。当倾斜度为45°时,其抗拔力仅为水平方向的一半左右,而且倾斜度的增加会使结构位移加大,所以锚杆倾斜度不宜太大。

对于多层锚杆挡土墙,为了减小墙的位移量,应使中层和低层锚杆的倾斜度缓于上层锚杆,如图7-5所示。

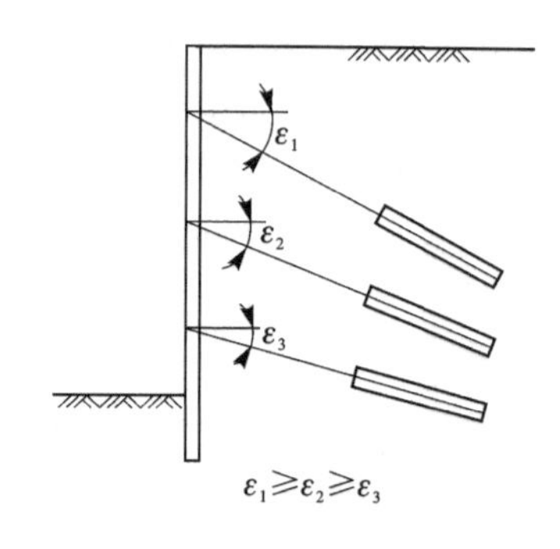

图7-5 锚杆的倾斜度

7.3 锚杆挡土墙设计计算

7.3.1 荷载计算

作用于锚杆挡土墙上的作用(或荷载)详见第2章。

由于墙后岩(土)层中有锚杆的存在,造成比较复杂的受力状态,因此土压力的计算难度较大。目前设计中大多仍按库伦理论近似计算主动土压力。

对于多级锚杆挡土墙,可按延长墙背法分别计算各级墙后的主动土压力,如图7-6所示。计算上级墙时,视下级墙为稳定结构,可不考虑下级墙对上级墙的影响;计算下级墙时,则应考虑上级墙的影响。为简化计算,特别是在挡土板和肋柱设计时,可近似按图7-6(b)实线所示的土压应力分布考虑,即土压应力分布简化为三角形或梯形分布,根据各级墙的位置,分别计算土压力。

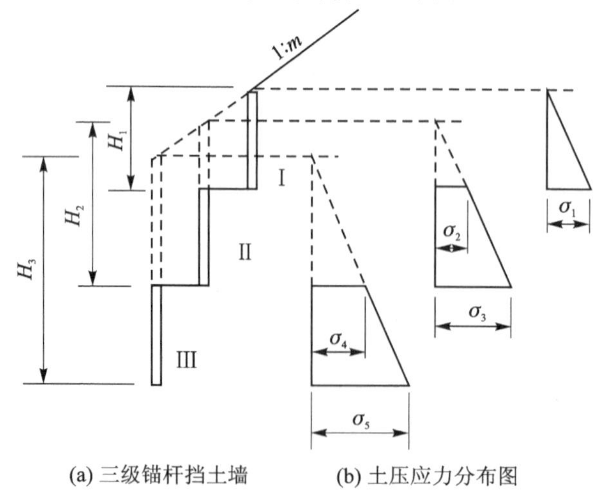

图7-6 多级锚杆挡土墙土压力

7.3.2　结构设计计算一般规定

锚杆挡土墙钢筋混凝土构件(肋柱、挡土板、墙面板等)应按受弯构件进行承载能力极限状态计算和正常使用极限状态计算,并满足构造要求,计算内容和方法应按现行《公路钢筋混凝土及预应力混凝土桥涵设计规范》(JTG 3362—2018)的有关规定执行。

锚杆按轴心受拉构件设计,应进行截面和锚固长度计算。

7.3.3　肋柱设计计算

1. 一般规定

肋柱设计计算应符合下列规定。

① 作用于肋柱上的作用(或荷载),应取相邻两跨面板跨中至跨中长度上的作用(或荷载)。

② 视肋柱基底地质构造、地基承载力大小和埋置深度,肋柱与基底连接可设计为自由端或铰支端,肋柱应按简支梁或连续梁计算其内力值及锚杆处的支承反力值。

③ 肋柱截面强度计算和配置钢筋时应采用内力组合设计值,其作用(或荷载)分项系数应符合第 2 章的规定。

④ 采用预制肋柱时,还应作运输、吊装及施工过程中锚杆不均匀受力等荷载下肋柱截面强度计算。

2. 肋柱内力计算

肋柱承受由挡土板传递来的土压力(应取垂直于肋柱方向的土压力分力),由于肋柱上的锚杆层数和肋柱与基底连接的不同,其内力计算图式也不同。

肋柱与基底的连接,一般情况下考虑采用自由端或铰支端。当为自由端时,肋柱所受侧压力全部由锚杆承受,此时肋柱下端的基础仅做简单处理。当地基条件较差、挡土墙高度不大以及整治滑坡时,可按自由端考虑。铰支端时要求肋柱基础有一定的埋深,使少部分推力由地基承受,可减小锚杆所受的拉力。若肋柱基础埋置较深,且地基为坚硬的岩石时,可以按固定端考虑,这对减小锚杆受力较为有利,但应注意地基对肋柱基础的固着作用而产生负弯矩。固定端的使用应慎重,因为施工中很难保证满足设计条件,同时由于固定端处的弯矩、剪力较大,也影响肋柱截面尺寸。

肋柱与锚杆连接处为铰支点,肋柱可按支撑于刚性锚杆上的简支梁或连续梁计算内力:当锚杆为两层,肋柱与基底连接为自由端时,按简支梁计算;当锚杆为两层,肋柱与基底连接为铰支端或固定端时,按连续梁计算;当锚杆超过两层时,按连续梁计算。

如果锚杆变形差异较大,宜按支承于弹性锚杆上的梁计算内力。

下面介绍刚性支承连续梁的内力计算方法,一般按照三弯矩方程计算。从连续梁中取出有三个支点的两跨梁，如图 7－7(a)所示，其中三个支点的弯矩 M_{i-1}、M_i 和 M_{i+1} 是待求的未知量。设连续梁由相同材料组成，可建立包含这三个未知量的三弯矩方程，见式(7－1)。

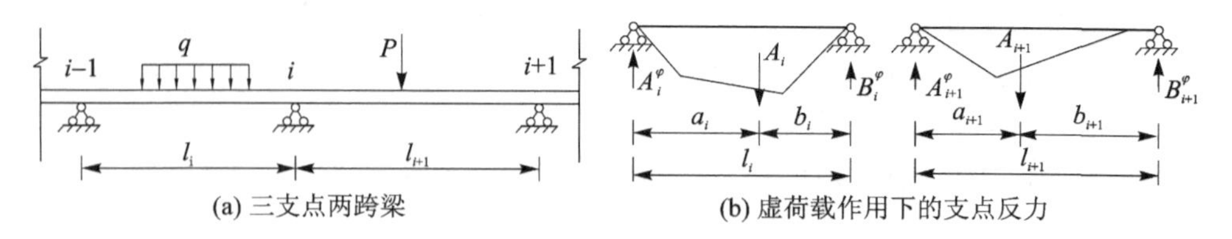

(a) 三支点两跨梁　　(b) 虚荷载作用下的支点反力

图 7－7　三弯矩方程计算图式

$$M_{i-1}\frac{l_i}{I_i}+2M_i\left(\frac{l_i}{I_i}+\frac{l_{i+1}}{I_{i+1}}\right)+M_{i+1}\frac{l_{i+1}}{I_{i+1}}=-6\left(\frac{B_i^\varphi}{I_i}+\frac{A_{i+1}^\varphi}{I_{i+1}}\right)\qquad(7-1)$$

如果各跨的惯性矩相同，即 $I_i=I_{i+1}$，则上式可变为

$$M_{i-1}l_i+2M_i(l_i+l_{i+1})+M_{i+1}l_{i+1}=-6(B_i^\varphi+A_{i+1}^\varphi)\qquad(7-2)$$

式中的 A^φ 和 B^φ 是把连续梁分解成若干简支梁，各跨在虚荷载作用下的支点反力，如图 7－7(b)所示。

$$B_i^\varphi=\frac{A_i a_i}{l_i}\qquad(7-3)$$

$$A_{i+1}^\varphi=\frac{A_{i+1}b_{i+1}}{l_{i+1}}\qquad(7-4)$$

式中：A_i——第 i 跨简支梁弯矩图面积；

A_{i+1}——第 $i+1$ 跨简支梁弯矩图面积；

a_i——第 i 跨简支梁弯矩图的形心到左侧支点的距离；

b_{i+1}——第 $i+1$ 跨简支梁弯矩图的形心到右侧支点的距离。

虚梁反力 A^φ 和 B^φ 可参考相关文献获得。

当肋柱与基底连接为固定端时，可假想将固定端延伸至 D 点，如图 7－8 所示，其中，$l_{n+2}=0$，$I_{n+2}=\infty$，则该处的三弯矩方程为

$$M_n l_{n+1}+2M_{n+1}l_{n+1}=-6B_{n+1}^\varphi\qquad(7-5)$$

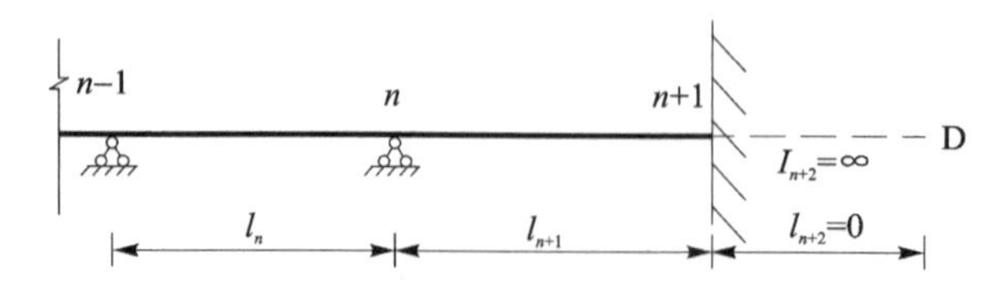

图 7－8　固定端三弯矩方程计算图式

这样，可以建立若干三弯矩方程，联立求解可得出各支点处的弯矩。

3. 肋柱截面强度与钢筋配置计算

本书略。

4. 地基承载力计算

（1）基础底面地基承载力计算

基础底面最大压应力按式(7－6)计算，由三部分组成，即锚杆拉力沿肋柱方向的分力、肋柱自重和土压力沿肋柱方向的分力，如图7－9所示。为简化计算，土压力沿肋柱方向的分力（即 $E_a \sin\delta$）可忽略不计。

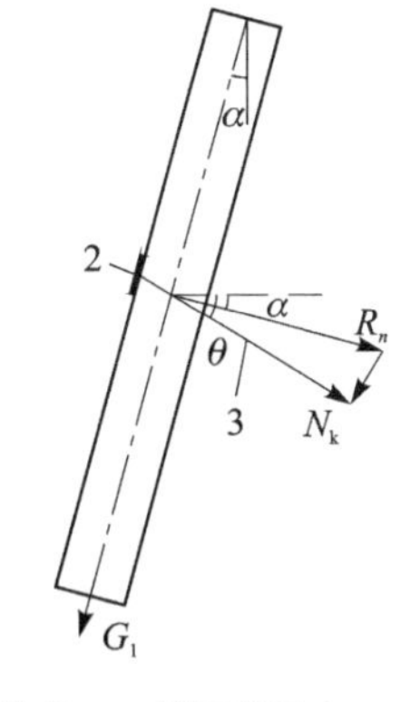

1—肋柱；2—锚杆锚固点；3—锚杆

图7－9　肋柱基底应力计算图式

$$p_{\max}=\frac{N_d}{A}\leqslant f_a \tag{7-6}$$

$$N_d=\sum R_n\tan(\theta-\alpha)+G_1+E_a\sin\delta \tag{7-7}$$

式中：A——肋柱基础底面面积（m^2）；

$\sum R_n$——肋柱与锚杆连接处支承反力的代数和（kN）；

α——肋柱的竖向后仰角（°）；

θ——锚杆与水平线的夹角（°）；

G_1——肋柱及基础重力的轴向分力（kN）；

f_a——地基土承载力特征值（kPa），按式(3－6)计算

E_a——肋柱所受的主动土压力（kN）；

δ——墙背摩擦角（°）。

（2）地基侧向承载力计算

肋柱的基底与地基连接设计为铰支端或固定端时，需计算地基侧向承载力，一般采用计算肋柱埋置深度的方式，如图7－10所示。

① 地基侧向承载力特征值计算

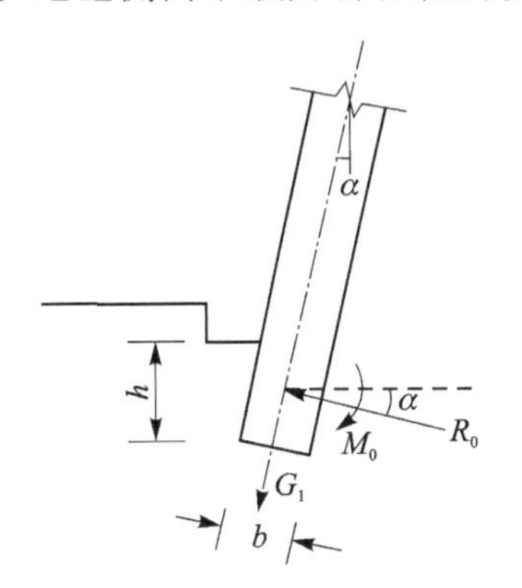

图7－10　肋柱地基侧向承载力计算图式

地基侧向承载力特征值按下式计算：

$$f_N=K_N f_a \tag{7-8}$$

式中：f_N——地基土侧向承载力设计值（kPa）；

f_a——地基土承载力特征值（kPa），按式(3－6)计算；

K_N——系数，视地基的软、硬程度取0.5～1.0。

② 肋柱基底为铰支端，埋置深度计算

当肋柱基底为铰支端时，肋柱在地基中的埋置深度应满足式(7－9)。

$$h \geqslant \frac{R_0 \cos \alpha}{a f_N} \tag{7-9}$$

式中：h——肋柱在地基中的埋置深度(m)；

R_0——基底铰支座的支承反力(kN)，作用于埋置深度的中点上；

a——顺墙长方向的肋柱宽度(m)。

③ 肋柱基底为固定端，埋置深度计算

当肋柱基底为固定端时，肋柱在地基中的埋置深度应满足式(7－10)。

$$h \geqslant \frac{R_0 \cos \alpha + \sqrt{R_0^2 \cos^2 \alpha + 24 a f_N M_0}}{2 a f_N} \tag{7-10}$$

式中：R_0——基底固定端的法向支承反力(kN)，作用于埋置深度的中点上；

M_0——基底固定端的反力矩(kN·m)。

(3) 肋柱基底前趾至坡面的水平距离计算

当肋柱地基为斜坡面时，还需计算基底前趾至坡面的水平距离，如图 7－11 所示，应满足式(7－11)。

$$L' \geqslant \frac{K_p R_0 \cos \alpha}{a\left(\frac{1}{2}\gamma h \tan \varphi + c\right)} \tag{7-11}$$

式中：L'——基底前趾至坡面的水平距离(m)；

γ——肋柱埋置深度区，柱前斜坡岩(土)的重度(kN/m³)；

φ——肋柱埋置深度区，柱前斜坡岩(土)的内摩擦角(°)；

c——肋柱埋置深度区，柱前斜坡岩(土)的黏聚力(kN/m²)；

K_p——安全系数，规定为 3.0，考虑地震力时为 2.0。

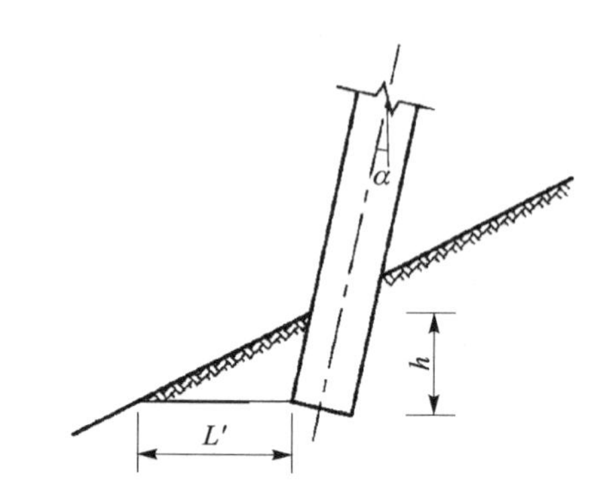

图 7－11 斜坡面上肋柱基础的埋置条件

7.3.4 挡土板(墙面板)设计计算

装配式挡土板可按以肋柱为支点的简支板计算，计算跨径为肋柱间的净距加板两端的搭接长度。

挡土板直接承受土压力，对每一块挡土板来说，承受的荷载均为梯形分布，而且每一块挡土板所承受的荷载是不同的。设计中，一般将挡土板自上而下分为若干区段，每一区段内的挡土板厚度相同，并按区段内最大荷载进行设计计算，如图 7－12 所示，但挡土板的规格不宜过多。

现浇板壁式锚杆挡土墙，其墙面板的内力计算，可分别沿竖直方向和水平方向取单位宽度，按连续梁计算。竖直单宽的计算荷载为作用于墙面板上的土压力；水平单宽的计算荷载为该段墙面板所在位置土压力的最大值。

挡土板或墙面板按连续梁计算的方法同肋柱。

挡土板（墙面板）内力计算出来后，按受弯构件进行相关的设计计算，本书从略。

7.3.5　锚杆设计计算

锚杆应按轴心受拉构件进行设计，进行锚杆长度计算及截面设计等。

1. 锚杆轴向拉力计算

锚杆轴向拉力按式（7－12）计算。

$$N_{\mathrm{k}}=\frac{R_n}{\cos(\theta-\alpha)} \tag{7-12}$$

式中：N_{k}——锚杆的轴向拉力（kN）；

R_n——肋柱或墙面板与锚杆连接处的支承反力（kN）。

2. 锚杆截面面积计算

锚杆截面面积按式（7－13）计算。

$$\gamma_0\gamma_{Q1}N_{\mathrm{k}}\leqslant\frac{f_{\mathrm{sd}}A_{\mathrm{s}}}{\gamma_{\mathrm{R}}} \tag{7-13}$$

式中：A_{s}——锚杆净截面面积（m^2）；

f_{sd}——锚杆抗拉强度设计值（kPa）；

γ_0——结构重要性系数，按表 2－1 取值；

γ_{Q1}——主动土压力荷载分项系数，按表 2－4 取值；

γ_{R}——结构构件抗力计算模式不定性系数，取 1.4。

3. 锚杆长度计算

锚杆长度由非锚固长度和有效锚固长度组成，如图 7－12 所示。非锚固长度 L_{f}，可根据肋柱与主动破裂面或滑动面的实际距离确定；有效锚固长度 L_{a}，可根据式（7－14）、式（7－16）计算，并按式（7－18）计算锚杆与水泥砂浆之间的黏结力，还应满足最小有效锚固长度的规定。

（1）单层岩层中锚杆的有效锚固长度计算

$$L_{\mathrm{a}}\geqslant\frac{\gamma_{\mathrm{P}}N_{\mathrm{k}}}{\pi D\tau_i} \tag{7-14}$$

$$L_{\mathrm{a}}\geqslant 4\ \mathrm{m} \tag{7-15}$$

式中：L_{a}——锚杆的有效锚固长度（m）；

N_{k}——锚固轴向拉力（kN）；

D——锚孔直径（m）；

τ_i——锚固段水泥砂浆与锚孔岩层间的极限抗剪强度(kPa),应根据现场拉拔试验确定,当无可靠试验资料时,可参考表 7-1 选用,但施工时应在现场进行拉拔验证;

γ_P——安全系数,取 2.5。

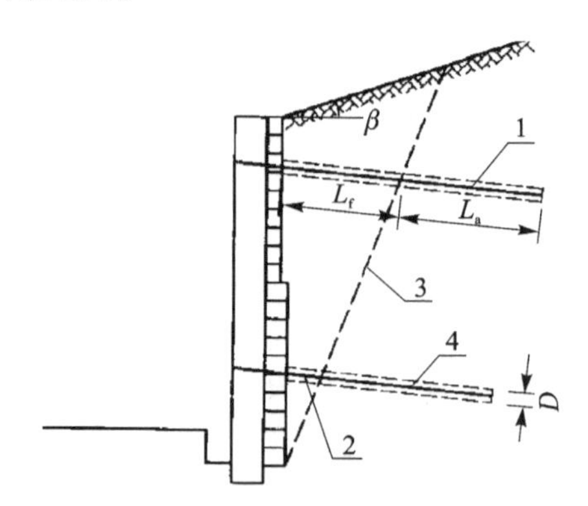

1—有效锚固长度段;2—非锚固长度;3—滑裂面;4—水泥砂浆

图 7-12 锚杆长度计算图式

表 7-1 水泥砂浆与岩层孔壁间的极限抗剪强度 τ_i

锚固岩层的地质条件	τ_i/kPa	锚固岩层的地质条件	τ_i/kPa
风化砂页岩、碳质页岩、泥质页岩	150～250	薄层灰岩夹页岩	400～600
细砂及粉砂质泥岩	200～400	薄层灰岩夹石灰质页岩、风化灰岩	600～800

(2) 两层岩层中锚杆的有效锚固长度计算

$$L_{a2} \geqslant \frac{\gamma_P N_k}{\pi D \tau_2} - \frac{L_{a1}\tau_1}{\tau_2} \tag{7-16}$$

$$L_a \geqslant L_{a1} + L_{a2} \geqslant 4\ \text{m} \tag{7-17}$$

式中:L_{a1}——第一层岩层的厚度(m);

L_{a2}——第二层岩层中锚杆的有效锚固长度(m);

τ_1——第一层锚固段内,水泥砂浆与锚孔岩层间的极限抗剪强度(kPa);

τ_2——第二层锚固段内,水泥砂浆与锚孔岩层间的极限抗剪强度(kPa)。

(3) 锚杆与水泥砂浆之间的黏结力计算

$$L_a \geqslant \frac{N_k}{n\pi d \beta_m [c]} \tag{7-18}$$

式中:d——单根锚杆的直径(m);

n——组成锚杆的钢筋根数;

$[c]$——钢筋与水泥砂浆之间的容许黏结应力(kPa),按表 7-2 采用;

β_m——钢筋组合系数,$n=1$ 时,$\beta_m=1.0$;$n=2$ 时,$\beta_m=0.85$;$n=3$ 时,$\beta_m=0.7$。

表 7-2　带肋钢筋与水泥砂浆间的容许黏结应力

水泥砂浆强度等级	M60	M55	M50	M45	M40	M35	M30
$[c]$/kPa	2190	2055	1920	1800	1665	1530	1380

注：若锚杆采用光圆钢筋，钢筋与水泥砂浆间的容许黏结应力，可采用表中砂浆等级相应值的 0.67 倍。

4. 锚杆钢垫板面积计算

锚杆与装配式肋柱连接处，锚杆钢垫板的面积按下式计算：

$$\gamma_0 \gamma_{Q1} N_k \leqslant 1.3\beta_c f_{cd} A_1 \tag{7-19}$$

$$\beta_c = \sqrt{\frac{A_b}{A_1}} \tag{7-20}$$

式中：f_{cd}——肋柱混凝土的轴心抗压强度设计值(kPa)；

A_1——钢垫板的面积(m^2)；

A_b——局部承压时的计算底面积，按图 7-13 确定；

β_c——混凝土局部承压强度的提高系数，按式(7-20)计算。

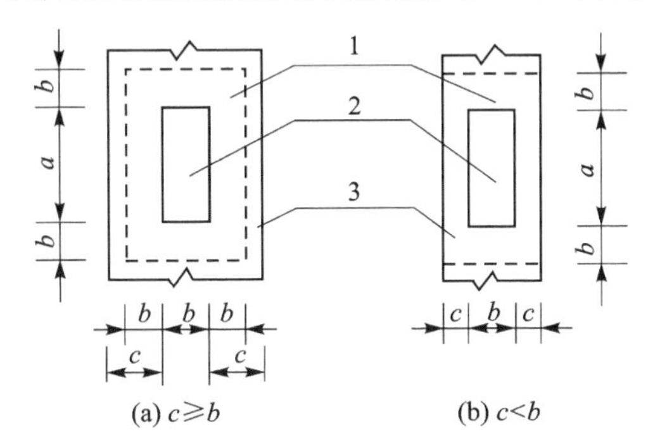

1—计算底面积；2—钢垫板面积 A_1；3—肋柱

图 7-13　肋柱局部承压时，计算底面积 A_b 示意图

7.4　锚杆挡土墙设计案例

7.4.1　工程概况

某肋柱式锚杆挡土墙，如图 7-14 所示。

主要设计参数如下：

① 挡土墙高度 $H=6.0$ m，肋柱采用矩形，截面尺寸为：沿墙长方向 35 cm，垂直墙长方向 40 cm，采用 C20 混凝土预制，其重度为 24 kN/m^3，肋柱间距(中至中)为 3 m。

② 挡土板采用 C20 混凝土，长为 2.9 m，高为 0.5 m，厚度设置分为三级，分级高度为 2.0 m。

锚杆挡土墙设计案例

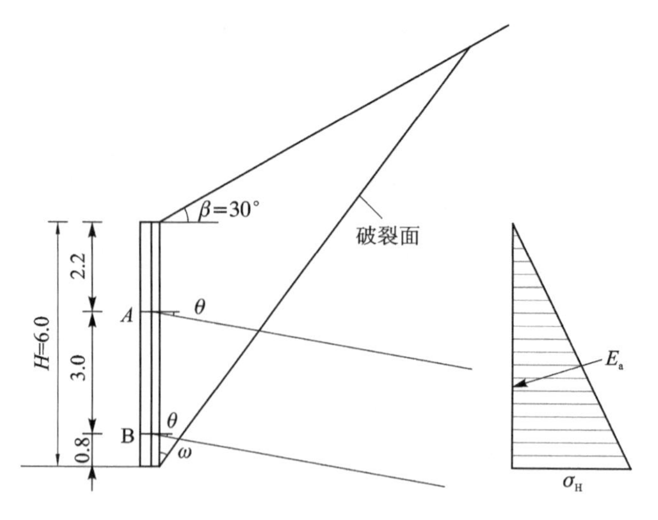

图 7-14　肋柱式锚杆挡土墙(单位:m)

③ 锚杆采用 HRB400 钢筋，$f_{sd}=330$ MPa，与水平方向夹角 $\theta=10°$。锚孔直径 $D=11$ cm，采用 M30 水泥砂浆灌注，水泥砂浆与锚孔岩层间的极限抗剪强度 200 kPa。

④ 墙后岩土体重度 $\gamma=17\ \text{kN/m}^3$，内摩擦角 $\varphi=35°$，墙背摩擦角 $\delta=17.5°$。

⑤地基为风化破碎砂岩，其承载力特征值 $f_a=1\ 100$ kPa。

7.4.2　土压力计算

采用库伦理论计算主动土压力系数 K_a，墙背垂直，所以 α 取 0°代入公式。

$$K_a=\frac{\cos^2(\varphi-\alpha)}{\cos^2\alpha\cos(\delta+\alpha)\left[1+\sqrt{\dfrac{\sin(\varphi+\delta)\sin(\varphi-\beta)}{\cos(\delta+\alpha)\cos(\alpha-\beta)}}\right]^2}$$

$$=\frac{\cos^2(35°-0°)}{\cos^2(0°)\cos(17.5°+0°)\left[1+\sqrt{\dfrac{\sin(35°+17.5°)\sin(35°-30°)}{\cos(17.5°+0°)\cos(0°-30°)}}\right]^2}=0.423\ 2$$

土压应力分布如图 7-14 所示，墙底土压应力为

$$\sigma_H=\gamma HK_a=(17\times6)\ \text{kPa}\times0.4232=43.166\ \text{kPa}$$

挡土墙承受的土压力为

$$E_a=\frac{1}{2}\gamma H^2K_a=\left(\frac{1}{2}\times17\times6^2\right)\ \text{kN}\times0.423\ 2=129.499\ \text{kN}$$

下面计算破裂角。

$$\tan(\omega+\beta)=-\tan(\varphi+\alpha+\delta-\beta)+\sqrt{[\cot(\varphi-\beta)+\tan(\varphi+\alpha+\delta-\beta)][\tan(\varphi+\alpha+\delta-\beta)-\tan(\alpha-\beta)]}$$

$$=-\tan(35°+0°+17.5°-30°)+\sqrt{[\cot(35°-30°)+\tan(35°+0°+17.5°-30°)][\tan(35°+0°+17.5°-30°)-\tan(0°-30°)]}$$

$$-3.0128$$

$\omega+\beta=71.638°$

所以破裂角为

$\omega=71.638°-\beta=71.638°-30°=41.638°$

7.4.3　挡土板设计

视挡土板为简支板，将挡土板分成3段，每段按受均布荷载考虑，取各段最大荷载进行设计计算，如图7-15所示。

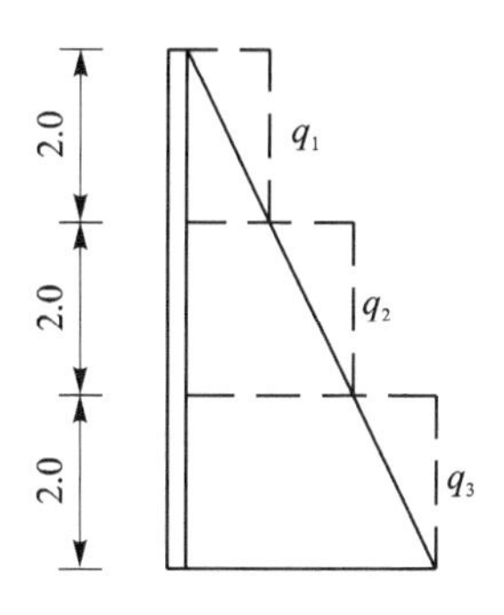

图7-15　挡土板设计荷载(单位:m)

挡土板计算跨径为肋柱间的净距加板两端的搭接长度，即

$l=2.9\ \text{m}$

作用于各段挡土板上的土压应力(垂直于挡土板方向)分别为

$q_1=\gamma h_1 K_a\cos(\alpha+\delta)=(17\times 2)\ \text{kPa}\times 0.4232\times\cos(0°+17.5°)=13.723\ \text{kPa}$

$q_2=\gamma h_2 K_a\cos(\alpha+\delta)=(17\times 4)\text{kPa}\times 0.423\ 2\times\cos(0°+17.5°)=27.446\ \text{kPa}$

$q_3=\gamma h_3 K_a\cos(\alpha+\delta)=(17\times 6)\text{kPa}\times 0.423\ 2\times\cos(0°+17.5°)=41.169\ \text{kPa}$

挡土板高度为0.5 m，则各段内的挡土板跨中弯矩(即最大弯矩)分别为

$$M_1=\frac{1}{8}q_1\times 0.5\times l^2=\left(\frac{1}{8}\times 13.723\times 0.5\times 2.9^2\right)\ \text{kN}\cdot\text{m}=7.213\ \text{kN}\cdot\text{m}$$

$$M_2=\frac{1}{8}q_2\times 0.5\times l^2=\left(\frac{1}{8}\times 27.446\times 0.5\times 2.9^2\right)\ \text{kN}\cdot\text{m}=14.426\ \text{kN}\cdot\text{m}$$

$$M_3=\frac{1}{8}q_3\times 0.5\times l^2=\left(\frac{1}{8}\times 41.169\times 0.5\times 2.9^2\right)\ \text{kN}\cdot\text{m}=21.639\ \text{kN}\cdot\text{m}$$

根据弯矩值进行挡土板截面设计，本书从略。

7.4.4　肋柱设计

1. 作用于肋柱上的荷载

地基为风化破碎的砂岩，且不考虑嵌入深度，所以肋柱底端按自由端考虑，这样也偏于安全。

肋柱承受线荷载作用，见图7-16所示。

作用于肋柱上的荷载，取相邻两跨面板跨中至跨中长度上的土压力，即3 m长度范围内的土压力，则作用于肋柱上的荷载分布形式为：

$$\begin{aligned}p_x=\gamma x K_a\cos(\alpha+\delta)\times 3&=[17\times x\times 0.423\ 2\times\cos(0°+17.5°)\times 3]\ \text{kN/m}\\&=20.584x(\text{kN/m})\end{aligned}$$

2．内力计算

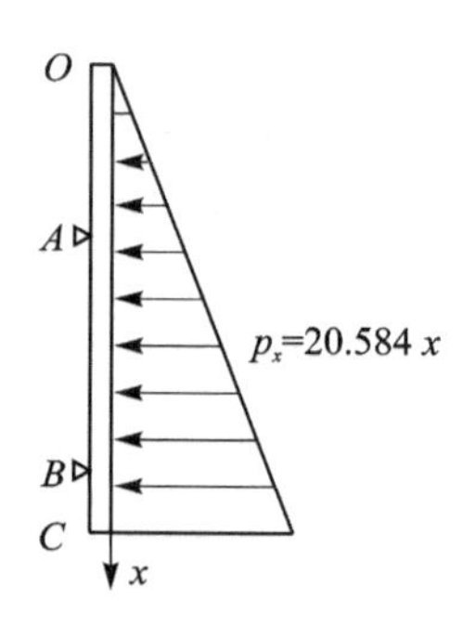

图 7－16　肋柱设计荷载

支点反力：

$$R_A=\left[\frac{\frac{1}{2}\times6\times20.584\times6\times\left(\frac{6}{3}-0.8\right)}{2}\right]\text{kN}=148.205\ \text{kN}$$

$$R_B=\left(\frac{1}{2}\times6\times20.584\times6-148.205\right)\text{kN}=222.307\ \text{kN}$$

支点弯矩：

$$M_A=-\frac{1}{2}\times2.2\times2.2\times20.584\times\frac{2.2}{3}=-36.530\ \text{kN}\cdot\text{m}$$

$$M_B=-\frac{1}{2}\times5.2\times5.2\times20.584\times\frac{5.2}{3}+148.205\times3=-37.764\ \text{kN}\cdot\text{m}$$

支点剪力：

$$Q_{A上}=\left(-\frac{1}{2}\times2.2\times2.2\times20.584\right)\text{kN}=-49.813\ \text{kN}$$

$$Q_{A下}=(-49.813+148.205)\ \text{kN}=98.392\ \text{kN}$$

$$Q_{B上}=\left(148.205-\frac{1}{2}\times5.2\times5.2\times20.584\right)\text{kN}=-130.091\ \text{kN}$$

$$Q_{B下}=(222.307-130.091)\ \text{kN}=92.216\ \text{kN}$$

OA 段弯矩：

$$M_{OA}=-\frac{1}{2}\times x\times20.584x\times\frac{x}{3}=-3.431x^3(\text{kN}\cdot\text{m})$$

OA 段剪力：

$$Q_{OA}=-\frac{1}{2}\times x\times20.584x=-10.292x^2(\text{kN})$$

AB 段弯矩：

$$M_{AB}=148.205(x-2.2)-\frac{1}{2}x\times20.584x\times\frac{x}{3}$$
$$=(-3.431x^3+148.205x-326.051)(\text{kN}\cdot\text{m})$$

AB 段剪力：

$$Q_{AB}=148.205-\frac{1}{2}x\times20.584x=(148.205-10.292x^2)(\text{kN})$$

BC 段弯矩：

$$M_{BC}=148.205(x-2.2)+222.307(x-5.2)-\frac{1}{2}x\times20.584x\times\frac{x}{3}$$

$=(-3.431x^3+370.512x-1482.047)(\text{kN}\cdot\text{m})$

BC 段剪力：

$$Q_{BC}=148.205+202.307-\frac{1}{2}x\times 20.584x=(370.512-10.292x^2)(\text{kN})$$

根据计算出的弯矩和剪力进行截面设计，本书从略。

7.4.5 地基承载力计算

$$N_d=\sum R_n\tan(\theta-\alpha)+G_1+E_a\sin\delta$$
$$=[(148.205+222.307)\times\tan(10^\circ-0^\circ)+24\times 0.35\times 0.4\times 6+129.499\times\sin 17.5^\circ]\ \text{kN}$$
$$=124.432\ \text{kN}$$

$$p_{max}=\frac{N_d}{A}=\frac{124.432\ \text{kN}}{(0.35\times 0.4)\text{m}^2}=888.8\ \text{kPa}\leqslant f_a$$

自由端，侧向承载力不用计算。

因此，地基承载力验算通过。

7.4.6 锚杆设计

1. 锚杆轴向拉力计算

$$N_{Ak}=\frac{R_A}{\cos(\theta-\alpha)}=\frac{148.205\ \text{kN}}{\cos(10^\circ-0^\circ)}=150.491\ \text{kN}$$

$$N_{Bk}=\frac{R_B}{\cos(\theta-\alpha)}=\frac{222.307\ \text{kN}}{\cos(10^\circ-0^\circ)}=225.736\ \text{kN}$$

2. 锚杆截面设计

锚杆 A：

$$A_A\geqslant\frac{\gamma_R\gamma_0\gamma_{Q1}N_{Ak}}{f_{sd}}=\left(\frac{1.4\times 1.0\times 1.4\times 150.491}{330\times 10^3}\times 10^6\right)\text{mm}^2=893.825\ \text{mm}^2$$

选用2根直径为25 mm的钢筋，实际面积为981.748 mm^2。

锚杆 B：

$$A_B\geqslant\frac{\gamma_R\gamma_0\gamma_{Q1}N_{Bk}}{f_{sd}}=\left(\frac{1.4\times 1.0\times 1.4\times 225.736}{330\times 10^3}\times 10^6\right)\text{mm}^2=1\ 340.735\ \text{mm}^2$$

选用2根直径为30 mm的钢筋，实际面积为1 413.717 mm^2。

3. 锚杆长度计算

锚杆 A：

有效锚固长度 $L_{A_a}\geqslant\dfrac{\gamma_P N_{Ak}}{\pi D\tau_i}=\left(\dfrac{2.5\times 150.491}{\pi\times 0.11\times 200}\right)\ \text{m}=5.444\ \text{m}$

非锚固长度 $L_{A_f}=\left(\dfrac{3.8\times\tan 41.638^\circ}{\sin 121.638^\circ}\times\sin 48.362^\circ\right)\ \text{m}=2.966\ \text{m}$

锚杆总长度为 $L_A=(5.444+2.966)\ \mathrm{m}=8.410\ \mathrm{m}$

锚杆 B：

有效锚固长度 $L_{B_a}\geqslant\dfrac{\gamma_P N_{Bk}}{\pi D\tau_i}=\left(\dfrac{2.5\times225.736}{\pi\times0.11\times200}\right)\ \mathrm{m}=8.165\ \mathrm{m}$

非锚固长度 $L_{B_f}=\left(\dfrac{0.8\times\tan 41.638^\circ}{\sin 121.638^\circ}\times\sin 48.362^\circ\right)\ \mathrm{m}=0.624\ \mathrm{m}$

锚杆总长度为 $L_B=(8.165+0.624)\ \mathrm{m}=8.789\ \mathrm{m}$

思考题

7－1 请说出肋柱式锚杆挡土墙的传力机理。

7－2 锚杆为什么要设置成倾斜的？

7－3 如何计算锚杆挡土墙的土压力？

7－4 肋柱内力计算时，有哪些计算模型？各适用于什么条件？

7－5 挡土板内力计算时，有哪些计算模型？各适用于什么条件？

第 8 章　土钉墙设计

教学目标

本章介绍土钉墙设计。

本章要求：

- 掌握土钉墙的组成及各组成部分的作用；
- 熟悉土钉墙的特点和适用范围；
- 了解土钉墙的作用机理及与锚杆挡土墙、加筋土挡土墙的异同；
- 掌握土钉墙的构造设计；
- 掌握土钉墙结构计算内容和方法。

教学要求

能力要求	知识要点	权重/%
能描述土钉墙的组成 能描述土钉墙各组成部分的作用 能描述土钉墙的特点和适用范围 能描述土钉墙的作用机理 能区别土钉墙与锚杆挡土墙、加筋土挡土墙的异同 能进行土钉墙构造设计 能进行内部整体稳定性计算 能进行土钉抗拉抗拔计算 能进行外部整体稳定性计算 能进行坡面构件计算 能进行坡面构件与土钉连接计算	土钉墙的组成	5
	土钉墙各组成部分的作用	5
	土钉墙的特点和适用范围	5
	土钉墙的作用机理	5
	土钉墙与锚杆挡土墙、加筋土挡土墙的异同	5
	土钉墙构造设计	10
	土钉墙结构计算方法	5
	内部整体稳定性计算	20
	土钉抗拉抗拔计算	20
	外部整体稳定性计算	10
	坡面构件计算	5
	坡面构件与土钉连接计算	5

8.1 概　述

8.1.1 土钉墙的概念

土钉墙是指利用土钉技术形成的支护结构，以密集的土钉群作为筋体加固和稳定原位岩土边坡。土钉墙通常由土钉群、被加固的原位岩土体、面层(喷射混凝土、钢筋混凝土框架梁等)及必要的排水、防水系统组成，如图 8-1 所示。

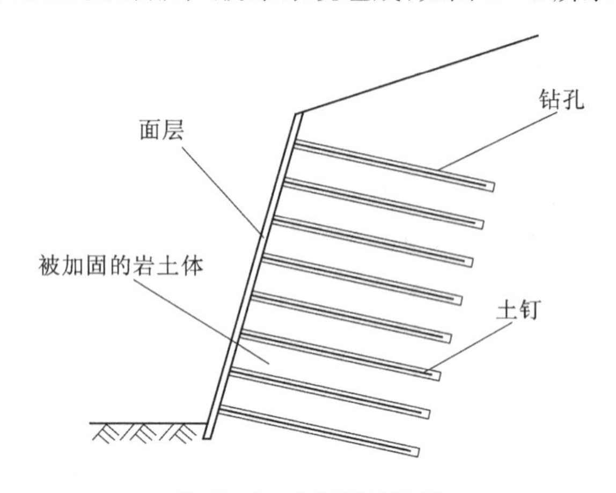

图 8-1　土钉墙示意图

土钉是用于加固和稳定岩土体的细长筋体，置入岩土中后依靠与周围岩土体之间的黏结力或摩擦力，在岩土体发生变形的条件下被动受力并主要承受拉力。土钉的类型有钻孔注浆钉、击入钉、喷射注浆钉等，通常采用钻孔注浆钉，即采用土中成孔，置入金属筋体，然后用水泥净浆或砂浆沿全长注浆填孔，形成以钢筋为中心体、周围浆体包裹的一种土钉。

面层是土钉墙中唯一的外露部分，其作用是保证土钉间局部岩土体的稳定性，限制开挖后的边坡松散，保护边坡免遭侵蚀和风化，并可使分散的土钉共同发挥作用。面层通常采用喷射混凝土，但用于公路边坡防护时，其与周围环境不协调，可以将喷射混凝土改为钢筋混凝土框架，框架内回填土质，为边坡植物防护创造良好条件。

土钉技术是一项原位岩土加筋技术，土钉弥补土体强度的不足，有效提高土体的刚度，使土体力学性能得以改善，从而形成了一种复合土体，类似于重力式挡土墙，显著提高了边坡稳定性和承受荷载的能力。

土钉墙广泛应用于基坑围护及边坡支挡工程中，不同的行业均有相应的构造与计算规定，本书主要参考《公路土钉支护技术指南》(交工便字[2006]02 号)、《公路路基设计规范》(JTG D30—2015)和《铁路路基支挡结构设计规范》(TB10025—2019)，且针对永久支护工程。

8.1.2　土钉墙的特点

与其他支挡结构相比，土钉墙具有以下特点：

① 施工及时，速度快，可自上而下，边开挖边喷锚，及时对边坡进行封闭。

② 可合理利用原位土体的自承能力，将土体作为墙体不可分割的部分。

③ 结构轻巧、有柔性，有良好的抗震性和延性。

④ 施工机具轻便简单、灵活、所需场地小。

⑤ 材料用量省，经济性好。

⑥ 变形较小，对地基破坏也不大。

8.1.3　土钉墙的适用范围

土钉施工一般应具备以下条件：

① 每层施工面要开挖 1～2 m 高，所以要求边坡具有一定的自稳能力。

② 坡面无渗水或渗水较少，以便能形成喷射混凝土层。

③ 土体能提供土钉足够的抗拔力。

如果土体松散，其抗剪强度低，不能给土钉足够的抗拔力；如果土体松软和含水率高，则喷射混凝土层很难形成。

此外，土钉墙对水的作用特别敏感。土的含水率增加不但增大土的自重，更主要的是会降低土的抗剪强度和土钉与土体之间的界面黏结强度，土钉墙发生事故多与水的作用有关。

因此，土钉墙可用于硬塑或坚硬的黏质土、胶结或弱胶结的粉土、砂土、砾石、软岩和风化破碎岩层等路堑边坡的临时支护和永久支护。而在腐蚀性地层、膨胀土、软黏土、土质松散、地下水较发育及存在不利结构面的边坡，不宜采用土钉墙。《公路土钉支护技术指南》规定，在下列土体中，不宜设置永久性土钉支护：

① 标贯击数 $N<9$、相对密度 $Dr<0.3$ 的松散砂土。

② 液性指数大于 0.5 的软塑、流塑黏土。

③ 含有大量有机物或工业废料的低强度回填土、新填土及强腐蚀性土。

④ 在塑性指数大于 20 和液限大于 50％且无侧限抗压强度小于 50 kPa 的黏性土中，修建土钉支护工程时，应通过现场的土钉抗拔试验，检验土体的徐变性能。

8.1.4　土钉墙的作用机理

岩土体的抗剪强度较低，抗拉强度几乎可以忽略不计。岩土体具有一定的结构整体性，但是只能在较小的高度内保持直立，当边坡高度较高或有其他因素影响时，边坡将会失稳。通过在岩土体内设置密集的土钉群，与岩土体共同作用，弥补岩土体自身强度的不足，使岩土体自身结构强度潜力得到充分发挥，因此这是一种主动加固机制，改变了边坡变形和破坏性状，显著提高了边坡整体稳定性。

试验表明，直立土钉墙坡顶承载力比素土边坡提高1倍以上，且不会发生突发坍塌。

土钉墙的这些性状是通过土钉与岩土体的相互作用实现的，这种作用主要体现在两方面：

① 土钉与土界面摩阻力的发挥程度。

② 土钉与岩土体刚度相差悬殊，在土钉墙进入塑性变形阶段后，土钉自身作用逐渐加强，从而改善了复合岩土体塑性变形和破坏性状。

因此，土钉墙是通过土钉加强岩土体，其加固机理概括起来有以下几个方面：

① 土钉增强原位岩土体强度。密集的土钉群，与岩土共同作用，形成复合体，提高了原位岩土体的强度。

② 土钉对复合体起骨架约束作用。土钉本身的强度与刚度，以及在岩土体内的空间分布，使其成为复合体的骨架，骨架对岩土体的变形具有约束作用，另外土钉与岩土体之间的摩阻力对变形也有制约作用。

③ 土钉对复合体起分担荷载作用。土钉与岩土体共同承担荷载，在岩土体进入塑性状态后，应力逐渐向土钉转移，当岩土体开裂时，土钉分担荷载作用更为突出。

④ 土钉起应力传递与扩散作用。土钉将滑裂区域应力传递到稳定岩土层，并分散在较大范围的岩土体内，降低了应力集中程度。

⑤ 土钉与面层连在一起，对边坡变形起约束作用。坡面膨胀变形是开挖卸荷、岩土体侧向变形以及塑性变形和开裂发展的必然结果，限制坡面鼓胀能起到削弱内部塑性变形，加强边界约束的作用，这对开裂变形阶段尤为重要。

8.1.5 土钉墙与锚杆挡土墙、加筋土挡土墙的异同

土钉墙与锚杆挡土墙、加筋土挡土墙在形式上有一定的类似，但是也有本质的不同。

1. 土钉墙与锚杆挡土墙的异同

土钉可视为小尺寸被动式锚杆，两者的差异主要有：

① 施工顺序不同。土钉墙自上而下、分步施工（即逆作法施工），而锚杆挡土墙是自下而上整体施工。

② 约束机制不同。锚杆挡土墙应设法防止产生变位，可以施加预应力，给土体主动约束；而土钉墙一般要求土体产生少量位移，只有土体变形才能使土钉被动受力，它不具备主动约束机制。

③ 受力状态不同。锚杆全长分为自由段和锚固段，只在锚固段受力，自由段只起传力作用，自由段上的轴力大小相同；土钉全长范围内受力，且轴力沿其全长是变化的，中间大而两端小，潜在破裂面两侧的受力方向相反，如图8-2所示。

④ 设置密度不同。锚杆间距较大，设置密度小，每个杆件都是重要的受力部件；土钉间距较小，设置密度大，靠土钉的相互作用形成复合岩土体，即使个别土钉失效，

对整个支挡结构影响也不大。

⑤ 承受荷载大小不同。锚杆可承受的荷载较大，其端部构造复杂；土钉一般不需要承受很大的荷载，单根土钉受荷较小，端部构造较为简单。

⑥ 长度不同。锚杆一般较长，需要大型机械；土钉长度较短，相对而言施工规模较小，所需机具比较灵活。

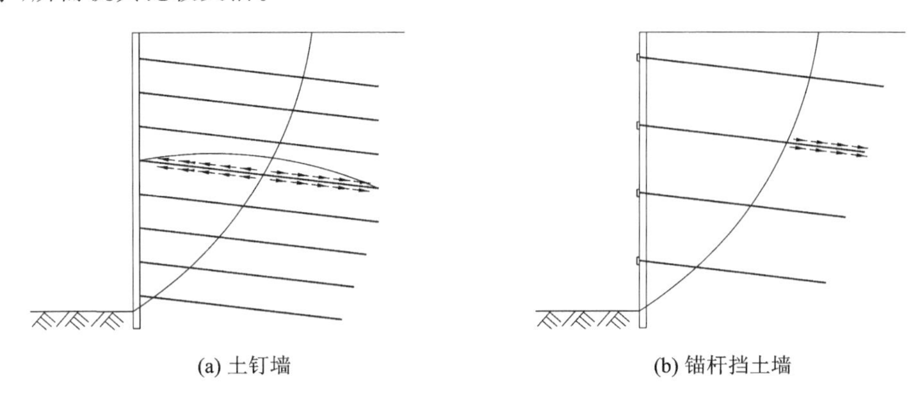

图 8－2　土钉墙与锚杆挡土墙受力状态示意图

2. 土钉墙与加筋土挡土墙的异同

土钉墙属于土体加筋技术，所以与加筋土挡土墙作用机理类似，两者的差异主要有：

① 施工顺序不同。土钉墙自上而下、分步施工，而加筋土挡土墙自下而上整体施工，这对加筋体应力分布有很大影响。

② 应用范围不同。土钉墙是一种原位加筋技术，用来改良天然边坡或挖方区；加筋土挡土墙用于填方区。

③ 材料不同。土钉墙多用金属杆件，使用灌浆技术，使筋体与周围土体接触而起作用；加筋土挡土墙多用土工合成材料，直接与土接触而起作用。

④ 筋体受力分布不同。土钉墙筋体受力是中间大，上部和下部小；加筋土挡土墙受力最大筋体位于底部。

⑤ 设置形式不同。土钉可水平设置，也可倾斜设置，当其垂直于滑裂面设置时，将会充分发挥其抗剪能力；而加筋土挡土墙中的筋体一般水平设置。

8.2　土钉墙构造设计

8.2.1　一般规定

土钉墙用于土质边坡时，墙高不宜大于 10 m；用于岩质边坡时，墙高不宜大于 18 m。土钉墙墙面坡度宜为 1∶0.1～1∶0.4。边坡较高时设多级土钉支护，每级坡高不宜大于 10 m。多级边坡的上下级之间应设置平台，平台宽度不宜小于 2.0 m。

土钉墙设计与施工应遵循“保住中部、稳定坡脚”的原则。边坡中部的土钉宜适当加密、加长，坡脚用混凝土脚墙加固，并使之与土钉墙连成一个整体。

土钉墙分层开挖高度，土层宜为 0.5～2.0 m，岩层宜为 1.0～4.0 m。每一层开挖的纵向长度(分段长度)，取决于岩土体维持不变形的最长时间及施工流程的相互衔接。

作为永久性支护结构的土钉墙，一般应在初次构筑的施工喷射混凝土面层上再喷射一层混凝土或再现浇一层混凝土。考虑到支模的方便，现浇混凝土面层适用于直立或接近直立的支护面。

8.2.2 土 钉

1. 土钉类型

永久性支护中的土钉应采用钻孔注浆钉，即先在岩土中钻孔，置入土钉，然后全孔注浆。击入钉仅限用于临时工程。

2. 钻孔注浆钉组成

钻孔注浆钉由钢筋及其外包的水泥浆或砂浆组成。

土钉钉材宜采用 HRB400 钢筋，钢筋直径宜为 18～32 mm，土钉钢筋应设定位支架。钢筋接长应采用焊接或机械连接。同排土钉钢筋接头在支护内应错开布置。

土钉钻孔直径宜为 70～100 mm，一般为 3～6 倍钢筋直径。孔径的大小还应满足土钉钢筋所需保护层厚度的要求。钻孔的长度超过土钉钢筋尾端的距离应不小于 200 mm。

环境腐蚀时可采取钢筋表面环氧涂层等处理措施，钉材保护层厚度不应小于 30 mm；必要时，可沿钉材钢筋全长加设聚乙烯或聚丙烯波纹套管。

钻孔注浆材料宜采用低收缩水泥浆或水泥砂浆，其强度不应低于 20 MPa。注浆应采用孔底返浆法，注浆压力宜为 0.4～1.0 MPa。

3. 土钉钢筋定位支架

沿土钉钢筋长度每隔一定距离应设置定位支架，以保证钢筋置入钻孔后处于钻孔的中央，使其四周有足够的浆体保护层厚度，如图 8-3 所示。

定位支架的间距应防止钢筋发生过大的垂度，一般可取 1.5～2.0 m，位于末端的定位支架离钢筋尾端的距离应不超过 0.5～1.0 m。定位支架的构造应能保证浆体在钻孔内自由流动，其外缘间的最大尺寸与钻孔直径之差应不超过 30 mm。

4. 土钉长度

土钉长度包括非锚固段长度和有效锚固段长度。非锚固段长度应根据坡面与土钉潜在破裂面的实际距离确定，有效锚固段长度由土钉内部稳定性检算确定。土钉长度 L 与边坡坡面高度 H 的比值宜为 0.5～1.2 倍，密实砂土和坚硬黏土可取低值，

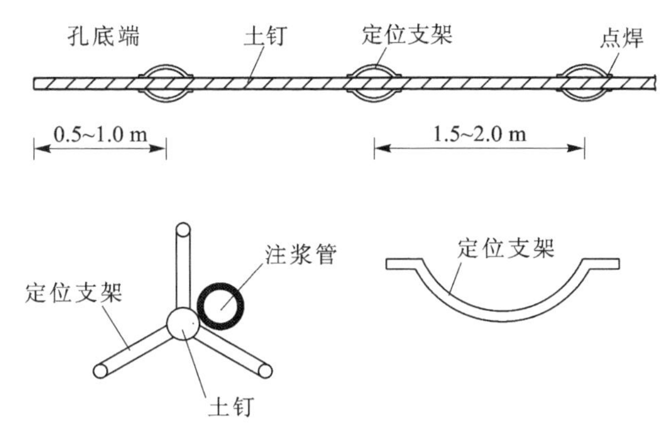

图 8-3　定位支架示意图

塑性黏土取高值。当支护顶部地表呈向上坡角时，宜适当增大 L/H 的比值，在薄弱土体内有时可达 1.6。为了减少支护变形并控制地表开裂，靠近支护顶部位置的土钉长度应适当加长；对于砂性土中的底部土钉，其长度可适当减小，但也不宜小于 $0.7H$。岩质边坡中的土钉，其 L/H 的比值宜为 0.6～0.8。

初步设计时，可参考表 8-1 取值。

表 8-1　土钉长度与墙高度的比值

边坡岩土类型	永久土钉支护
塑性黏土	1.2
一般砂、黏土	0.8～1.2
密实砂土和坚硬黏土	0.8
岩质边坡	0.6～0.8

5. 土钉倾角

土钉倾角（土钉与水平面夹角）宜为 5°～25°，重力注浆时的土钉倾角不宜小于 15°。较小的倾角有利于减小直立式支挡结构的变形。当用压力注浆且有可靠的排气措施时，倾角可接近于水平。如表土软弱，此时的顶层土钉宜适当加大倾角，使土钉尾部能插入强度较高的下层岩土中。此外，适当加大底部土钉的倾角也有利于整个支护结构的稳定。

6. 土钉间距

土钉间距宜为 0.75～3.0 m。钻孔注浆钉的永久土钉支护，土钉间距可取 10～20 倍钻孔直径，面层上的土钉密度一般为 6 m^2/根。

土钉的竖向间距应与施工的每步开挖深度相对应。上下两排的土钉可以竖向对齐或相互错开，并与面层背面的排水系统设置方式有关。

初步设计时，可参考表 8-2 取值。

表 8-2 土钉间距

m

边坡岩土类型	永久土钉支护(钻孔注浆钉)
砂性土	1.5
干硬性黏土	2.0
岩体	≤3.0

8.2.3 面 层

面层一般采用喷射混凝土,以使施工过程中开挖面上的裸露土体能够尽快获得稳定。喷射混凝土面层厚度应通过受力计算确定,一般不宜小于 80 mm,混凝土的强度等级不宜低于 C30。

喷射混凝土面层内应设置钢筋网,钢筋直径不小于 6 mm,网格尺寸为 150～250 mm。当面层厚度大于 150 mm 时,应设置里外两层钢筋网。永久支护的喷射混凝土面层一般分两层喷射,内层为支护开挖后立即构筑的施工面层,待设置土钉及其与施工面层连接后,再构筑最终面层;最终面层的喷射混凝土表面应作抹平修饰处理。面层钢筋网在施工缝处的搭接长度不应小于 200 mm,也不小于一个网格尺寸。为改善支护的外观和质量,最终面层也可用现浇混凝土或预制混凝土件构筑。永久支护面层钢筋的喷射混凝土保护层厚度应不小于 5 cm。

喷射混凝土面层的顶部钢筋网应向护坡背后转折,并构筑宽度不小于 500 mm 的喷射混凝土(或现浇混凝土)护顶。面层顶部不得直接承受竖向重载,以防止施工过程中面层下坠和钉头受弯。

面层底端应插入趾部地表以下 200～400 mm,如果面层由预制混凝土件构筑,则需要专门的基础。

喷射混凝土面层在长度方向上应设置伸缩缝,其间距一般不大于 30 m,缝宽 10～20 mm,缝间用沥青麻絮或泡沫聚苯乙烯板材料填充。

为了绿化,也可仅用钢筋混凝土框架梁作为面层。梁在土坡中开槽现浇,梁的表面与坡面齐平,并设置有利于排除坡面地表水的泄水槽。在坡脚和坡顶还可设置地梁或边梁与框架梁构成一个整体。梁尺寸应通过受力计算确定,一般不小于 250 mm×250 mm,主筋为直径不小于 16 mm 的 HRB 钢筋。

8.2.4 土钉与面层的连接

土钉应与面层有效连接,连接方法应根据面层受力大小以及支护结构的重要性确定,必要时可通过加载试验验证。

面层内的配筋除了要符合前述要求外,还应在连接同排相邻土钉钢筋的水平方向上,紧靠每一土钉钢筋的上下,各设置一根通长的水平加强筋。加强筋的直径为

16～25 mm，置于施工面层钢筋网的外侧，并与土钉钢筋焊接。当面层受力较大时，宜在连接同列土钉钢筋的竖直方向上，紧靠土钉钉头的左右，各焊接一根直径约为 16 mm 的竖向加强筋，与水平加强筋构成“井”字，如图 8－4 所示。竖向筋在面层水平施工缝处的搭接长度应不小于直径的 30 倍。

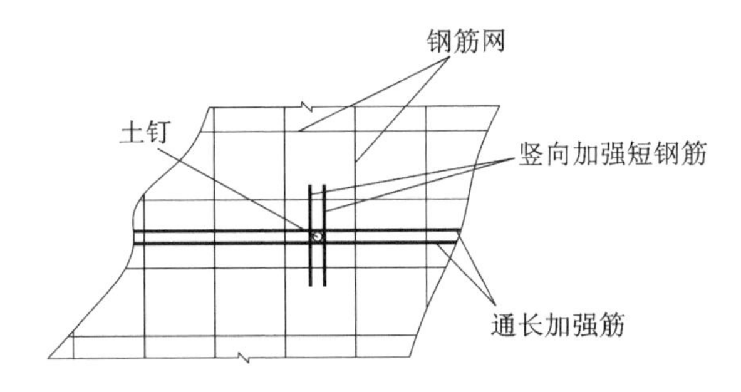

图 8－4　土钉与面层的“井”字连接

土钉钢筋与喷射混凝土面层之间一般宜采用螺母、垫板的连接方式，将钉头做成螺纹端，通过螺母、楔形垫圈及方形钢垫板与面层连接。钢垫板应均匀紧贴于喷射混凝土的施工面层上，垫板的尺寸一般不小于 150 mm×150 mm，厚度不小于 18 mm，如图 8－5 所示。

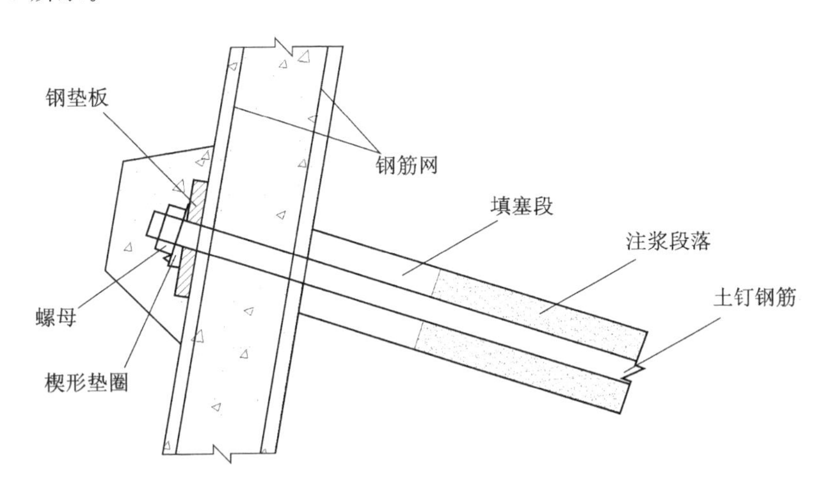

图 8－5　土钉钢筋与喷射混凝土面层的连接

当面层采用钢筋混凝土框架梁时，土钉钉头与面层连接方法宜采用螺纹垫板连接，也可将土钉钉头加长，并做成弯钩，直接锚固于梁中，如图 8－6 所示。弯钩伸入梁的总长应不小于土钉钢筋直径的 30 倍，并应设置相应的箍筋保证锚固作用。如果土钉轴力较大，弯钩下应设置局部的横向钢筋网。

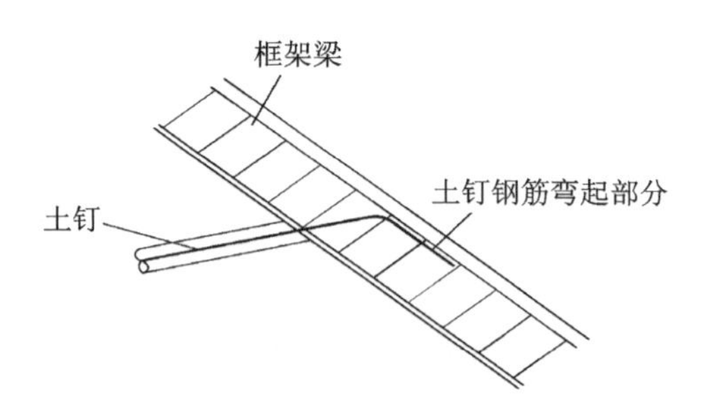

图 8-6　土钉钢筋与框架梁的连接

8.2.5　防腐蚀耐久性要求

注浆钉的锈蚀与混凝土中的钢筋锈蚀相似，因此对土钉钢筋的锈蚀要求，着眼于注浆保护层的作用。

1. 土钉墙使用年限

土钉墙的使用年限，一般可按公路工程的等级进行划分：

① 高速公路和一级公路的路堑、路堤和桥台的支护使用期限为一级。

② 二级、三级公路的路堑、路堤和桥台的支护使用期限为二级。

③ 四级公路的路堑、路堤和桥台的支护使用期限为三级。

各级公路的土钉墙设计使用年限应不低于受其影响的相邻公路工程的使用年限。

根据土钉墙可修复加固与改造的难易程度及其对公路正常运营的影响，结合全寿命的经济投入，在设计时可与业主共同商定，对土钉墙的使用期限选定适当的级别。

2. 防腐蚀措施

在强腐蚀作用下，除非经过专门的论证认可，否则土钉墙的注浆钉应沿钢筋全长加设聚乙烯或聚丙烯塑料波纹套管。套管壁厚约 2 mm(应不小于 1 mm)，方形波纹的间距在 6～12 倍壁厚的范围内，波纹的幅高不小于壁厚的 3 倍。套管内壁与钢筋之间的环形间隙用水泥浆密实填充，并至少应有不小于 5 mm 的厚度，然后一起置入钻孔内注浆充填钻孔。

在中等腐蚀作用下，除非经过专门的论证认可，否则土钉墙应采取以下的防腐蚀措施：

① 使用期限为一级的工程，沿钢筋全长加设塑料波纹套管。

② 使用期限为二级的工程，采用工厂生产的环氧树脂涂层带肋钢筋作为土钉钢筋，涂层厚小于 0.3 mm；此外，将钢筋强度计算值所需的直径再加大 2～3 mm，以考虑钢筋可能的锈蚀对截面的削弱影响。

③ 使用期限为三级的工程，可将钢筋按强度计算所需的直径加大 2～3 mm；如采用环氧涂层钢筋，直径加大 1～2 mm。

弱腐蚀作用下的注浆钉，应采取以下防腐蚀措施：

① 使用期限为一级的工程，采用环氧涂层钢筋，否则将钢筋直径加大 2～3 mm。

② 使用期限为二级的工程，采用环氧涂层钢筋，否则将钢筋直径加大 1～2 mm。

强腐蚀和中等腐蚀环境下的土钉浆体及面层混凝土的水胶比应不高于 0.4，否则适当加强上述无套管钢筋的防锈蚀措施。在强腐蚀环境下，土钉钉头与面层连接处的钢筋应涂刷防腐表面涂层。

腐蚀环境下面层和土钉钢筋的保护层厚度应符合表 8－3 的要求。

表 8－3　保护层厚度

侵蚀作用等级	弱	中	强
保护层厚度/mm	50	60	70

注：1. 设有塑料套管的土钉钢筋在套管外的保护层厚度不小于 20 mm；

2. 在浆体或混凝土中加油阻锈剂时，表中的最小保护层厚度可适当降低。

腐蚀环境下的土钉墙，应专门设置若干个供使用阶段检测用的土钉，用于检测土钉钢筋经过不同年限的锈蚀状况。检测用土钉的构造及施工方法与工作钉完全相同，但长度较短，以便需要时能整体拔出观测。

8.2.6　排水设施

大量工程实践表明，土钉墙发生事故多与水的作用有关，因此在设计时应根据坡体内地下水分布情况设置完善的排水设施。

土钉墙的顶部地面应设置截水沟，防止地表径流流向整个支护结构的顶面。顶部及附近地表宜尽可能设置防渗层，如铺设透水性差的黏土层、水泥砂浆或土工膜等其他防渗材料。

地下水不发育时，可在坡面设置浅层排水系统，即沿坡面每间隔 2.5～3.0 m 设置一长 1 m 的仰斜 5°～10°的浅层排水孔，孔内设置透水管。也可以在喷射混凝土面层上设置泄水孔，泄水孔间距 2～3 m，其后设无砂混凝土板反滤层，无砂混凝土板尺寸一般为 30 cm×30 cm×10 cm，其下设置一根长 25～30 cm、直径 50 mm 的 PVC 管作为泄水孔，如图 8－7 所示。

当坡体内有可能渗入大量地表水和地下水时，应设置向上倾斜的带孔 PVC 排水管或排水波纹软管，管径一般为 50～80 mm，向上倾角 5°～10°，长度应超过土钉尾端一定距离。这种排水管可在面层完工后钻孔置入，每 50 m^2 面层上至少有一根排水管，将水引到面层外部后再流入集水管道或排水沟(见图 8－8)。

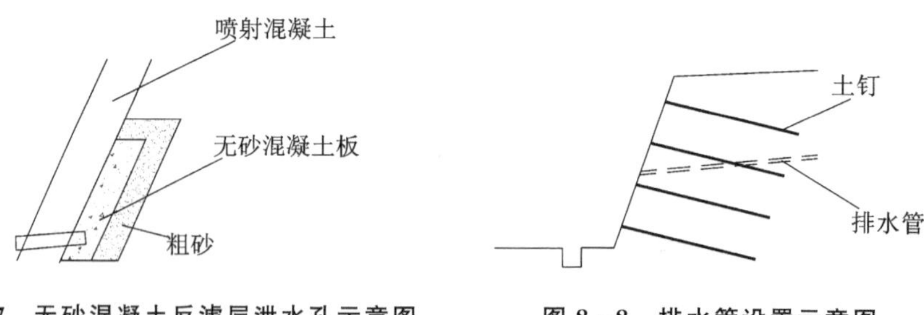

图 8-7　无砂混凝土反滤层泄水孔示意图　　图 8-8　排水管设置示意图

8.3　土钉墙结构计算

8.3.1　一般规定

1. 计算与设计方法

土钉墙的计算，同时采用以下 3 种不同的方法：

① 应用土坡稳定极限平衡理论，对土钉墙的整体稳定性(内部和外部)进行极限平衡分析。

② 应用重力式挡土墙的计算方法，对土钉墙整体水平滑动和整体倾覆的稳定性进行分析，并计算墙底的地基承载力。

③ 根据经验给出土钉墙内部的侧向土压力，并据此确定土钉的设计内力。

上述 3 种方法，相互独立，它们之间没有可比性。

对于稳定性和土钉承载力的设计，采用安全系数法；对于面层和连接等混凝土构件的设计，则采用以概率极限状态为基础的分项系数设计法。

2. 土体物理力学参数

土体的抗剪强度参数的设计值取特征值，一般情况下可取室内固结不排水试验强度均值的 0.8～0.9 倍(对 c 取 0.8，对 $\tan\varphi$ 取 0.9)。

土钉与周围岩土体的界面黏结强度 τ 的设计值取特征值，一般应根据现场抗拔试验确定。对同一岩土层取其实测均值的 0.8 倍作为特征值。对坚硬的块状岩体，也可取其轴向抗压强度的 10% 作为其黏结强度特征值。土钉周边的界面黏结强度与土钉的埋深无关。

3. 安全系数

外部整体稳定性计算以及把土钉墙当作重力式挡土墙进行相关计算，稳定安全系数应符合《公路路基设计规范》(JTG D30—2015)的规定。

内部整体稳定性计算的安全系数可取 1.25～1.30，考虑地震作用时，安全系数可折减 0.1。

当用于内部整体稳定性计算时，土钉抗拉安全系数，一般取1.25；土钉抗拔安全系数，一般取1.5。

总体土钉墙抗拔安全系数，一般取2.0～3.0。

8.3.2 计算内容

土钉墙的结构计算包括内部整体稳定性计算、土钉抗拉抗拔稳定性计算、外部整体稳定性计算和坡面构件以及坡面构件与土钉的连接计算。

1. 内部整体稳定性计算

此时土体的破裂面穿过土钉墙内部，与全部或一部分土钉相交。可采用圆弧破裂面法或简化方法。

(1) 圆弧破裂面法

假定破裂面为圆弧以及破裂面上所有土钉只承受拉力且均分别达到最大设计拉力值，采用一般边坡稳定性分析常用的瑞典条分法或简化 Bishop 法，如图 8-9 所示。当采用瑞典条分法时，稳定系数按下式计算：

$$K_s = \frac{\sum_{i=1}^{n} c_i l_i S_x + \sum_{i=1}^{n} W_i \cos \alpha_i \tan \varphi_i S_x + \sum_{j=1}^{m} P_j \cos(\alpha_j + \theta_j) + \sum_{j=1}^{m} \xi P_j \sin(\alpha_j + \theta_j) \tan \varphi_j}{\sum_{i=1}^{n} W_i \sin \alpha_i S_x} \tag{8-1}$$

式中：α_i——i 土条滑动面与水平面的夹角(°)，即其法线与竖直线的夹角；

α_j——j 土钉与滑动面交点处切线与水平面夹角(°)，即其法线与竖直线的夹角；

φ_i、φ_j——i、j 土条的内摩擦角(°)；

c_i——i 土条的黏聚力(kPa)；

l_i——i 土条滑动面弧长(m)；

W_i——i 土条重力(kN/m)；

S_x——土钉的水平间距(m)；

n——划分的土条数；

P_j——j 土钉抗拔力(kN)，按式(8-2)～式(8-4)计算，并取其中的最小值；

θ_j——j 土钉与水平面的夹角(°)；

m——土钉的排数；

ξ——折减系数，可取0.5。

破裂面上土钉抗拔力 P_j 按式(8-2)～式(8-4)确定，并取其中的最小值。

按土钉受拉屈服

$$P_j = \frac{1}{K_1} \frac{\pi d^2}{4} f_{sd} \tag{8-2}$$

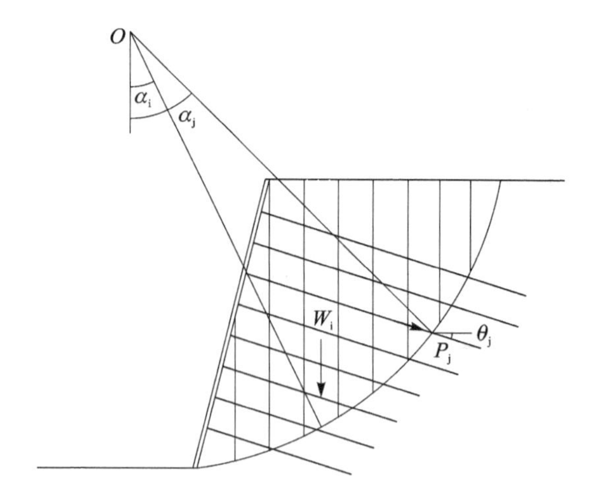

图 8－9　圆弧破裂面法计算示意图

按土钉从破裂面内侧拔出

$$P_j=\min(\frac{1}{K_2}\pi dL_{ej}\tau_g,\frac{1}{K_2}\pi DL_{ej}\tau_f) \tag{8-3}$$

按土钉从破裂面外侧的面层拔出

$$P_j=\min\left[\frac{1}{K_2}\pi d(L_j-L_{ej})\tau_g,\frac{1}{K_2}\pi D(L_j-L_{ej})\tau_f\right]+0.8P_m \tag{8-4}$$

式中：K_1——抗拉稳定安全系数，取 1.25；

K_2——抗拔稳定安全系数，取 1.5；

d——土钉直径；

f_{sd}——土钉抗拉强度设计值；

L_j——第 j 根土钉长度；

L_{ej}——第 j 根土钉在潜在破裂面后的有效锚固长度；

τ_g——钉材与砂浆界面的黏结强度标准值；

τ_f——土钉砂浆与土体界面的黏结强度标准值；

P_m——钉头与面层连接处的抗拔能力设计值。

对于土钉钉头从面层拔出的抗力，可按以下途径计算确定：

① 根据面层的抗弯能力，按均布侧向荷载作用算出钉头作为面层支点时的反力。

② 根据面层在支点处的抗冲剪能力，按均布侧向荷载作用算出钉头作为支点时的反力。

③ 根据土钉钉头与面层的连接强度，算出钉头能够承受的轴力。

土钉钉头从面层拔出的抗力应取上述三者中的最小值，并除以荷载分项系数 1.25。

（2）简化方法

将破裂面简化为双折线，如图 8－10 所示。破裂面距墙面的距离可按式（8－5）和式（8－6）计算，稳定系数计算公式同式（8－1）。

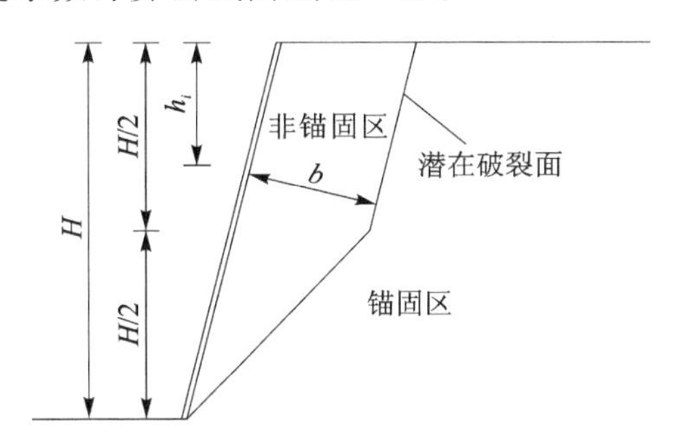

图 8－10　简化法破裂面

当 $h_i \leqslant H/2$ 时

$$b=(0.3 \sim 0.35)H \tag{8-5}$$

当 $h_i > H/2$ 时

$$b=(0.6 \sim 0.7)(H-h_i) \tag{8-6}$$

式中：b——潜在破裂面距墙面的距离（m），当坡体渗水较严重、岩体风化破碎严重或节理发育时，取大值。

2. 土钉抗拉抗拔稳定性计算

（1）土钉拉力计算

土压力采用简化的方法进行计算，作用在土钉上由土体自重引起的土压应力假定按图 8－11 所示分布，该土压力由土钉最大轴力平衡。距离墙顶 h_i 处的水平方向土压应力可按式（8－7）和式（8－8）计算。

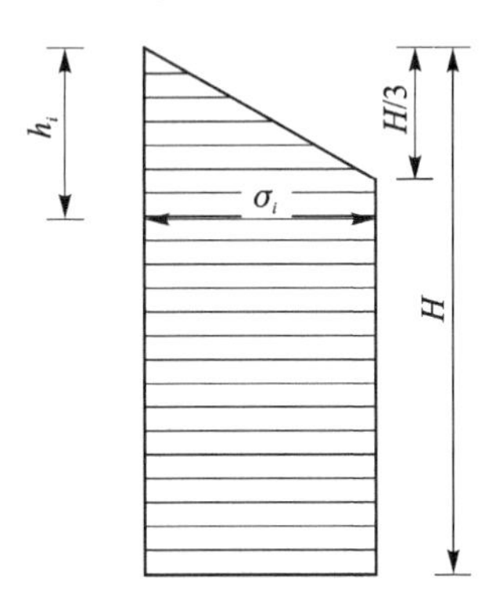

图 8－11　土压应力分布图

当 $h_i \leqslant \dfrac{H}{3}$ 时，

$$\sigma_i = 2K_{ax}\gamma h_i \tag{8-7}$$

当 $h_i > \frac{H}{3}$ 时，

$$\sigma_i = \frac{2}{3}K_{ax}\gamma H \tag{8-8}$$

$$K_{ax} = K_a \cos(\delta + \alpha) \tag{8-9}$$

式中：K_a——主动土压力系数，可按库伦理论进行计算；

γ——边坡岩土体重度（kN/m³）；

H——土钉墙高度（m）；

δ——墙背摩擦角（°）；

α——墙面板与竖直方向的夹角（°），由于是仰斜，应取负值；

h_i——墙顶距 i 层土钉的竖直距离（m）。

那么土钉所受的拉力，可按下式计算：

$$E_i = \frac{\sigma_i S_x S_y}{\cos\theta} \tag{8-10}$$

式中：E_i——第 i 层土钉拉力（kN）；

S_x、S_y——土钉之间水平和垂直间距（m）；

θ——土钉与水平面夹角（°）。

（2）土钉抗拉稳定性计算

土钉在拉力作用下，不应产生过量的伸长或屈服，以致断裂。抗拉稳定系数按下式计算：

$$K_{s1} = \frac{0.25\pi d^2 f_{sd}}{E_i} \tag{8-11}$$

式中：K_{s1}——抗拉稳定系数，不应小于1.5；

d——土钉直径；

f_{sd}——土钉抗拉强度设计值。

（3）土钉抗拔稳定性计算

墙体内部潜在破裂面后的锚固段内应具有足够的界面黏结强度使土钉不被拔出。抗拔稳定系数按下式计算：

$$K_{s2} = \frac{\min(\pi d L_{ei}\tau_g, \pi D L_{ei}\tau_f)}{E_i} \tag{8-12}$$

式中：K_{s2}——抗拔稳定系数，不应小于1.5；

d——土钉直径；

D——钻孔直径；

L_{ei}——第 i 根土钉在潜在破裂面后的有效锚固长度；

τ_g——钉材与砂浆界面的黏结强度标准值；

τ_f——土钉砂浆与土体界面的黏结强度标准值。

(4) 总体土钉抗拔稳定计算

土钉墙内部破裂面后的土钉有效抗拔力对土钉墙底部的力矩应大于主动土压力产生的力矩，总体土钉抗拔稳定系数可按下式计算：

$$K_{s3}=\frac{\sum F_i(H-h_i)\cos\theta}{E_{ax}H_a} \tag{8-13}$$

$$F_i=\min(\pi dL_{ei}\tau_g,\pi DL_{ei}\tau_f) \tag{8-14}$$

式中：K_{s3}——总体抗拔稳定系数，不应小于2.0～3.0；

E_{ax}——主动土压力的水平分力；

H_a——主动土压力水平分力到土钉墙底部的距离。

3. 外部整体稳定性计算

此时土体的破裂面发生在整个土钉墙外部，如图8-12所示，相应的分析方法与无筋的普通边坡相同，可采用瑞典条分法或简化Bishop法。当采用瑞典条分法时，稳定系数计算公式同式(8-1)，但不考虑土钉抗力的作用。

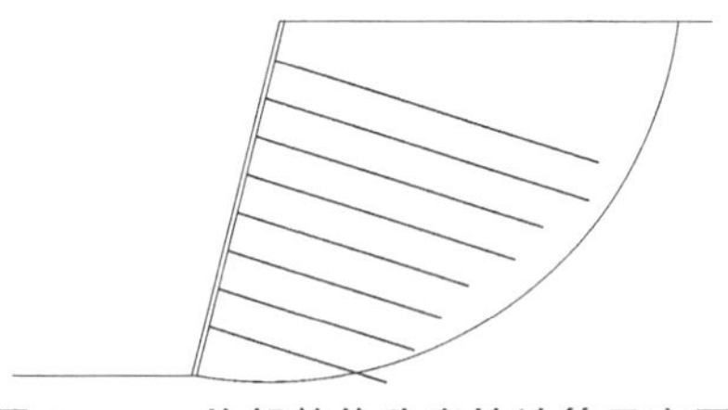

图8-12　外部整体稳定性计算示意图

此外，还应将土钉及其加固体视为重力式挡土墙，如图8-13所示，按照重力式挡土墙的稳定性计算方法进行抗滑稳定性、抗倾覆稳定性及地基计算。

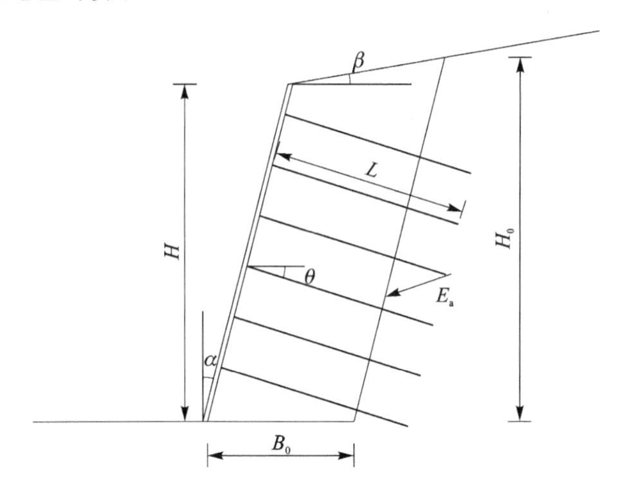

图8-13　土钉墙简化为重力式挡土墙示意图

土钉墙简化成重力式挡土墙，其厚度不能简单地按照土钉的长度来计算，只能考虑被土钉加固成整体的那部分，一般取土钉水平长度的2/3～11/12。墙体厚度与墙背高度可按下式计算：

$$B_0=\left(\frac{2}{3}\sim\frac{11}{12}\right)L\cos\theta \tag{8-15}$$

$$H_0=H+\frac{B_0\tan\beta}{1-\tan\alpha\tan\beta} \tag{8-16}$$

式中：B_0——墙体厚度(m)；

H_0——墙背高度(m)；

L——土钉长度(m)，当多排土钉不等长时取其加权平均值；

β——坡顶地面线与水平面的夹角(°)；

θ——土钉与水平面的夹角(°)；

α——土钉墙面与竖直线的夹角(°)，取正值；

H——土钉墙设计高度(m)。

4. 坡面构件计算

面层采用喷射混凝土时，可以按以土钉为点支撑的连续板进行抗弯强度与抗冲切强度计算。作用于面层的土压力设计值为荷载分项系数 1.25 与特征值的乘积。作用于面层的土压应力特征值，可按下式计算：

$$p_i=0.7\left(0.5+\frac{S-0.5}{5}\right)\sigma_i\leqslant 0.7\sigma_i \tag{8-17}$$

式中：p_i——土压应力特征值(kN)；

S——土钉间距(m)，取土钉横向间距与竖向间距中的较大值；

σ_i——距离墙顶 h_i 处的土压应力，按式(8-7)和式(8-8)计算。

面层采用混凝土框架梁或梁板时，应按连续梁体系或梁板体系进行内力分析和计算。

5. 坡面构件与土钉的连接计算

土钉钉头与混凝土面层的连接，应按钉头作为面层的支点，将侧向土压力作用下产生的支点反力作为钉头应能承受的拉力。当钉头采用螺纹、螺母和垫板与面层连接时，应按钢结构设计的有关规定计算土钉钢筋外端螺纹截面的抗拉以及垫板的抗弯能力。当用焊接或锚固等方法通过不同形式的部件与面层连接时，应对焊接强度或锚固长度进行计算。

此外，土钉钉头与混凝土坡面构件的连接处，应进行连接处混凝土局部承压能力计算。

8.4 土钉墙设计案例

8.4.1 工程概况

某二级公路挖方路段设置土钉墙，墙高 $H=9.0$ m，如图 8-14 所示。

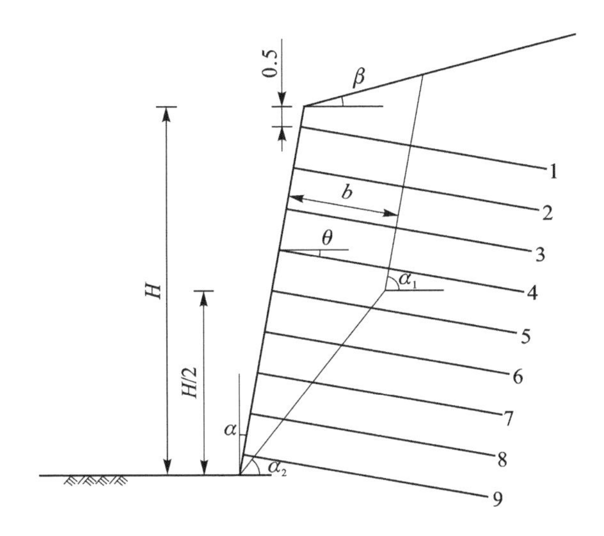

图 8－14　土钉墙示意图(单位:m)

主要设计参数如下：

① 墙面与竖直方向的夹角 $\alpha=10°$,墙顶土体与水平方向夹角 $\beta=15°$。

② 墙后土体为砂岩,重度 $\gamma=20\ \mathrm{kN/m^3}$,内摩擦角 $\varphi=35°$。

③ 经修正后的地基承载力特征值 $f_a=400\ \mathrm{kPa}$。

④ 土钉长度 $L=6.0\ \mathrm{m}$,与水平方向夹角 $\theta=10°$,土钉水平间距 $S_x=1.0\ \mathrm{m}$,垂直间距 $S_y=1.0\ \mathrm{m}$。

⑤ 采用钻孔注浆钉,土钉孔直径 $D=0.1\ \mathrm{m}$,土钉砂浆与土体界面的黏结强度标准值 $\tau_f=210\ \mathrm{kPa}$,土钉与砂浆界面的黏结强度标准值 $\tau_g=1\ 000\ \mathrm{kPa}$。

⑥ 土钉选用 HRB400 钢筋,$f_{sd}=330\ \mathrm{MPa}$,直径 20 mm。

⑦ 面层采用喷射混凝土,混凝土强度等级 C30,厚度 150 mm,$f_{td}=1.39\ \mathrm{MPa}$,$f_{cd}=13.8\ \mathrm{MPa}$。双层钢筋网,构造配筋,采用 HPB300 钢筋,直径 6 mm,间距 200 mm,$f_{sd}=250\ \mathrm{MPa}$,混凝土保护层厚度 50 mm。钉头处,采用水平通长加强钢筋和竖向加强短钢筋,竖向钢筋长度 400 mm。

8.4.2　内部整体稳定性计算

采用简化法计算,破裂面如图 8－14 所示。取 $b=0.3H=0.3\times9\ \mathrm{m}=2.7\ \mathrm{m}$,则 $\alpha_2=51.847°$。

下面计算各层土钉的抗拔力 P_j,计算结果见表 8－4 所列,下面以第 3 层土钉为例进行计算。

按土钉受拉屈服：

$$P_{3,1}=\frac{1}{K_1}\frac{\pi d^2}{4}f_{sd}=\left(\frac{1}{1.25}\times\frac{\pi\times20^2}{4}\times330\times10^{-3}\right)\ \mathrm{kN}=82.938\ \mathrm{kN}$$

按土钉从破裂面内侧拔出：

$L_{e3}=(6-2.7)\ \text{m}=3.3\ \text{m}$

$P_{3,2}=\min\left(\frac{1}{K_2}\pi dL_{e3}\tau_g,\frac{1}{K_2}\pi DL_{e3}\tau_f\right)$

$=\min\left(\frac{1}{1.5}\times\pi\times20\times3.3\times1\ 000\times10^{-3},\frac{1}{1.5}\times\pi\times100\times3.3\times210\times10^{-3}\right)\text{kN}=$ 138.230 kN

按土钉从破裂面外侧的面层拔出计算抗拔力时，首先要计算土钉从面层拔出的抗力。

近似按条形基础抗剪承载力计算公式计算抗剪承载力。假定面层承受土压应力 q。

$1.25V_s=1.25q(S_y-0.2)S_x=1.0q$

$\leqslant0.7f_{td}A_0=0.7f_{td}S_xh_0=0.7\times1.39\times10^3\times$

$1.0\times(0.15-0.05-0.03)\ \text{kN}=68.11\ \text{kN}$

所以，$q\leqslant68.11$ kPa。

下面计算面层抗弯承载力。以土钉为点支撑的连续板模型计算内力。借助无梁楼盖计算的概念，钉上带土钉处的弯矩最大，根据相关公式，该处弯矩近似为

$M_1=0.5\times\frac{1}{8}qS_xS_y^2=\frac{1}{16}q$

按照面层配筋情况，计算其抗弯承载力。

$x=\frac{f_{sd}A_s}{f_{cd}b}=\frac{250\times5\times0.25\pi\times6^2}{13.8\times1\ 000}=2.561\ \text{mm}<\xi_bh_0$

$M_u=f_{cd}bx(h_0-0.5x)$

$=[13.8\times1\ 000\times2.561\times(150-50-3-0.5\times2.561)\times10^{-6}]kN\cdot m=3.383\ \text{kN}\cdot\text{m}$

$1.25M_1\leqslant M_u$

所以，$q\leqslant43.302$ kPa

综上，为了保证面层抗弯和抗剪计算通过，则其承受的土压应力不超过 43.302 kPa。

$P_m=qS_xS_y=43.302\times1\times1=43.302\ \text{kN}$

因此

$P_{3,3}=\min\left[\frac{1}{K_2}\pi d(L_3-L_{e3})\tau_g,\frac{1}{K_2}\pi D(L_3-L_{e3})\tau_f\right]+0.8P_m$

$=\min\left(\frac{1}{1.5}\times\pi\times20\times2.7\times1\ 000\times10^{-3},\frac{1}{1.5}\times\pi\times100\times2.7\times210\times10^{-3}\right)\ \text{kN}+$

$0.8\times43.302\ \text{kN}$

$=147.739\ \text{kN}$

因此，该层土钉抗拔力取 $P_3=82.938$ kN。

表 8-4　土钉抗拔力计算表

土钉层数 j	$\frac{1}{K_1}\frac{\pi d^2}{4}f_{sd}$ /kN	$\min\left(\frac{1}{K_2}\pi d L_{ej}\tau_g, \frac{1}{K_2}\pi D L_{ej}\tau_f\right)$ /kN	$\min\left[\frac{1}{K_2}\pi d(L_j-L_{ej})\tau_g, \frac{1}{K_2}\pi D(L_j-L_{ej})\tau_f\right]+0.8P_m$/kN	P_j /kN
1	82.938	138.230	147.739	82.938
2	82.938	138.230	147.739	82.938
3	82.938	138.230	147.739	82.938
4	82.938	138.230	147.739	82.938
5	82.938	148.911	137.058	82.938
6	82.938	171.657	114.312	82.938
7	82.938	194.444	91.525	82.938
8	82.938	217.189	68.780	68.780
9	82.938	239.934	46.035	46.035

将滑裂土体分条分块，如图 8-15 所示，量出各土条面积，进行内部整体稳定性计算。

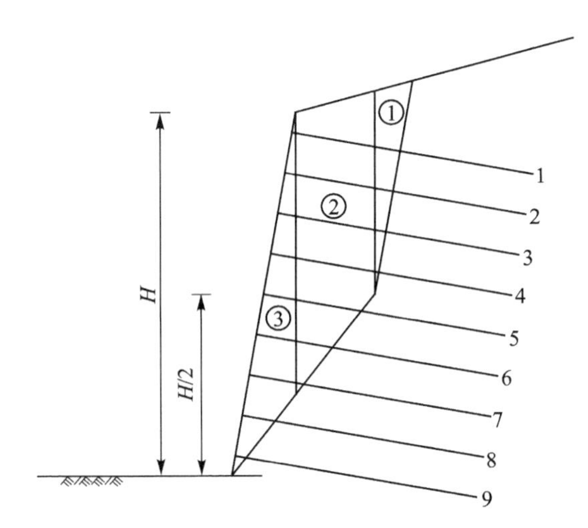

图 8-15　内部整体稳定性计算示意图

$$\sum_{i=1}^{3}W_i\cos\alpha_i\tan\varphi_i S_x=\sum_{i=1}^{3}\gamma A_i\cos\alpha_i\tan\varphi_i S_x$$

$$=(20\times 2.334\times\cos 80^\circ\times\tan 35^\circ\times 1+20\times 11.691\times\cos 51.847^\circ\times\tan 35^\circ\times 1+20\times 5.538\times\cos 51.847^\circ\times\tan 35^\circ\times 1)\ \text{kN}$$

$=154.728\ \text{kN}$

$$\sum_{j=1}^{9} P_j \cos(\alpha_j+\theta_j)+\sum_{j=1}^{9} \xi P_j \sin(\alpha_j+\theta_j)\tan\varphi_j$$

$=(82.938\times\cos(80^\circ+10^\circ)+0.5\times82.938\times\sin(80^\circ+10^\circ)\times\tan 35^\circ+L)\ \text{kN}$

$=399.964\ \text{kN}$

$$\sum_{i=1}^{3} W_i \sin\alpha_i S_x=\sum_{i=1}^{3}\gamma A_i \sin\alpha_i S_x$$

$=(20\times2.334\times\sin 80^\circ\times1+20\times11.691\times\sin 51.847^\circ\times1+20\times5.538$
$\times\sin 51.847^\circ\times1)\text{kN}$

$=316.936\ \text{kN}$

$$K_s=\frac{(154.728+399.964)\ \text{kN}}{316.936\ \text{kN}}=1.75>1.25$$

因此,内部整体稳定性计算通过。

8.4.3 土钉抗拉抗拔稳定性计算

采用库伦理论计算主动土压力系数 K_a,墙背仰斜,所以 α 取-10°代入下式:

$$K_a=\frac{\cos^2(\varphi-\alpha)}{\cos^2\alpha\cos(\delta+\alpha)\left[1+\sqrt{\dfrac{\sin(\varphi+\delta)\sin(\varphi-\beta)}{\cos(\delta+\alpha)\cos(\alpha-\beta)}}\right]^2}$$

$$=\frac{\cos^2(35^\circ+10^\circ)}{\cos^2(-10^\circ)\cos(17.5^\circ-10^\circ)\left[1+\sqrt{\dfrac{\sin(35^\circ+17.5^\circ)\sin(35^\circ-15^\circ)}{\cos(17.5^\circ-10^\circ)\cos(-10^\circ-15^\circ)}}\right]^2}=0.216\ 6$$

$K_{ax}=K_a\cos(\delta+\alpha)=0.216\ 6\times\cos(17.5^\circ-10^\circ)=0.214\ 7$

当 $h_i\leqslant\dfrac{H}{3}=3$ m 时,

$$\sigma_i=2K_{ax}\gamma h_i=2\times0.214\ 7\times20h_i=8.588h_i$$

当 $h_i>\dfrac{H}{3}=3$ m 时,

$$\sigma_i=\frac{2}{3}K_{ax}\gamma H=\left(\frac{2}{3}\times0.2147\times20\times9\right)\ \text{kPa}=25.764\ \text{kPa}$$

各层土钉所受拉力以及抗拉抗拔稳定性计算见表 8-5,下面以第 3 层土钉为例。

第 3 层土钉,$h_3=2.5\ \text{m}<3\ \text{m}$。

$$\sigma_3=8.588h_3=(8.588\times2.5)\ \text{kPa}=21.470\ \text{kPa}$$

$$E_3=\frac{\sigma_3 S_x S_y}{\cos\theta}=\left(\frac{21.470\times1.0\times1.0}{\cos 10^\circ}\right)\ \text{kN}=21.801\ \text{kN}$$

$$K_{s1}=\frac{0.25\pi d^2 f_{sd}}{E_3}=\frac{(0.25\times\pi\times20^2\times330\times10^{-3})\ \text{kN}}{21.801\ \text{kN}}=4.755$$

$$K_{s2}=\frac{\min(\pi dL_{e3}\tau_g,\pi DL_{e3}\tau_f)}{E_3}$$

$$=\frac{\min(\pi\times20\times3.3\times1\ 000\times10^{-3},\pi\times100\times3.3\times210\times10^{-3})\ \text{kN}}{21.801\ \text{kN}}=9.511$$

表 8-5　土钉拉力及抗拔抗拉计算表

土钉层数 i	h_i/m	σ_i/kN	E_i/kN	$\frac{\pi d^2}{4}f_{sd}$ /kN	L_{ei}/m	$\min(\pi dL_{ei}\tau_g,\pi DL_{ei}\tau_f)$/kN	K_{s1}	K_{s2}
1	0.5	4.294	4.360	103.673	3.3	207.345	23.777	47.554
2	1.5	12.882	13.081	103.673	3.3	207.345	7.926	15.851
3	2.5	21.470	21.801	103.673	3.3	207.345	4.755	9.511
4	3.5	25.764	26.161	103.673	3.3	207.345	3.963	7.926
5	4.5	25.764	26.161	103.673	3.555	223.367	3.963	8.538
6	5.5	25.764	26.161	103.673	4.098	257.485	3.963	9.842
7	6.5	25.764	26.161	103.673	4.642	291.665	3.963	11.149
8	7.5	25.764	26.161	103.673	5.185	325.783	3.963	12.453
9	8.5	25.764	26.161	103.673	5.728	359.901	3.963	13.757

$$E_{ax}=\left[\left(25.764\times6+\frac{1}{2}\times25.764\times3\right)\times1.0\right]\ \text{kN}=193.230\ \text{kN}$$

$$H_a=\left[\frac{25.764\times6\times3+\frac{1}{2}\times25.764\times3\times\left(6+\frac{3}{3}\right)}{193.230}\right]\ \text{m}=3.8\ \text{m}$$

总体土钉抗拔稳定系数为：

$$K_{s3}=\frac{\sum F_i(H-h_i)\cos\theta}{E_{ax}H_a}=\frac{8971.403\ \text{kN}\cdot\text{m}}{(193.230\times3.8)\ \text{kN}\cdot\text{m}}=12.218$$

土钉抗拉抗拔稳定性计算均通过。

8.4.4　外部整体稳定性计算

外部整体稳定性计算条分法从略。下面将土钉墙简化成重力式挡土墙进行计算。

1. 土压力计算

$$B_0=\frac{2}{3}L\cos\theta=\left(\frac{2}{3}\times 6\times\cos 10^\circ\right)\ \text{m}=3.939\ \text{m}$$

$$H_0=H+\frac{B_0\tan\beta}{1-\tan\alpha\tan\beta}=\left(9+\frac{3.939\times\tan 15^\circ}{1-\tan 10^\circ\tan 15^\circ}\right)\ \text{m}=10.108\ \text{m}$$

$$K_a=\frac{\cos^2(\varphi-\alpha)}{\cos^2\alpha\cos(\delta+\alpha)\left[1+\sqrt{\frac{\sin(\varphi+\delta)\sin(\varphi-\beta)}{\cos(\delta+\alpha)\cos(\alpha-\beta)}}\right]^2}$$

$$=\frac{\cos^2(35^\circ+10^\circ)}{\cos^2(-10^\circ)\cos(35^\circ-10^\circ)\left[1+\sqrt{\frac{\sin(35^\circ+35^\circ)\sin(35^\circ-15^\circ)}{\cos(35^\circ-10^\circ)\cos(-10^\circ-15^\circ)}}\right]^2}=0.215\ 3$$

$$E_a=\frac{1}{2}\gamma H_0^2K_a=\left(\frac{1}{2}\times 20\times 10.108^2\times 0.2153\right)\ \text{kN}=219.976\ \text{kN}$$

$$E_x=E_a\cos(\delta+\alpha)=[219.976\times\cos(35^\circ-10^\circ)]\ \text{kN}=199.366\ \text{kN}$$

$$E_y=E_a\sin(\delta+\alpha)=[219.976\times\cos(35^\circ-10^\circ)]\ \text{kN}=92.966\ \text{kN}$$

$$Z_y=\frac{H_0}{3}=\frac{10.089\ \text{m}}{3}=3.363\ \text{m}$$

$$Z_x=B_0+Z_y\tan 10^\circ=(3.939+3.363\times\tan 10^\circ)\ \text{m}=4.532\ \text{m}$$

2. 墙体自重计算

将墙体划分为上部三角形和下部平行四边形两部分，如图 8-16 所示。

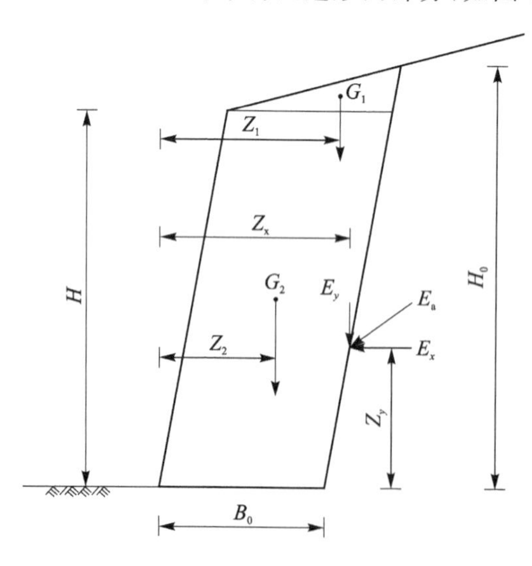

图 8-16 墙体受力示意图

$$G_1=\left(\frac{1}{2}\times 3.939\times 1.108\times 20\right)\ \text{kN}=43.644\ \text{kN}$$

$$Z_1=\left(9\times\tan 10°+\frac{2}{3}\times 3.939+\frac{2}{3}\times\frac{1.108}{2}\times\tan 10°\right)\ \text{m}=4.278\ \text{m}$$

$$G_2=(3.939\times 9\times 20)\ \text{kN}=709.02\ \text{kN}$$

$$Z_2=\left(\frac{3.939}{2}+\frac{9}{2}\times\tan 10°\right)\ \text{m}=2.763\ \text{m}$$

3. 抗滑计算

$$K_c=\frac{(E_y+G_1+G_2)\tan\varphi}{E_x}=\frac{(92.966+43.644+709.02)\ \text{kN}\times\tan 35°}{199.366\ \text{kN}}=2.97>1.3$$

抗滑稳定性计算通过。

4. 抗倾覆计算

$$K_c=\frac{E_yZ_x+G_1Z_1+G_2Z_2}{E_xZ_y}$$

$$=\frac{(92.966\times 4.532+43.644\times 4.278+709.02\times 2.763)\ \text{kN}\cdot\text{m}}{(199.366\times 3.363)\ \text{kN}\cdot\text{m}}=3.83>1.5$$

抗倾覆稳定性计算通过。

5. 合力偏心距与基底应力计算

作用于基底形心的弯矩为

$$M_d=E_y\left(Z_x-\frac{B_0}{2}\right)+G_1\left(Z_1-\frac{B_0}{2}\right)+G_2\left(Z_2-\frac{B_0}{2}\right)-E_xZ_y$$

$$=\left[92.966\times\left(4.532-\frac{3.939}{2}\right)+43.644\times\left(4.278-\frac{3.939}{2}\right)+709.02\times\left(2.763-\frac{3.939}{2}\right)-199.366\times 3.363\right]\ \text{kN}\cdot\text{m}$$

$$=231.117\ \text{kN}\cdot\text{m}$$

作用于基底垂直力为

$$N_d=E_y+G_1+G_2=(92.966+43.644+709.02)\ \text{kN}=845.63\ \text{kN}$$

合力偏心距为

$$e_0=\frac{M_d}{N_d}=\frac{231.117\ \text{kN}\cdot\text{m}}{845.63\ \text{kN}}=0.273\ \text{m}<\frac{B_0}{6}=\frac{3.939}{6}=0.657\ \text{m}$$

作用于基底的应力为

$$p_{max}=\frac{N_d}{A}\left(\frac{1+6e_0}{B_0}\right)=\left[\frac{845.63}{3.939\times 1}\times\left(1+\frac{6\times 0.273}{3.939}\right)\right]\ \text{kPa}=303.955\ \text{kPa}$$

$$p_{min}=\frac{N_d}{A}\left(\frac{1+6e_0}{B_0}\right)=\left[\frac{845.63}{3.939\times 1}\times\left(1+\frac{6\times 0.273}{3.939}\right)\right]\ \text{kPa}=125.408\ \text{kPa}$$

$$p_{max}=303.955\ \text{kPa}<f_a=400\ \text{kPa}$$

所以，基底合力偏心距计算和地基承载力计算均通过。

思考题

8－1 请说出土钉与面层的作用。

8－2 请说出土钉墙的作用机理。

8－3 土钉墙与锚杆挡土墙、加筋土挡土墙有哪些异同？

8－4 设计土钉倾角时，要考虑哪些因素？

8－5 土钉墙结构计算方法有哪些？

8－6 土钉墙结构计算内容有哪些？

参考文献

[1] 偶昌宝，林法力，段园煜. 路基路面工程[M]. 北京：北京大学出版社，2021.

[2] 吴万平，等.《公路路基设计规范》释义手册[M]. 北京：人民交通出版社股份有限公司，2015.

[3] 吴万平，廖朝华. 公路路基设计手册[M]. 3 版. 北京：人民交通出版社股份有限公司，2021.

[4] 中交第二公路勘察设计研究院有限公司. 公路挡土墙设计与施工技术细则[M]. 北京：人民交通出版社，2008.

[5] 陈忠达，原喜忠. 路基支挡工程[M]. 北京：人民交通出版社，2013.

[6] 李海光，等. 新型支挡结构设计与工程实例[M]. 2 版. 北京：人民交通出版社，2011.

[7] 王海涛，涂冰雄. 理正岩土工程计算分析软件应用：支挡结构设计[M]. 北京：中国建筑工业出版社，2017.

[8] 欧阳仲春，吴文雪. 公路工程中岩土工程设计实用指南[M]. 北京：人民交通出版社，2013.

[9] 杨广庆，徐超，张孟喜. 土工合成材料加筋土结构应用技术指南[M]. 北京：人民交通出版社股份有限公司，2016.

[10] 黄钏鑫，周元辅. 公路常用支挡设计与案例[M]. 重庆：重庆大学出版社，2020.

[11] 长沙理工大学. 公路土钉支护技术指南[M]. 北京：人民交通出版社，2006.

[12] 尉希成，周美玲. 支挡结构设计手册[M]. 3 版. 北京：中国建筑工业出版社，2015.